單晶片微電腦 8051/8951 原理與應用

蔡朝洋　編著

全華圖書股份有限公司

道謝啓事

本書光碟內之中文視窗版 51 編譯器 AJON51 是由濬傑自動化有限公司提供給讀者們學習之用。沒有試用期限。非常感謝濬傑自動化有限公司的熱情贊助。謝謝！

本書光碟內各種常用零件之完整資料手冊是由各名廠提供，謹此向各廠商致謝。其著作權爲各原公司所有。

商標聲明

在本書內所使用之商標名稱，因爲編輯的原因，沒有特別加上註冊商標符號，其商標所有權爲原註冊公司所有。

序　言

　　自從單晶片微電腦問世後，由於接線簡單、體積小巧，所以被廣泛應用於家電用品、事務機器及汽車中，舉凡電磁爐、微波爐、冷氣機、影印機、傳真機、數據機、自動販賣機、PC 的鍵盤、滑鼠、汽車自動排檔、汽車電子點火……等，皆可看到單晶片微電腦的影子。

　　由於 Intel 公司的 MCS-51 系列單晶片微電腦，成熟穩定、功能齊全、易學好用，不但具有較多的 I/O 接腳、較大的記憶體空間、較快的運算速度，還提供全雙工的串列埠，尤其是強而有力的位元運算指令更使 MCS-51 成為工業自動控制上的最佳利器。因此，AMD、Philips、Signetics、Siemens、Matra、Dallas、Atmel 等世界名廠均相繼投入 MCS-51 相容產品的研發製造，使 MCS-51 家族的產品不但速度更快、耗電更少、功能更強，而且售價急速下降。無論就未來產品功能日益提升的趨勢或由開發新產品所需的時間及效率來考量，學習 MCS-51 現在正是時候。

　　本書內容不但適用於 MCS-51 系列的 80C31、80C32、80C51、80C52、87C51、87C52、87C54、87C58 等單晶片微電腦，也適用於相容產品 89 系列的 89C51、89S51、89C52、89S52、89C55、89C1051、89C2051、89C4051、89S2051、89S4051 等單晶片微電腦。

　　本書共分為四篇，第一篇為相關知識，第二篇為基礎實習，第三篇為基礎電機控制實習，第四篇為專題製作。第一篇將單晶片微電腦 MCS-51 做了深入淺出的說明，第二篇至第四篇都是單晶片微電腦的應用實例，是一本理論與實務並重的實用書籍。本書中的每個實例均

經作者精心規劃，並且每個程式範例均經作者親自上機實驗過，讀者們若能一面研讀本書一面依序實習，定可收到事半功倍之效而獲得單晶片微電腦控制之整體知能。

　　本書第二篇至第四篇的程式範例均可直接燒錄在89S51或89C51上執行，也可使用市售MICE、ICEPET、Easy Pack 8052、SM51⋯⋯等微電腦發展工具執行。

　　本書之編校雖力求完美，但疏漏之處在所難免，尚祈電機電子界先進及讀者諸君惠予指正是幸。

蔡朝洋　謹識

編輯部序

　　「系統編輯」是我們的編輯方針，我們所提供給您的，絕不只是一本書，而是關於這門學問的所有知識，它們由淺入深，循序漸進。

　　本書共分為四篇，第一篇將單晶片微電腦MCS-51做了深入淺出的說明，第二篇至第四篇都是單晶片微電腦的應用實例，是一本理論與實務並重的實用書籍。本書中的每個實例均經作者精心規劃，並且每個程式範例均經作者親自上機實驗過，讀者們若能一面研讀本書一面依序實習，定可收到事半功倍之效而獲得單晶片微電腦控制之整體知能。適合大學及科技大學電子、電機、資訊系學生使用。

　　同時，為了使您能有系統且循序漸進研習相關方面的叢書，我們以流程圖方式，列出各有關圖書的閱讀順序，以減少您研習此門學問的摸索時間，並能對這門學問有完整的知識。若您在這方面有任何問題，歡迎來函連繫，我們將竭誠為您服務。

相關叢書介紹

書號：06319007
書名：單晶片 8051 實務 (附範例光碟)
編著：劉昭恕
16K/384 頁/420 元

書號：06028027
書名：單晶片微電腦 8051/8951 原理
　　　與應用 (C 語言)(第三版)
　　　(附範例、系統光碟)
編著：蔡朝洋.蔡承佑
16K/656 頁/550 元

書號：06239027
書名：微電腦原理與應用 − Arduino
　　　(第三版)(附範例光碟)
編著：黃新賢.劉建源.林宜賢.黃志峰
16K/336 頁/360 元

書號：05671027
書名：介面設計與實習−使用
　　　Visual Basic 2010(第三版)
　　　(附範例光碟)
編著：許永和
16K/568 頁/550 元

書號：06087017
書名：MCS-51 原理與實習 −
　　　KEIL C 語言版(第二版)
　　　(附試用版及範例光碟)
編著：鍾明政.陳宏明
16K/328 頁/370 元

書號：06310007
書名：ARM Cortex-M0 微控制器原理
　　　與實踐(附範例光碟)
大陸：蕭志龍
16K/560 頁/620 元

書號：06128027
書名：PIC 18F4520 微控制器
　　　(第三版)(附範例光碟)
編著：林偉政
16K/560 頁/600 元

◎上列書價若有變動，請以
　最新定價為準。

流程圖

書號：0526304
書名：數位邏輯設計(第五版)
編著：黃慶璋

書號：0545873
書名：微算機原理與應用 −
　　　x86/x64 微處理器軟體、
　　　硬體、界面與系統
　　　(第六版)(精裝本)
編著：林銘波

書號：0546872
書名：微算機基本原理與應用
　　　− MCS-51 嵌入式微算機
　　　系統軟體與硬體(第三版)
　　　(精裝本)
編著：林銘波.林姝廷

書號：06028027
書名：單晶片微電腦 8051/8951
　　　原理與應用(C 語言)(第三
　　　版)(附範例、系統光碟)
編著：蔡朝洋.蔡承佑

書號：05212077
書名：單晶片微電腦 8051/8951
　　　原理與應用(附超值光碟)
　　　(第八版)
編著：蔡朝洋

書號：10382007
書名：單晶片 8051 與 C 語言
　　　實習(附試用版與範例
　　　光碟)
編著：董勝源

書號：06310007
書名：ARM Cortex-M0 微控制
　　　器原理與實踐
　　　(附範例光碟)
大陸：蕭志龍

書號：06128027
書名：PIC 18F4520 微控制器
　　　(第三版)(附範例光碟)
編著：林偉政

書號：10443
書名：嵌入式微控制器開發 -
　　　ARM Cortex-M4F
　　　架構及實作演練
編著：郭宗勝.曲建仲.謝瑛之

目　錄

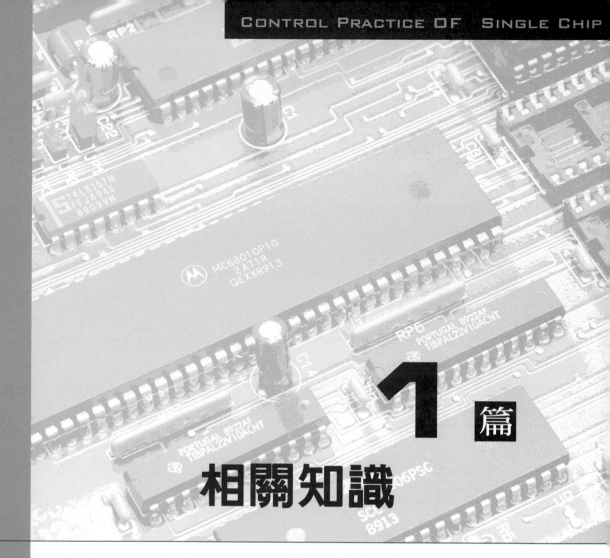

1篇

相關知識

Chapter **1**

單晶片微電腦的認識

CONTROL PRACTICE OF SINGLE CHIP

1-1 微電腦的基本結構

目前的微電腦(microcomputer)雖有 4 位元、8 位元、16 位元、32 位元等多種，但其基本結構都如圖 1-1-1 所示，包含有下述三大部份：

1. **中央處理單元(CPU)**

中央處理單元 central processing unit 簡稱為CPU，負責從記憶體讀入指令，加以分析，並執行指令。負責整個微電腦的運作。CPU 依其每次處理資料的位元數(bit)而有 4 位元、8 位元、16 位元、32 位元等不同的規格可供選用。

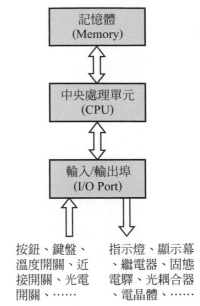

圖 1-1-1　微電腦的基本結構

2. **記憶體(Memory)**

記憶體是用來儲存程式及資料。常用的記憶體有：

(1) ROM(read only memory；只可讀記憶體)。ROM 的內容是記憶體的製造廠在生產過程中製造進去的。適宜大量生產。缺點是我們無法自己變更其內容。ROM 又稱為 Mask ROM 或 MROM。

(2) EPROM(erasable programable read only memory；可清除再重新燒錄的 ROM)。EPROM 的內容是我們自己用燒錄器燒錄進去的，必要時可用紫外線燈照射將內容清除掉(俗稱 "洗掉")，並可再重新用燒錄器燒錄新的內容。

(3) Flash Memory(快閃記憶體)。Flash Memory 的內容是我們自己用燒錄器燒錄進去的，必要時可用燒錄器立即將其內容清除掉並燒錄新的內容。

(4)　RAM(random access memory；隨意存取記憶體)。RAM 的內容可由 CPU 隨時存取，因此常被用來儲存需要變更的資料。

儲存在 ROM、EPROM 及 Flash Memory 的內容並不會因電源切斷而消失，因此常被用來儲存程式及固定不變的資料。RAM 的內容會隨電源的切斷而消失，所以一般只用來存放需要變更的資料。

3.　**輸入／輸出埠**(I/O Port)

輸入埠(input port)負責將外界的命令、資料取入微電腦中。一般微電腦的輸入埠只能夠輸入 0 與 1 兩種狀態，但有些微電腦的輸入埠具有類比輸入端(即內含類比／數位轉換器，A/D converter)因此可輸入類比電壓。

輸出埠(output port)負責將 CPU 處理之結果送至外界。一般微電腦的輸出埠只能輸出 0 與 1 兩種狀態，但有些微電腦的輸出埠具有類比輸出端(即內含數位／類比轉換器，D/A converter)因此可輸出類比電壓。

由於很多微電腦所用之元件既可當輸入埠用亦可當輸出埠用，因此人們常將輸入埠與輸出埠合稱為 I/O Port。

1-2　何謂單晶片微電腦

單晶片微電腦(single chip microcomputer)主要用於控制方面，所以亦被稱為微控制器(microcontroller)。單晶片微電腦就是將微電腦的結構安置於同一個晶片而成的微電腦，換句話說，**單晶片微電腦就是把微電腦的結構製造在同一個 IC 內而形成的微電腦。**

功能較強的單晶片微電腦，內部除了 CPU、記憶體、I/O 等基本結構外，更將計時器、計數器、串列傳輸介面、A/D 轉換器、D/A 轉換器……等都製作在內部，真可謂麻雀雖小，五臟俱全，已足可滿足大部份應用上的需求。

各大IC製造廠爲適合不同用途而設計出來的單晶片微電腦非常多，但目前市面上以 Intel 公司的 MCS 系列(micro computer system)及與其相容之產品最爲普遍。本書要介紹的 MCS-51 系列單晶片微電腦是目前的主流，具有下列特點：

1. 是高性能的 8 位元單晶片微電腦。

2. 內部含有 8 位元 CPU、記憶體、I/O、串列傳輸介面、16 位元的計時／計數器。

3. 指令簡單易學，不但有加減乘除指令，還有單一位元的邏輯運算指令(即具有布林代數之處理能力)，是自動控制上的利器。

4. 具有上鎖功能，可防止辛苦設計的程式被他人複製(COPY；拷貝)。

5. 有 80C51、87C51、80C52、87C52、87C54、80C31、80C32、89S51、89S52、89S53、89C51、89C52、89C55 等常見編號可供選用。內部記憶體的容量隨編號而異，但各編號都使用相同的指令。

6. 由於製造 MCS-51 系列相容產品的廠商愈來愈多，使 MCS-51 系列的產品不但速度更快、耗電更少、功能更強，而且售價急速下降，已成爲 8 位元單晶片微電腦的主流。

1-3 使用單晶片微電腦的好處

單晶片微電腦不但適用於工業自動控制方面的應用，而且在價格低廉體積小巧的優勢下被廣泛應用於電視機、微波爐、電磁爐、冷氣機、洗衣機、電子鍋、電扇、電子秤、自動販賣機、影印機、傳眞機、印表機、繪圖機、機器手臂、防盜器、汽車、可程式控制器、鍵盤、滑鼠等產品內。採用單晶片微電腦有下列好處：

1. **體積小**

由於單晶片微電腦已將微電腦的所有結構濃縮於單一晶片內，因此可使產品符合輕薄短小的要求。

2.　**接線簡單**

　　單晶片微電腦的外部只要接上少許零件即可動作，所以接線簡單、可靠性高，不論裝配或檢修皆容易。

3.　**價格低廉**

　　由於各製造商展開市場爭奪戰，因此單晶片微電腦的價格不斷下降，若大量採購，則價格已足可和一般傳統的邏輯(數位)電路較量。

4.　**簡單易學**

　　由於單晶片微電腦所需的外部零件甚少，因此初學者只需花費極少的時間學習硬體電路的設計，而把大部份的時間放在軟體(設計程式)的學習，可縮短學會微電腦應用所需之時間。

 # 1-4　適用的電腦才是好電腦

　　有的人認為 32 位元的電腦一定比 16 位元的好用，16 位元的電腦一定比 8 位元的好用，8 位元的電腦一定比 4 位元的好用。越多位元的電腦越好用嗎？其實不然，合用的電腦才是好電腦。

　　假如一個人為了自己的上下班，而去買一輛 50 人座的大客車，然後白天一面開車一面抱怨大客車不但不容易駕駛而且體積太大找不到停車位，晚上又為了花那麼多錢卻買了一部不適用的車子而心疼得睡不著覺，這就是暴殄天物又虐待自己。反之，若要載送 50 位員工上下班，該公司卻只買了一輛 5 人座的小客車當交通車，司機一天到晚疲於奔命，員工卻還是難以準時上班，則該公司的董事長一定是一位不會精打細算的吝嗇鬼。微電腦的選用亦如是，欲快速處理大量的資料(例如：學生成績處理、員工薪資處理、庫存管理、電腦輔助設計……)，卻選用 4 位元的微電腦，是不合理的選擇，欲作簡單的工作(例如：廣告燈控制)卻去購買 32 位元的微電腦，就是浪費。

　　選用微電腦不但要考慮價格的高低，還要兼顧其工作能力及是否容易駕馭，使一部微電腦的功能完全發揮，才能獲得最經濟有效的應用。

微電腦的應用漸漸的走出兩條主要的路線，一為**自動控制**，一為**資料處理**。作自動控制的微電腦朝小型化發展，目前以 8 位元為主。作資料處理的微電腦則朝高容量快速度發展，目前以 32 位元為主。總之，大而不當或小而無能的電腦都不是好電腦，工作能力符合您的需求，而且價格合理的電腦才是好電腦。**適用的電腦才是好電腦。**

1-5　MCS-51 系列單晶片微電腦的認識

本書是以特別適於從事自動控制的 MCS-51 系列單晶片微電腦為學習對象，因此先將 MCS-51 系列的常用編號之特性簡單的介紹於表 1-5-1。這些編號有如下之特點：

1.　各編號皆為 40 隻腳的包裝，接腳相同。

2.　各編號所用之指令相同。

3.　各編號之用途可概分如下：

(1)　80C31、80C32 等編號，內部既不含 ROM 亦不含 EPROM 或 Flash Memory，需外接程式記憶體(ROM 或 EPROM)才能工作，多只用來作線路實體模擬器(ICE)或微電腦學習機等開發工具。

(2)　87C51、87C52、89C51、89C52、89S51、89S52、89S53、87C54、89C55、87C58 等編號，內部具有 EPROM 或 Flash Memory，非常適於程式開發中使用或生產少量多樣化的產品。當燒錄於內部之程式需修改時，87C51、87C52、87C54、87C58 可用紫外線燈照射其正上方之透明窗口 15～30 分鐘而將內部之程式清除掉(俗稱"洗掉")再重新燒錄新程式。89C51、89C52、89S51、89S52、89S53、89C55 則可直接用燒錄器立即將內部之程式清除掉並重新燒錄新程式。

可重複清除、燒錄的特性是作實驗或開發新產品的利器，**本書的所有實作項目均可用 89S51 或 89C51 來作實習，以節省費用。**

(3)　80C51、80C52 等編號之內部為ROM，當產品的功能已定型，
需大量生產時，將程式送至IC製造廠，即可在單晶片微電腦的
製造過程中將程式製作在內部的 ROM 內，適於產品量產時使
用，不適合一般人採用。

(4)　總而言之，您設計完成的程式可先燒錄在 89S51、89S52、
89S53、89C51、89C52 等單晶片微電腦做實驗。若實驗成功
需大量生產時，才改用較便宜的80C51、80C52 等單晶片微電
腦。

4.　由於表 1-5-1 中各編號之單晶片微電腦都具有相同的接腳並使用
相同的指令，所以本書的內容適用於表 1-5-1 中所有編號之單晶
片微電腦。

表 1-5-1　MCS-51 系列常用編號之內部結構

編號 \ 內部結構	內部記憶體				輸入／輸出	計時／計數器
	RAM	ROM	EPROM	Flash Memory	I/O	16 位元
80C31	128byte	0	0	0	32 腳	2 個
80C51	128byte	4K byte	0	0	32 腳	2 個
87C51	128byte	0	4K byte	0	32 腳	2 個
89C51	128byte	0	0	4K byte	32 腳	2 個
89S51	128byte	0	0	4K byte	32 腳	2 個
80C32	256byte	0	0	0	32 腳	3 個
80C52	256byte	8K byte	0	0	32 腳	3 個
87C52	256byte	0	8K byte	0	32 腳	3 個
89C52	256byte	0	0	8K byte	32 腳	3 個
89S52	256byte	0	0	8K byte	32 腳	3 個
89S53	256byte	0	0	12K byte	32 腳	3 個
87C54	256byte	0	16K byte	0	32 腳	3 個
89C55	256byte	0	0	20K byte	32 腳	3 個
87C58	256byte	0	32K byte	0	32 腳	3 個
P89C51RD2	1024byte	0	0	64K byte	32 腳	3 個
AT89C51ED2	2048byte	0	0	64K byte	32 腳	3 個

MCS-51 系列單晶片微電腦

2-1　我應選用哪個編號的單晶片微電腦

在第 1 章的表 1-5-1 中已介紹了 MCS-51 系列單晶片微電腦的常用編號，它們在結構上最大的差異是內部記憶體的容量不同，所以根據您所設計程式的長短即可很快找到最適用的編號。選用的原則如下：

1. 所需程式記憶體的容量小於 4K byte 時
   (1) 做實驗或少量生產時選用 89S51 或 89C51。
   (2) 產品已定型，需大量生產時，採用 80C51。
2. 所需程式記憶體的容量超過 4K byte 而不大於 8K byte 時
   (1) 做實驗或少量生產時選用 89S52 或 89C52。
   (2) 產品已定型，需大量生產時，採用 80C52。
3. 所需程式記憶體的容量超過 8K byte 而不大於 20K byte 時，可採用 89C55。
4. 當您所寫的程式很長時，可採用 P89C51RD2 或 AT89C51ED2，也可利用硬體的技巧在外部加上記憶體。程式記憶體可擴充至 64K byte，外部資料記憶體可擴充至 64K byte。請參考第 5 章之說明。
5. 本書的內容適用於表 1-5-1 中所有編號之單晶片微電腦。

2-2　MCS-51 系列之方塊圖

MCS-51 系列單晶片微電腦內部之方塊圖如圖 2-2-1 所示。茲說明如下：

1. **振盪器**

   MCS-51 系列單晶片微電腦的內部有一個振盪器，只要外接一個石英晶體(crystal)即可產生整個系統所需之時序脈波(clock)。
2. **CPU**

   這是一個特別適於從事自動控制的高性能 8 位元 CPU，用來執行指令、控制整個微電腦的運作。

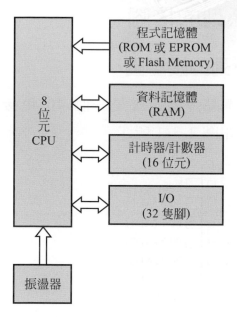

圖 2-2-1　MCS-51 系列單晶片微電腦之方塊圖

3.　**程式記憶體**

　　ROM 或 EPROM 或 Flash Memory，用來儲存**程式**及固定不變的**常數**。容量隨編號而異，請參考第 1-10 頁的表 1-5-1。

　　ROM 及 EPROM 及 Flash Memory 的最大特點是內容並不會因電源切斷而消失。但是 CPU 僅能「讀取」程式記憶體的內容，而無法改變程式記憶體的內容。

4.　**資料記憶體**

　　RAM，用來儲存程式執行中需要加以改變的資料(**變數**)。容量隨編號而異，請參考第 1-10 頁的表 1-5-1。

　　RAM 是一種隨時可以由 CPU「存取」資料的記憶體，但存於內部的資料會隨電源的消失而消失。

5.　**計時器／計數器**

　　可用指令設定為 16 位元的計時器或作為 16 位元的計數器用。

6.　**I/O 接腳**

　　一共有 32 隻輸入／輸出接腳可供應用。

2-3　MCS-51 系列的接腳

2-3-1　MCS-51 系列的接腳圖

　　MCS-51 系列之單晶片微電腦是一個 40 隻接腳的超大型積體電路 (VLSI)，接腳的排列如圖 2-3-1 所示。

```
        (T2)  P1.0 [  1          40  ] Vcc
      (T2EX)  P1.1 [  2          39  ] P0.0 (AD0)
              P1.2 [  3          38  ] P0.1 (AD1)
              P1.3 [  4   80C31  37  ] P0.2 (AD2)
              P1.4 [  5   80C51  36  ] P0.3 (AD3)
              P1.5 [  6   87C51  35  ] P0.4 (AD4)
              P1.6 [  7   80C32  34  ] P0.5 (AD5)
              P1.7 [  8   80C52  33  ] P0.6 (AD6)
             RESET [  9   87C52  32  ] P0.7 (AD7)
        (RXD) P3.0 [ 10   87C54  31  ] EA/VPP
        (TXD) P3.1 [ 11   87C58  30  ] ALE/PROG
       (INT0) P3.2 [ 12   89C51  29  ] PSEN
       (INT1) P3.3 [ 13   89C52  28  ] P2.7 (A15)
         (T0) P3.4 [ 14   89C55  27  ] P2.6 (A14)
         (T1) P3.5 [ 15   89S51  26  ] P2.5 (A13)
         (WR) P3.6 [ 16   89S52  25  ] P2.4 (A12)
         (RD) P3.7 [ 17   89S53  24  ] P2.3 (A11)
             XTAL2 [ 18          23  ] P2.2 (A10)
             XTAL1 [ 19          22  ] P2.1 (A9)
               Vss [ 20          21  ] P2.0 (A8)
```

註：T2 及 T2EX 功能只在表 1-5-1 中計
　　時／計數器有 3 個的編號中才有。

圖 2-3-1　MCS-51 系列常用編號之接腳圖

2-3-2　MCS-51 系列之接腳功能說明

　　MCS-51 系列之接腳如圖 2-3-1 所示，茲詳細說明於下：

V_{SS}　　　　：(1)第 20 腳。

　　　　　　　(2)電路之地電位。

V_{CC}　　　　：(1)第 40 腳。

　　　　　　　(2)電源接腳，必須接＋5V 電源。

XTAL1 及 XTAL2：

(1)第 19 腳及第 18 腳。

(2)兩腳之間須接一個 3.5MHz～12MHz 之石英晶體(crystal)。

(3)請參考圖 2-3-2。

(4)常用之石英晶體有 3.58MHz、6MHz、11.059MHz、12MHz。

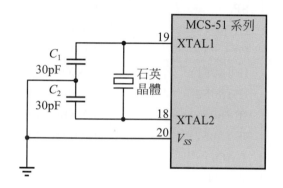

註：$C_1 = C_2 = 30pF \pm 10pF$

圖 2-3-2　振盪電路

RESET ：(1)第 9 腳。重置輸入腳。

(2)此腳內部已有一個 50kΩ～300kΩ 的電阻器接地，所以只須接一個電容器至＋V_{CC} 即可在電源 ON 時產生開機重置的功能。但是，我們常會在 RESET 腳用一個 8.2kΩ 至 10kΩ 的電阻器接地，以縮短開機重置的時間。

(3)若有需要，亦可在電容器兩端並聯一個常開按鈕，以便壓一下此按鈕時可強迫系統重置。

(4)請參考圖 2-3-3。

(5)當重置信號發生後會產生下列作用：

①重置特殊功能暫存器的值。請參考表 2-3-1。

②在 Port 0～Port 3 的每一隻接腳都寫入 1。

③令 CPU 從位址 0000H 開始執行程式。

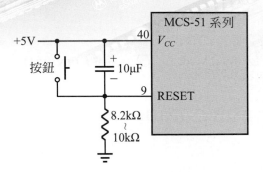

+5V

按鈕

MCS-51 系列

40 V_{CC}

$10\mu F$

9 RESET

8.2kΩ
~
10kΩ

圖 2-3-3 開機重置電路

表 2-3-1 特殊功能暫存器重置後之預設值

暫存器名稱	重置值
PC	0000H
ACC	00H
B	00H
PSW	00H
SP	07H
DPTR	0000H
P0～P3	FFH
IP (8051)	XXX00000B
IP (8052)	XX000000B
IE (8051)	0XX00000B
IE (8052)	0X000000B
TMOD	00H
TCON	00H
T2CON (8052)	00H
TH0	00H
TL0	00H
TH1	00H
TL1	00H
TH2 (8052)	00H
TL2 (8052)	00H
RCAP2H (8052)	00H
RCAP2L (8052)	00H
SCON	00H
SBUF	不一定
PCON (HMOS)	0XXXXXXXB
PCON (CMOS)	0XXX0000B

註：(8051)代表 80C31、8051、80C51、87C51、
89C51、89S51 等編號
(8052)代表 80C32、80C52、87C52、89C52、
89S52、89S53、87C54、89C55、
87C58 等編號
(HMOS)代表 HMOS 版本
(CMOS)代表 CMOS 版本

$\overline{\text{EA}}$　　　　　: (1)第 31 腳。輸入腳。

(2)當 $\overline{\text{EA}}$ 腳接地時，內部程式記憶體失效，CPU 被迫只讀取外部的程式記憶體(external access enable)。

(3)80C51、80C52、87C51、87C52、89C51、89C52、89S51、89S52、89S53、87C54、89C55、87C58 等編號，此腳必須接至＋V_{CC}。

(4)80C31、80C32 等編號，此腳必須接地。

P0.0～P0.7 :

(1)第 32～39 腳。

(2)8 位元之輸入／輸出埠。稱為 Port 0，簡稱為 P0。

(3)每隻腳均可當成輸入腳或輸出腳用。

(4)接腳 P0.0～P0.7 均為開汲極(open drain)結構，沒有內部提升電阻器。若欲輸出 Hi 或 Low 之電壓，則必須自己在接腳接上外部提升電阻器(external pullup)，請參考圖 2-3-4。

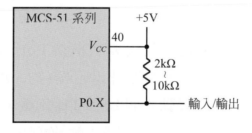

圖 2-3-4　P0.0～P0.7 任一腳接上外部提升電阻器的方法

(5)當外接記憶體或外接I/O時，必須利用 P0.0～P0.7 作為位址匯流排及資料匯流排，請參考圖 5-2-1、圖 5-2-2 及圖 5-3-1。

(6)Port 0 做輸出埠用時，每隻接腳均可沉入(sink) 8 個 LS TTL 負載。

(7)若某接腳欲當做**輸入腳**用，則必須先將 1 寫入這隻接腳。

P1.0～P1.7：

(1)第 1～第 8 腳。

(2) 8 位元之輸入／輸出埠。稱為 Port 1，簡稱為 P1。

(3) Port 1 為具有內部提升電阻器(約 30kΩ)的雙向輸入／輸出埠。可以驅動 4 個 LS TTL 負載。

(4)每隻腳均可當成輸入腳或輸出腳用。

(5)若某接腳欲當做**輸入腳**用，則必須先將 1 寫入這隻接腳。

(6)在 80C32、80C52、87C52、89S52、89S53、89C52、87C54、89C55、87C58 等編號中，P1.0 及 P1.1 這兩隻接腳同時具有下列特殊功能：

接腳名稱	特　殊　功　能
P1.0	T2 (計時／計數器 2 的外部輸入腳)
P1.1	T2EX (計時／計數器 2 處於捕取或再載入模式下的觸發輸入腳)

P2.0～P2.7：

(1)第 21～第 28 腳。

(2) 8 位元之輸入／輸出埠。稱為 Port 2，簡稱為 P2。

(3) Port 2 是具有內部提升電阻器(約 30kΩ)的雙向輸入／輸出埠。可以驅動 4 個 LS TTL 負載。

(4)每隻腳均可當成輸入腳或輸出腳用。

(5)若某接腳欲當作**輸入腳**用，則必須先將 1 寫入這隻接腳。

(6)當 CPU 使用 16 位元的位址對外部記憶體進行存取時，Port 2 被用來輸出位址的高位元組。請參考圖 5-2-1 及圖 5-2-2。

P3.0～P3.7：

(1)第 10～第 17 腳。

(2) 8 位元之輸入／輸出埠。稱為 Port 3，簡稱為 P3。

(3)Port 3 也是具有內部提升電阻器(約 30kΩ)的雙向輸入／
輸出埠。可以驅動 4 個 LS TTL 負載。

(4)每隻腳都可當成輸入腳或輸出腳用。

(5)若某接腳欲當作**輸入腳**用，則必須先將 1 寫入這隻接腳。

(6) Port 3 的接腳可以作為下列特殊用途：

接 腳 名 稱	特　殊　功　能
P3.0	RXD (串列埠的輸入腳)
P3.1	TXD (串列埠的輸出腳)
P3.2	$\overline{\text{INT0}}$ (外部中斷 0 的輸入腳)
P3.3	$\overline{\text{INT1}}$ (外部中斷 1 的輸入腳)
P3.4	T0 (計數器 0 的輸入腳)
P3.5	T1 (計數器 1 的輸入腳)
P3.6	$\overline{\text{WR}}$ (當 CPU 欲將資料送至外部 RAM 或外部 I/O 裝置時，此腳會產生負脈波。稱為寫入脈波輸出腳。用法請參考圖 5-3-1)
P3.7	$\overline{\text{RD}}$ (當 CPU 欲從外部 RAM 或外部 I/O 讀取資料時，此腳會產生負脈波。稱為讀取脈波輸出腳。用法請參考圖 5-3-1)

ALE： (1)第 30 腳。位址閂鎖致能(address latch enable)輸出腳。

(2)當 CPU 對外部裝置存取資料時，此腳輸出脈波之負緣可
用來鎖住(latch)由 Port 0 送出之低位元組位址。請參考
圖 5-2-1、圖 5-2-2 及圖 5-3-1。

$\overline{\textbf{PSEN}}$**：** (1)第 29 腳。外部程式記憶體致能(program store enable)輸
出腳。

(2)當 CPU 欲讀取外部程式記憶體的內容時，此腳會自動產
生負脈波。

(3)用法請參考圖 5-2-1 及圖 5-2-2。

MCS-51 系列的內部結構

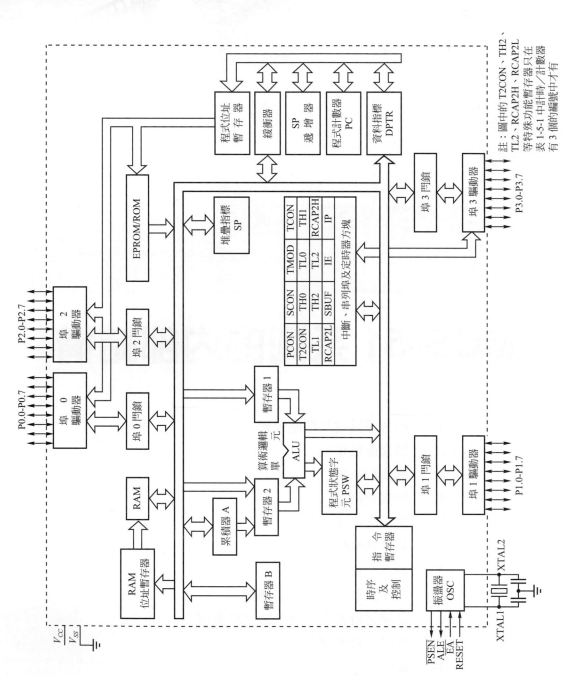

圖 3-1　MCS-51 系列的內部結構

MCS-51 系列單晶片微電腦的內部結構如圖 3-1 所示。

3-1　指令解碼器及控制單元

任何程式指令的運算碼(OP code)都是先從記憶體讀入指令暫存器(instruction register)中，然後加以解碼分析，再透過控制單元(control unit)發出各種時序信號，使微電腦系統各部門間能互相協調而將資料作適當的傳送與運算。

3-2　算術邏輯單元

算術邏輯單元(arithmatic and logic unit)簡稱為 **ALU**，是負責執行算術運算及邏輯運算的部門。通常 ALU 的輸入是累積器(accumulator；簡稱為 ACC 或 A)及臨時暫存器(temp register；簡稱為 TMP)，運算的結果則送回累積器中或透過匯流排送至資料記憶體或輸入／輸出埠。

3-3　程式計數器

程式計數器(program counter)簡稱為 **PC**，會自動指出存放於記憶體中下一個待執行指令存放的位址，以便CPU去讀取。由於MCS-51系列的程式計數器 PC 是 16 位元的，$2^{16} = 65536$，所以程式記憶體的總容量最大為 64K byte。

註：記憶體的位址，$1K = 2^{10} = 1024$。

3-4　程式記憶體

在微電腦中，ROM 及 EPROM 及 Flash Memory 的主要用途是儲存**程式**(program)所以 ROM 及 EPROM 及 Flash Memory 也被稱為程式記憶體(program memory)。ROM 及 EPROM 及 Flash Memory 的最大特點是**電源關掉後，內部所儲存之內容並不會消失**。

MCS-51 系列的程式記憶體如圖 3-4-1 所示。內部程式記憶體及外部程式記憶體的總容量有 64K byte。

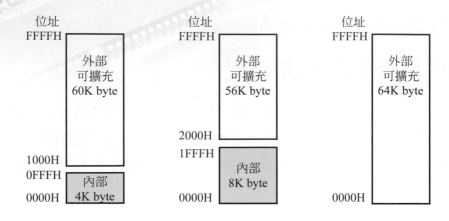

圖 3-4-1 MCS-51 系列之程式記憶體(ROM 或 EPROM)

在 MCS-51 系列單晶片微電腦的程式記憶體中有七個特殊用途的位址,茲說明於下:

1. **位址 0000H** (重置)

當重置信號(接腳 RESET 由低電位上升至高電位,再由高電位降回低電位)發生後,CPU 會從位址 0000H 開始執行程式,所以主程式的第一個指令一定要放在位址 0000H。換句話說,**程式一定要從位址 0000H 開始寫起**。

2. **位址 0003H** (外部中斷 0)

當 CPU 接受外部中斷 0 時(即接腳 $\overline{INT0}$ 由高電位變成低電位),CPU 會跳到位址 0003H 去執行中斷副程式。中斷副程式必需以指令 RETI 作結尾。

3. **位址 000BH** (計時/計數器 0 中斷)

當 CPU 接受計時/計數器 0 因溢位而產生的中斷要求時,CPU 會跳到位址 000BH 去執行中斷副程式。中斷副程式必需以指令 RETI 作結尾。

4. **位址 0013H** (外部中斷 1)

當 CPU 接受外部中斷 1 時(即接腳 $\overline{INT1}$ 由高電位變成低電位),CPU 會跳到位址 0013H 去執行中斷副程式。中斷副程式必需以指令 RETI 作結尾。

5.　**位址 001BH** (計時／計數器 1 中斷)

　　當 CPU 接受計時／計數器 1 因溢位而產生的中斷要求時，CPU 會跳到位址 001BH 去執行中斷副程式。中斷副程式必需以指令 RETI 作結尾。

6.　**位址 0023H** (串列埠中斷)

　　當串列埠接收資料完畢或傳送資料完畢時，會產生中斷要求，而令 CPU 跳到位址 0023H 去執行中斷副程式。中斷副程式必需以指令 RETI 作結尾。

7.　**位址 002BH** (計時／計數器 2 中斷)

　　當計時／計數器 2 (僅表 1-5-1 中，計時／計數器有 3 個的編號，例如 89S52、89S53、89C52 等才有計時／計數器 2)產生中斷要求時，CPU 會跳到位址 002BH 去執行中斷副程式。中斷副程式必需以指令 RETI 作結尾。

3-5　資料記憶體

　　在微電腦中 RAM 的主要用途是擔任程式運作中暫時存放資料的地方，因此也被稱為資料記憶體。RAM 的**內容會隨電源的消失而消失**。

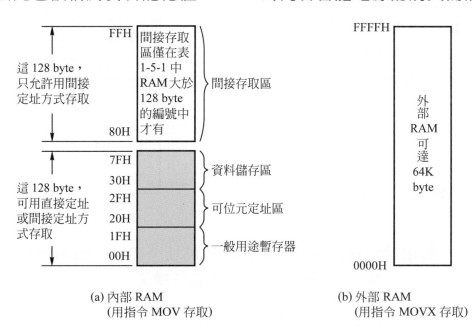

(a) 內部 RAM
　 (用指令 MOV 存取)

(b) 外部 RAM
　 (用指令 MOVX 存取)

圖 3-5-1　MCS-51 系列之資料記憶體

MCS-51 系列的資料記憶體如圖 3-5-1 所示。80C31、80C51、89S51、89C51 等編號有 128 byte 的內部 RAM。80C32、80C52、89S52、89C52、87C54、89C55 等編號擁有 256 byte 的內部 RAM。外部則可再擴充 64K byte 的 RAM。內部 RAM 用指令 MOV 存取，外部 RAM 則用指令 MOVX 存取。

內部 RAM 依用途之不同可分為四個區域，茲說明於下：

1.　一般用途暫存器

(1)　位址在 00H～1FH，共有 32 個 byte。

(2)　一共分為 4 個暫存器庫(register bank)，分別稱為暫存器庫 0～暫存器庫 3。每個暫存器庫都有 8 個一般用途暫存器，分別稱為 R0～R7。詳見圖 3-5-2。

(3)　系統重置(RESET)後，會指到**暫存器庫 0**，若想使用其他的暫存器庫，則必需用指令改變程式狀態字元 PSW 中的暫存器選擇位元 RS1 和 RS0，請參考圖 3-6-4(第 3-13 頁)之說明。

位　址	名　稱	
1FH	R7	
1EH	R6	
1DH	R5	
1CH	R4	暫存器庫 3
1BH	R3	
1AH	R2	
19H	R1	
18H	R0	
17H	R7	
16H	R6	
15H	R5	
14H	R4	暫存器庫 2
13H	R3	
12H	R2	
11H	R1	
10H	R0	
0FH	R7	
0EH	R6	
0DH	R5	
0CH	R4	暫存器庫 1
0BH	R3	
0AH	R2	
09H	R1	
08H	R0	
07H	R7	
06H	R6	
05H	R5	
04H	R4	暫存器庫 0
03H	R3	
02H	R2	
01H	R1	
00H	R0	

圖 3-5-2　一般用途暫存器

註：一般用途暫存器都可以直接用其位址來存取。例如指令「MOV 03H, A」與「MOV R3, A」功能一樣。

(4) 注意！於系統重置後，堆疊指標 SP 會自動設定為 07H，所以一旦堆疊動作開始進行(使用 CALL、PUSH 等指令)時，資料將由位址 08H(即暫存器庫 1 的 R0 處)開始存放。因此您在程式中若需要使用多個暫存器庫時，必需先在程式的開頭用指令把SP值改到RAM中較高的位址部份，例如：

MOV SP,#60H。

位元組位址	bit 7	bit 6	bit 5	bit 4	bit 3	bit 2	bit 1	bit 0
7FH ～ 30H	資料儲存區							
2FH	7F	7E	7D	7C	7B	7A	79	78
2EH	77	76	75	74	73	72	71	70
2DH	6F	6E	6D	6C	6B	6A	69	68
2CH	67	66	65	64	63	62	61	60
2BH	5F	5E	5D	5C	5B	5A	59	58
2AH	57	56	55	54	53	52	51	50
29H	4F	4E	4D	4C	4B	4A	49	48
28H	47	46	45	44	43	42	41	40
27H	3F	3E	3D	3C	3B	3A	39	38
26H	37	36	35	34	33	32	31	30
25H	2F	2E	2D	2C	2B	2A	29	28
24H	27	26	25	24	23	22	21	20
23H	1F	1E	1D	1C	1B	1A	19	18
22H	17	16	15	14	13	12	11	10
21H	0F	0E	0D	0C	0B	0A	09	08
20H	07	06	05	04	03	02	01	00
1FH～18H	暫存器庫 3							
17H～10H	暫存器庫 2							
0FH～08H	暫存器庫 1							
07H～00H	暫存器庫 0							

（上表位址(MSB)～(LSB)為位元位址；位元定址區為 20H～2FH，一般用途暫存器為 00H～1FH，資料儲存區為 30H～7FH）

圖 3-5-3　內部RAM位元定址區的位元位址
註：圖中位址均為十六進制

2. **可位元定址區**

(1) 位址在 20H～2FH，共有 16 個byte。16byte ＝ 128bit，這 128 個位元(bit)，每一個位元均可以單獨用位元定址法予以直接定址，位元位址(bit address)由 00H 至 7FH，如圖 3-5-3 所示。

(2) 寫程式時，每一個位元位址可用下列兩種方式表示：

① 直接使用 00H～7FH 之位元位址。

② 用位元組帶點號的表示方式。例如位元位址 33H 是位元組位址 26H 的 bit3，所以可以用 26H.3 表示。依此類推。

例如：指令 SETB 33H

或　　SETB 26H.3

都可以使位元組位址 26H 的 bit3 設定為 1。

(3) 可位元定址區內的這 16 個 byte，我們也可以以位元組為 1 單位，予以存取資料。

3. **資料儲存區**

(1) 位址在 30H～7FH，共有 80 個 byte 可供您自由應用。

(2) 在定時開關、密碼鎖、電子秤、溫度控制器……等應用場合，由鍵盤輸入的數值就是儲存在這個區域內。

(3) 人們也常將堆疊指標 SP 指至此區域，把資料儲存區的一部份當作堆疊器(stack)使用。

4. **間接存取區**

(1) 位址在 80H～FFH，共有 128 byte 可供應用。

(2) 間接存取區是表 1-5-1 中 RAM 大於 128 byte 的編號，例如 80C32、89S52、89C52、87C54、89C55 等單晶片微電腦內才有。

(3) 間接存取區內，資料的存取必須採用間接定址法，亦即需以暫存器 R0 或 R1 當位址而存取之。例如欲將數值 22H 存至 89S52 的內部 RAM 位址 90H 處，則需使用下述指令：

```
MOV A,#22H
MOV R1,#90H
MOV @R1,A
```

3-6 特殊功能暫存器

1. 特殊功能暫存器(special function registers)簡稱為 SFR，在 MCS-51 系列單晶片微電腦中扮演著非常重要的角色，凡是要使用計時／計數器、串列埠、中斷……等等功能，都必須先設定特殊功能暫存器中的各相關控制暫存器才能工作。

2. 所有特殊功能暫存器的符號、名稱及位址全部列於圖 3-6-1 中。

符號	名稱	位址
*ACC	累積器	0E0H
*B	B 暫存器	0F0H
*PSW	程式狀態字元	0D0H
SP	堆疊指標	81H
DPTR	資料指標(包括 DPH 及 DPL)	83H 及 82H
DPL	資料指標的低位元組	82H
DPH	資料指標的高位元組	83H
*P0	埠 0	80H
*P1	埠 1	90H
*P2	埠 2	0A0H
*P3	埠 3	0B0H
*IP	中斷優先次序控制	0B8H
*IE	中斷致能控制	0A8H
TMOD	計時／計數器模式控制	89H
*TCON	計時／計數器控制	88H
*+T2CON	計時／計數器 2 控制	0C8H
TH0	計時／計數器 0 高位元組	8CH
TL0	計時／計數器 0 低位元組	8AH
TH1	計時／計數器 1 高位元組	8DH
TL1	計時／計數器 1 低位元組	8BH
+TH2	計時／計數器 2 高位元組	0CDH
+TL2	計時／計數器 2 低位元組	0CCH
+RCAP2H	計時／計數器 2 捕取暫存器高位元組	0CBH
+RCAP2L	計時／計數器 2 捕取暫存器低位元組	0CAH
*SCON	串列埠控制	98H
SBUF	串列資料緩衝器	99H
PCON	電源控制	87H

註：*號表示可位元定址。

　　+號表示在表 1-5-1 中，計時／計數器有 3 個的編號中才有。

圖 3-6-1　MCS-51 系列之特殊功能暫存器

3. 各特殊功能暫存器的位址對應狀況請參考圖 3-6-2。圖中未用到的位址(即空白部份)，不要對其做存取的動作，否則可能會得到無法預料的結果。

F8									FF
F0	B								F7
E8									EF
E0	ACC								E7
D8									DF
D0	PSW								D7
C8	T2CON		RCAP2L	RCAP2H	TL2	TH2			CF
C0									C7
B8	IP								BF
B0	P3								B7
A8	IE								AF
A0	P2								A7
98	SCON	SBUF							9F
90	P1								97
88	TCON	TMOD	TL0	TL1	TH0	TL1			8F
80	P0	SP	DPL	DPH				PCON	87

每列有 8 個位元組

此列特殊功能暫存器，只表 1-5-1 中計時／計數器有 3 個的編號中才有

此行，可位元定址，位元位址請見圖 3-6-3

圖 3-6-2 特殊功能暫存器之位址配置圖

註：圖中的所有位址均為十六進制

4. 有一些特殊功能暫存器可以用位元定址法(bit addressing)予以定址，請見圖 3-6-3。圖中未定義的幾個位元(即畫 "－" 的部份)，不要對其做存取動作，否則可能得到無法預料的結果。

位元組 位　址				位元位址					名　稱
0F0H	F7	F6	F5	F4	F3	F2	F1	F0	B
0E0H	E7	E6	E5	E4	E3	E2	E1	E0	ACC
0D0H	CY	AC	F0	RS1	RS0	OV		P	PSW
	D7	D6	D5	D4	D3	D2	D1	D0	
0C8H	TF2	EXF2	RCLX	TCLX	EXEN2	TR2	C/$\overline{\text{T2}}$	CP/RL2	T2CON
	CF	CE	CD	CC	CB	CA	C9	C8	
0B8H	—	—	PT2	PS	PT1	PX1	PT0	PX0	IP
			BD	BC	BB	BA	B9	B8	
0B0H	P3.7	P3.6	P3.5	P3.4	P3.3	P3.2	P3.1	P3.0	P3
	B7	B6	B5	B4	B3	B2	B1	B0	
0A8H	EA	—	ET2	ES	ET1	EX1	ET0	EX0	IE
	AF		AD	AC	AB	AA	A9	A8	
0A0H	P2.7	P2.6	P2.5	P2.4	P2.3	P2.2	P2.1	P2.0	P2
	A7	A6	A5	A4	A3	A2	A1	A0	
98H	SM0	SM1	SM2	TEN	TB8	RB8	TI	RI	SCON
	9F	9E	9D	9C	9B	9A	99	98	
90H	P1.7	P1.6	P1.5	P1.4	P1.3	P1.2	P1.1	P1.0	P1
	97	96	95	94	93	92	91	90	
88H	TF1	TR1	TF0	TR0	IE1	IT1	IE0	IT0	TCON
	8F	8E	8D	8C	8B	8A	89	88	
80H	P0.7	P0.6	P0.5	P0.4	P0.3	P0.2	P0.1	P0.0	P0
	87	86	85	84	83	82	81	80	

圖 3-6-3　可位元定址的特殊功能暫存器之位元位址

註：圖中的位元位址均爲十六進制

5. 各特殊功能暫存器的位址是 80H～FFH，看起來好像和內部RAM 的間接存取區之位址 80H～FFH 相重疊，其實它們是兩個完全獨立的區域。其差別在於：

(1) 內部 RAM 的位址 80H～FFH 只能用**間接**定址法存取資料。

(2) 特殊功能暫存器的位址 80H～FFH 只能用**直接**定址法存取資料。

6. 以下的 3-6-1 節至 3-6-5 節將先說明 A、B、PSW、SP、DPTR 等特殊功能暫存器的特性、用法。其他特殊功能暫存器的功能將在 3-7 節至 3-13 節中說明其用法。

3-6-1 累積器 A

累積器(accumulator)簡稱為ACC或A。累積器是一個很重要的暫存器，大部份的運算都需透過累積器，而且儲存運算結果、資料傳輸、跳越判斷等也都以累積器為主，功能最多。

3-6-2 B 暫存器

B 暫存器主要是用來做乘法和除法的運算，在乘法運算中用來存放乘數及運算結果的高位元組，在除法運算中則用來存放除數及運算結果的餘數。但是不做乘除運算時，B 暫存器也可以當做一般用途的暫存器來使用。

3-6-3 程式狀態字元 PSW

程式狀態字元(program status word)，簡稱為PSW，內部含有程式在運作時之相關訊息，其詳細情況請見圖 3-6-4。茲說明如下：

程式狀態字元 PSW，可位元定址		

PSW : | CY | AC | F0 | RS1 | RS0 | OV | —— | P |

符號	位址	說　　明
CY	PSW.7	進位旗標。在指令中以 C 表示之。
AC	PSW.6	輔助進位旗標。
F0	PSW.5	一般用途旗標，可供您任意應用。
RS1 RS0	PSW.4 PSW.3	暫存器庫選擇位元 1。 暫存器庫選擇位元 0。 說明： <table><tr><td>RS1</td><td>RS0</td><td>暫存器庫</td><td>位址</td></tr><tr><td>0</td><td>0</td><td>0</td><td>00H～07H</td></tr><tr><td>0</td><td>1</td><td>1</td><td>08H～0FH</td></tr><tr><td>1</td><td>0</td><td>2</td><td>10H～17H</td></tr><tr><td>1</td><td>1</td><td>3</td><td>18H～1FH</td></tr></table>
OV	PSW.2	溢位旗標。
—	PSW.1	保留未用。
P	PSW.0	同位旗標 (parity flag)。 P＝1，表示累積器中為 "1" 之位元有奇數個。 P＝0，表示累積器中為 "1" 之位元有偶數個。

圖 3-6-4　程式狀態字元 PSW

1.　進位旗標 CY(carry)，可簡寫為 C，它的用途有二：

　(1)　當 CPU 在做加法運算時，若有進位，則 C＝1，否則 C＝0。
　　　當 CPU 在做減法運算時，若有借位，則 C＝1，否則 C＝0。

　(2)　做為位元處理的運算中心。

2.　輔助進位旗標 AC (auxiliary carry)

⑴　在相加的過程中，若兩數的 bit 3 相加後有進位產生，則 AC =
1，否則 AC = 0。

⑵　在相減的過程中，若 bit 3 不夠減，必須向 bit 4 借位，則 AC =
1，否則 AC = 0。

3.　溢位旗標 OV (overflow)

⑴　當兩數相加時，若 bit 6 及 bit 7 同時有進位，則 OV = 0，否則
OV = 1。

⑵　當兩數相減時，若 bit 6 及 bit 7 同時有借位，則 OV = 0，否則
OV = 1。

4.　同位旗標 P (parity)

累積器的內容，若等於 1 的位元有奇數個，則 P = 1，否則 P = 0。

3-6-4　堆疊指標 SP

堆疊指標(stack pointer)簡稱為 SP。當程式中執行 CALL 或 PUSH
指令或中斷副程式時，堆疊指標 SP 會先自動加 1，然後把相關的資料存
入堆疊器(stack)內。當程式執行 RET 或 RETI 或 POP 指令時，堆疊器內
的相關資料被取出後，堆疊指標 SP 會自動減 1。

堆疊器我們可用設定 SP 值而將其規劃在內部 RAM 的任何地方，但
當系統被重置(RESET)後，SP 會被自動設定為 07H，這將使得堆疊器是
從位址 08H 開始，然而位址 08H 正好是暫存器庫 1 的地方，所以在很多
程式的開頭會先用指令把 SP 設在 30H 以上。(例如：MOV SP,#60H)

3-6-5　資料指標暫存器 DPTR

資料指標暫存器(data pointer)簡稱為 DPTR，是由一個高位元組
DPH 及一個低位元組 DPL 所組成，可以當做一個 16 位元的暫存器用，
也可以將其當做兩個獨立的 8 位元暫存器用。

DPTR的主要功能是儲存 16 位元之位址，當做存取資料的位址指標用。

3-7 輸入／輸出埠

1. 所有 MCS-51 的埠腳都是雙向性的，既可當輸入腳用，亦可當輸出腳用。在特殊功能暫存器中分別被稱為 P0、P1、P2、P3。每一隻埠腳皆由閂鎖(D 型正反器；latch)、輸出驅動電路及輸入緩衝器所組成，結構如圖 3-7-1 至圖 3-7-4 所示。

2. P1、P2、P3 的內部均有提升電阻器。P0 則為開汲極(open drain)輸出，沒有內部提升電阻器。每一隻埠腳都能獨立做為輸入腳或輸出腳用，但是欲做為輸入腳用時必須先在該埠腳寫入 "1"，令輸出驅動 FET 截止。

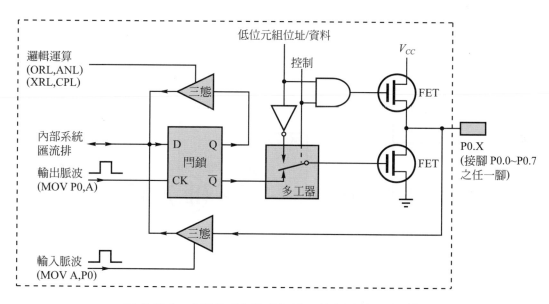

圖 3-7-1　MCS-51 的 P0 任一接腳之內部結構圖

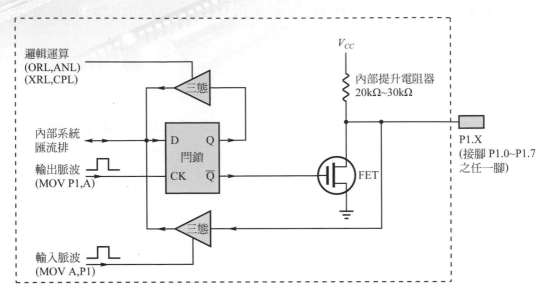

圖 3-7-2 MCS-51 的 P1 任一接腳之內部結構圖

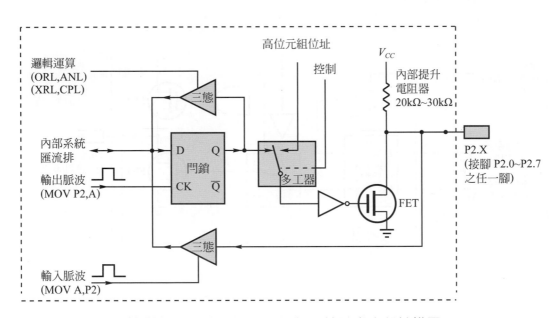

圖 3-7-3 MCS-51 的 P2 任一接腳之內部結構圖

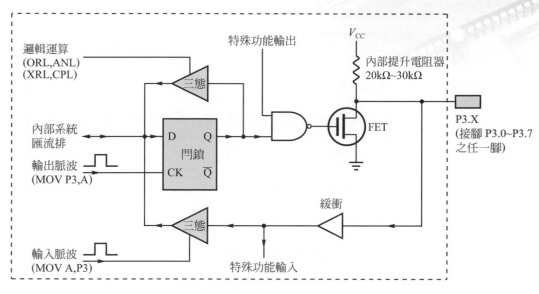

圖 3-7-4　MCS-51 的 P3 任一接腳之內部結構圖

3. MCS-51 的所有埠腳在重置(RESET)之後都會自動被寫入 "1"。

4. 輸入功能時，接腳的輸入信號是經由三態(Tri-state)緩衝器到達內部系統匯流排。

5. 輸出功能時，輸出之資料會被閂鎖(Latch)在 D 型正反器，直到下一筆資料輸出時 D 型正反器的內容才會改變。

6. 當存取外部記憶體的資料時，P0 會先輸出外部記憶體的低位址(low byte address)，並利用時間多工(time multiplexed)方式讀入或寫出位元組資料。若外部記憶體的位址為 16 位元時，則高位址(high byte address)會由 P2 輸出。在存取外部記憶體的資料時，P0 及 P2 已被當作位址／資料匯流排(address/data BUS)使用，不能再兼做一般用途的輸入／輸出埠用。

7. P3 的所有接腳及 P1.0～P1.1 是多功能的，不僅可當做一般的輸入／輸出腳使用，也可工作在特殊功能之下，請見表 3-7-1。

表 3-7-1　各埠腳之特殊功能

接腳名稱	特殊功能
P1.0	T2 (計時／計數器 2 的外部輸入腳)
P1.1	T2EX (計時／計數器 2 的捕取／再載入觸發輸入腳)
P3.0	RXD (串列通訊埠的輸入腳)
P3.1	TXD (串列通訊埠的輸出腳)
P3.2	$\overline{\text{INT0}}$ (外部中斷 0 的輸入腳)
P3.3	$\overline{\text{INT1}}$ (外部中斷 1 的輸入腳)
P3.4	T0 (計時／計數器 0 的輸入腳)
P3.5	T1 (計時／計數器 1 的輸入腳)
P3.6	$\overline{\text{WR}}$ (外部 RAM 之 "寫入" 致能信號；write)
P3.7	$\overline{\text{RD}}$ (外部 RAM 之 "讀取" 致能信號；read)

註：P1.0 及 P1.1 只在表 1-5-1 中，計時／計數器有 3 個的編號，例如 89C52、
　　89S52、89S53 等單晶片微電腦中才具有特殊功能。

3-8　計時／計數器之基本認識

1.　編號 80C31、80C51、89S51、89C51 之單晶片微電腦擁有計時
　　／計數器 0、計時／計數器 1。編號 80C32、80C52、89S52、
　　89C52、89S53、87C54、89C55、87C58 之單晶片微電腦則擁有
　　計時／計數器 0、計時／計數器 1、計時／計數器 2。這些計時／
　　計數器可用指令規劃為計時器使用或當做計數器用。

2.　被規劃成**計時**功能時，計時單位是外接石英晶體振盪頻率除以 12
　　後之週期值。例如：第 18 腳與第 19 腳之間接上 12MHz 的石英晶
　　體，則 12MHz ÷ 12 = 1MHz，所以計時單位等於 1 微秒(1μs)。

3. 被規劃成**計數**功能時，每當接腳T0(或T1或T2)輸入一個**負緣**(即電位由1變成0) 就會令計數器0 (或計數器1或計數器2) 加1。

注意：MCS-51 系列的最高計數頻率是石英晶體振盪頻率的$\frac{1}{24}$，

例如第18腳與第19腳之間所接之石英晶體爲12MHz時，
所允許之最高計數頻率爲12MHz÷24＝0.5MHz＝500kHz。

4. 計時／計數器0及計時／計數器1都有Mode0～Mode3四種工作模式可供選用。計時／計數器2則有捕取、自動再載入、鮑率產生器等三種工作模式可供選用。

3-9 計時／計數器0及計時／計數器1

3-9-1 工作模式之設定

MCS-51 系列的所有編號均擁有計時／計數器0及計時／計數器1。我們可利用特殊功能暫存器TMOD中的C/T̄控制位元來選擇"計時"或"計數"功能，並由 TMOD 中的位元 M1 及 M0 來選擇四種不同的工作模式。TMOD 的用法請見圖3-9-1之說明。

3-9-2 模式0 (Mode 0) 分析

當計時／計數器0及計時／計數器1工作於模式0時，兩者的動作情形完全相同，如圖3-9-2及圖3-9-3所示。

在模式0時，特殊功能暫存器TL和TH組成13位元之向上計數器，其初始值可以用MOV指令設定之，當往上計數至13個位元都變成1時，若再輸入一個脈波而使13個位元都變成0，則會令計時／計數溢位旗標TF＝1。

計時／計數器模式控制暫存器 TMOD，不可位元定址

TMOD :	GATE	C/$\overline{T}$	M1	M0	GATE	C/$\overline{T}$	M1	M0

計時／計數器 1　　　　　　　計時／計數器 0

符號	說　　　明
GATE	GATE＝1時：①當特殊功能暫存器 TCON 裡的 TR0 被指令設定為 1，而且接腳 $\overline{INT0}$ 為高電位時，計時／計數器 0 才會動作。 ②當特殊功能暫存器 TCON 裡的 TR1 被指令設定為 1，而且接腳 $\overline{INT1}$ 為高電位時，計時／計數器 1 才會動作。 GATE＝0時：①當特殊功能暫存器TCON裡的 TR0 被指令設定為 1 時，計時／計數器 0 就會動作。 ②當特殊功能暫存器TCON裡的 TR1 被指令設定為 1 時，計時／計數器 1 就會動作。
C/$\overline{T}$	C/$\overline{T}$＝1時：工作於計數器模式。計數脈波由接腳 T0 或 T1 輸入。 C/$\overline{T}$＝0時：工作於計時器模式。計時脈波為石英晶體頻率的 1/12。
M1 M0	模式選擇位元 1。 模式選擇位元 0。 說明：

M1	M0	模式	說　　　明
0	0	0	13 位元的計時計數器。詳見 3-9-2 節之說明。
0	1	1	16 位元的計時計數器。詳見 3-9-3 節之說明。
1	0	2	8位元自動再載入型計時計數器。詳見 3-9-4 節之說明。
1	1	3	計時／計數器 0 ：TL0 為 8 位元的計時／計數器。 　　　　　　　TH0 為 8 位元的計時器。 計時／計數器 1 ：停止計時／計數器功能。 詳見 3-9-5 節之說明。

圖 3-9-1　計時／計數器模式控制暫存器 TMOD

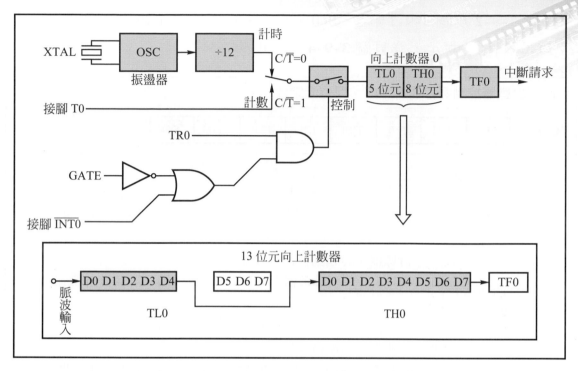

圖 3-9-2　計時／計數器 0 工作於模式 0 之方塊圖

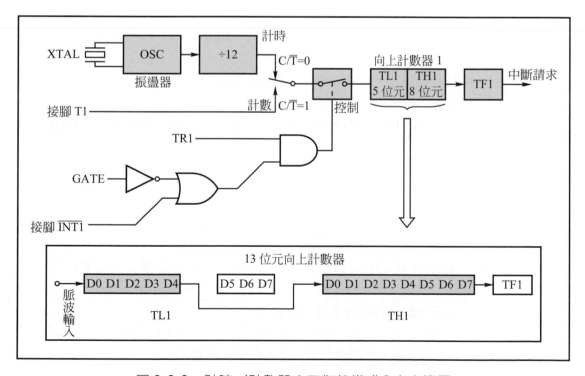

圖 3-9-3　計時／計數器 1 工作於模式 0 之方塊圖

　　圖 3-9-2 及圖 3-9-3 中之 TR0、TF0、TR1、TF1 皆爲特殊功能暫存器 TCON 內之位元，詳見圖 3-9-4 之說明。

計時／計數器控制暫存器 TCON，可位元定址		
TCON：　TF1　TR1　TF0　TR0　IE1　IT1　IE0　IT0		
符號	位址	說　　　　　明
TF1	TCON.7	計時／計數器 1 的溢位旗標。 當計時或計數完成時，CPU 會自動令 TF1 ＝ 1。而當 CPU 跳去位址 001BH 執行相對應的中斷副程式時，會自動令 TF1 ＝ 0。
TR1	TCON.6	計時／計數器 1 的起動控制位元。 TR1 ＝ 1 時，計時／計數器 1 工作。TR1 ＝ 0 時，計時／計數器 1 停止工作。 TR1 設定爲 1 或清除爲 0，完全由指令控制之。
TF0	TCON.5	計時／計數器 0 的溢位旗標。 當計時或計數完成時，CPU 會自動令 TF0 ＝ 1。而當 CPU 跳去位址 000BH 執行相對應的中斷副程式時，會自動令 TF0 ＝ 0。
TR0	TCON.4	計時／計數器 0 的起動控制位元。 TR0 ＝ 1 時，計時／計數器 0 工作。TR0 ＝ 0 時，計時／計數器 0 停止工作。 TR0 設定爲 1 或清除爲 0，完全由指令控制之。
IE1	TCON.3	外部中斷 1 的負緣旗標。 接腳 $\overline{\text{INT1}}$ 的負緣信號會令 IE1 ＝ 1。而當 CPU 跳去位址 0013H 執行相對應的中斷副程式時，會自動令 IE1 ＝ 0。
IT1	TCON.2	外部中斷 1 的觸發型式控制位元。 當 IT1 ＝ 1 時，$\overline{\text{INT1}}$ 爲負緣觸發。當 IT1 ＝ 0 時，$\overline{\text{INT1}}$ 爲低位準觸發。 IT1 設定爲 1 或清除爲 0，完全由指令控制之。
IE0	TCON.1	外部中斷 0 的負緣旗標。 接腳 $\overline{\text{INT0}}$ 的負緣信號會令 IE0 ＝ 1。而當 CPU 跳去位址 0003H 執行相對應的中斷副程式時，會自動令 IE0 ＝ 0。
IT0	TCON.0	外部中斷 0 的觸發型式控制位元。 當 IT0 ＝ 1 時，$\overline{\text{INT0}}$ 爲負緣觸發。當 IT0 ＝ 0 時，$\overline{\text{INT0}}$ 爲低位準觸發。 IT0 設定爲 1 或清除爲 0，完全由指令控制之。

圖 3-9-4　計時／計數器控制暫存器 TCON

3-9-3　模式 1 (Mode 1) 分析

　　當計時／計數器 0 及計時／計數器 1 工作於模式 1 時，特殊功能暫存器 TL 和 TH 是組成 16 位元之向上計數器，如圖 3-9-5 及圖 3-9-6 所示。TL 和 TH 的初始值可以用 MOV 指令設定之，當往上計數至 16 個位元都變成 1 時，若再輸入一個脈波而使 16 個位元都變成 0，則會令計時／計數溢位旗標 TF = 1。

3-9-4　模式 2 (Mode 2) 分析

　　計時／計數器 0 及計時／計數器 1 工作於模式 2 時，兩者的動作情形完全相同，如圖 3-9-7 及圖 3-9-8 所示。

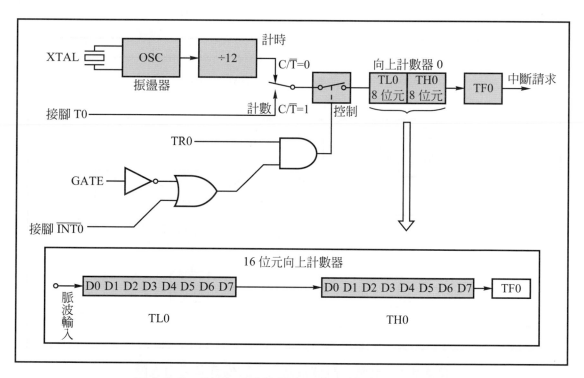

圖 3-9-5　計時／計數器 0 工作於模式 1 之方塊圖

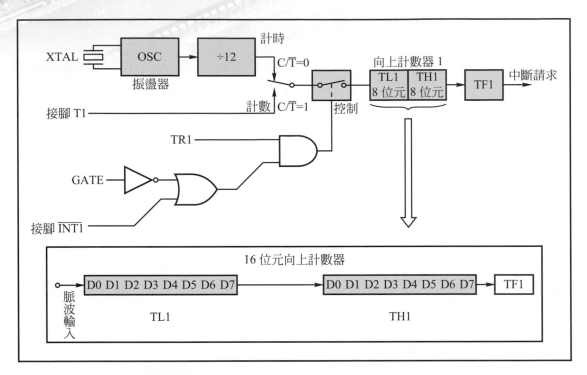

圖 3-9-6 計時／計數器 1 工作於模式 1 之方塊圖

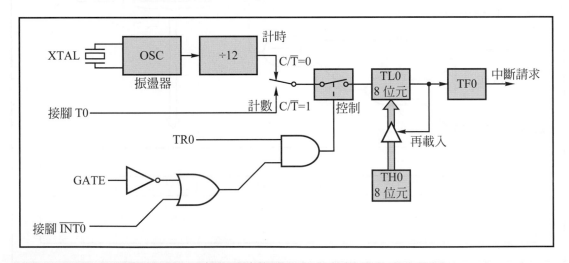

圖 3-9-7 計時／計數器 0 工作於模式 2 之方塊圖

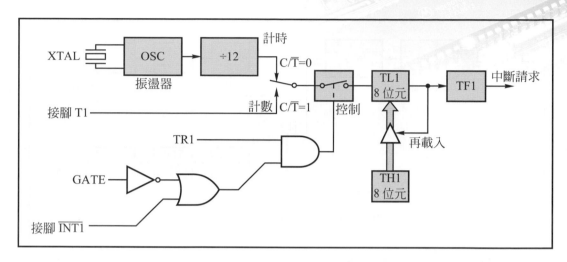

圖 3-9-8　計時／計數器 1 工作於模式 2 之方塊圖

在模式 2 時，計時／計數器成為具有**自動再載入**(auto reload)功能的 8 位元計時／計數器。每當特殊功能暫存器 TL 溢位時，不但會令 TF = 1，而且會發出再載入信號使 TH 的內容載入 TL 中，以便重覆計數下去。TH 的值可用指令來預先設定，而再載入工作並不會改變 TH 的內容。

3-9-5　模式 3 (Mode 3) 分析

請注意！工作於模式 3 時，計時／計數器 0 和計時／計數器 1 的動作情形將完全不一樣。茲分別說明於下：

1.　計時／計數器 0 工作於模式 3 時，如圖 3-9-9 所示，TL0 是一個 8 位元的計時／計數器，TH0 則成為受 TR1 控制的 8 位元計時器。

　　　　要特別注意的是 TH0 借用計時／計數器 1 的 TF1 做溢位旗標，所以與其相對應的中斷副程式之起始位址是在 001BH。

2.　計時／計數器 1 在模式 3 時，將停止計時／計數。

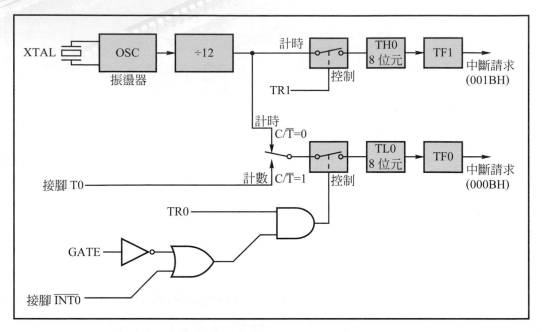

圖 3-9-9　計時／計數器 0 工作於模式 3 之方塊圖

3-10　計時／計數器 2

3-10-1　工作模式之設定

計時／計數器 2 是 16 位元的計時／計數器。編號 80C32、80C52、89S52、89C52、89S53、87C54、89C55、87C58 之單晶片微電腦中才有計時／計數器 2。

計時／計數器 2 可由圖 3-10-1 所示之特殊功能暫存器 T2CON 的 C/$\overline{\text{T2}}$ 位元來設定為計時器或計數器使用。並可由 T2CON 的 RCLK、TCLK、CP/$\overline{\text{RL2}}$、TR2 等位元決定其工作模式，詳見表 3-10-1。

表 3-10-1　計時／計數器 2 操作模式之設定

RCLK	TCLK	CP/RL2	TR2	模　式
0	0	0	1	16 位元自動再載入
0	0	1	1	16 位元捕取
1	×	×	1	鮑率產生器
×	1			
×	×	×	0	不動作

3-10-2　捕取模式 (Capture Mode) 分析

計時／計數器 2 工作於捕取模式時，如圖 3-10-2 所示。茲說明如下：

1. 若 EXEN2 ＝ 0，則計時／計數器 2 是一個 16 位元的向上計時／計數器，當發生溢位時會令旗標 TF2 ＝ 1，以產生中斷處理。
2. 若 EXEN2 ＝ 1，則不但具有上述第 1 項之功能，而且在外部輸入腳 T2EX(即 P1.1)發生負緣信號時，會：
   (1) 把特殊功能暫存器 TL2 及 TH2 的內容捕取，而存入 RCAP2L 及 RCAP2H 內。
   (2) 令旗標 EXF2 ＝ 1，以產生中斷處理。

3-10-3　自動再載入模式 (Auto-Reload Mode) 分析

計時／計數器 2 工作於**自動再載入**模式時，如圖 3-10-3 所示。茲說明於下：

1. 若 EXEN2 ＝ 0，則計時／計數器 2 是一個 16 位元的自動再載入型向上計數器，當發生溢位時，不但會令 TF2 ＝ 1，而且會把特殊功能暫存器 RCAP2L 和 RCAP2H 內的數值再載入 TL2 與 TH2 內。RCAP2L 與 RCAP2H 的內容可用指令設定之。
2. 若 EXEN2 ＝ 1，則計時／計數器 2 不但具有第 1 項之功能，而且在外部接腳 T2EX(即 P1.1)發生負緣信號時，會：

計時／計數器 2 的控制暫存器 T2CON，可位元定址

T2CON：| TF2 | EXF2 | RCLK | TCLK | EXEN2 | TR2 | C/T2̄ | CP/RL2̄ |

符號	位址	說　　　　明
TF2	T2CON.7	計時／計數器 2 的溢位旗標。 當計時／計數器 2 產生溢位時會令 TF2 ＝ 1，用指令才能將 TF2 清除為 0。 另外，當 RCLK ＝ 1 或 TCLK ＝ 1 時，TF2 不會被設定為 1。
EXF2	T2CON.6	計時／計數器 2 的負緣旗標。 當 EXEN2 ＝ 1 而且接腳 T2EX(即 P1.1)輸入負緣脈波時，會令 EXF2 ＝ 1，用指令才能將 EXF2 清除為 0。
RCLK	T2CON.5	串列埠的接收時脈選擇位元。 當 RCLK ＝ 1 時，串列埠的模式 1 及模式 3 會以計時器 2 的溢位率作為接收的時脈基準。 當 RCLK ＝ 0 時，串列埠的模式 1 及模式 3 會以計時器 1 的溢位率作為接收的時脈基準。
TCLK	T2CON.4	串列埠的發射時脈選擇位元。 當 TCLK ＝ 1 時，串列埠的模式 1 及模式 3 會以計時器 2 的溢位率作為發射的時脈基準。 當 TCLK ＝ 0 時，串列埠的模式 1 及模式 3 會以計時器 1 的溢位率作為發射的時脈基準。
EXEN2	T2CON.3	計時／計數器 2 的外部觸發信號致能位元。 當 EXEN2 ＝ 1 時，若接腳 T2EX(即 P1.1)有負緣信號輸入則捕取及自動再載入的動作會產生。 當 EXEN2 ＝ 0 時，接腳 T2EX 上的任何信號都會被忽略。
TR2	T2CON.2	計時／計數器 2 的起動／停止控制位元。 TR2 ＝ 1，則執行計時／計數功能。 TR2 ＝ 0，則停止計時／計數。
C/T2̄	T2CON.1	計數器或計時器之功能選擇位元。 C/T2̄ ＝ 1 時，為計數器。計數脈波由接腳 T2(即 P1.0)輸入。 C/T2̄ ＝ 0 時，為計時器。計時脈波為石英晶體頻率的 1/12。
CP/RL2̄	T2CON.0	捕取／自動再載入的選擇位元。 當 CP/RL2̄ ＝ 1 而且 EXEN2 ＝ 1 時，接腳 T2EX(即 P1.1)的負緣信號，會產生捕取(capture)的動作。 當 CP/RL2̄ ＝ 0 而且 EXEN2 ＝ 1 時，接腳 T2EX(即 P1.1)的負緣信號，會產生自動再載入(auto reload)的動作。 另外，當 RCLK ＝ 1 或 TCLK ＝ 1 時，則不管 CP/RL2̄ 為 1 或 0，只要計時器 2 產生溢位時，計時器 2 都會執行自動再載入的動作。

圖 3-10-1　計時／計數器 2 的控制暫存器 T2CON

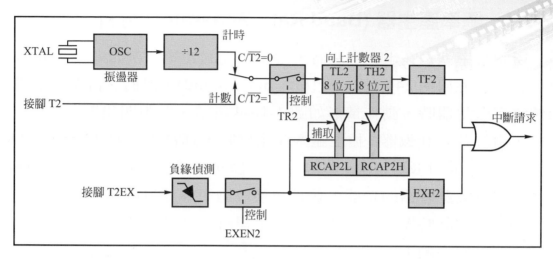

圖 3-10-2　計時／計數器 2 工作於捕取模式之方塊圖

(1)　把特殊功能暫存器 RCAP2L 與 RCAP2H 的內容再載入 TL2 與 TH2 內。

(2)　令旗標 EXF2 ＝ 1，以產生中斷處理。

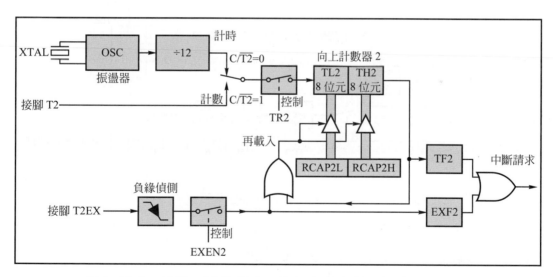

圖 3-10-3　計時／計數器 2 工作於自動再載入模式之方塊圖

3-10-4 鮑率產生器 (Baud Rate Generator) 分析

所謂鮑率就是在串列通訊時，傳送位元的速率。例如鮑率 2400BPS 就代表每秒能傳送 2400 個位元(bits per second)。計時／計數器 2 用來擔任鮑率產生器時，動作情形如圖 3-10-4 所示，茲說明如下：

1. 用計時／計數器 2 擔任鮑率產生器時，通常都令 C/$\overline{\text{T2}}$ = 0，TR2 = 1，RCLK = 1，TCLK = 1。換句話說，是把計時／計數器 2 規劃成計時器的功能，並且讓接收鮑率等於發射鮑率。

   當計時器 2 規劃成鮑率產生器時，其計時的時脈是石英晶體振盪頻率的 1/2。

2. 當 TH2 產生溢位時，只會將 RCAP2L 與 RCAP2H 的內容再載入 TL2 與 TH2 內，並不會令 TF2 = 1。

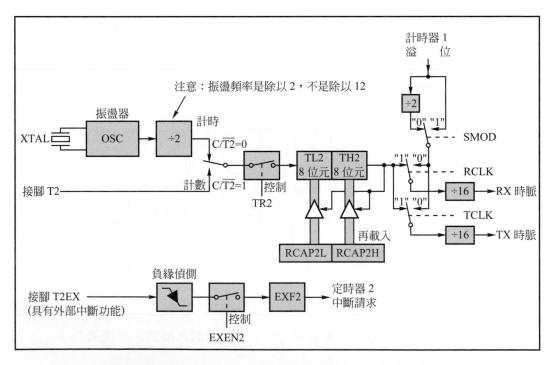

圖 3-10-4　計時／計數器 2 作為鮑率產生器之方塊圖

3. 當 RCLK = 1 時，接收時脈的鮑率為：

$$RX 時脈 = \frac{f_{osc}}{32 \times [65536 - (RCAP2H,RCAP2L)]}$$

註：f_{osc}是石英晶體的振盪頻率。

4. 當 TCLK = 1 時，發射時脈的鮑率為：

$$TX 時脈 = \frac{f_{osc}}{32 \times [65536 - (RCAP2H,RCAP2L)]}$$

5. 看圖 3-10-4 的下半部，可知當 EXEN2 = 1 時，若接腳 T2EX(即 P1.1)加入負緣脈波，將會令旗標 EXF2 = 1，而產生中斷請求。因此當計時／計數器 2 做鮑率產生器用時，接腳T2EX(即P1.1)可做額外的外部中斷使用。

6. 若令 RCLK = 0 或 TCLK = 0，則計時／計數器 1 就必須拿來做鮑率產生器用了。有關串列埠鮑率的產生方法，3-11 節有更詳細的說明。

3-11 串列埠

MCS-51 系列的所有編號都提供了串列通訊埠的功能。串列通訊埠的優點是使用較少的傳輸線就可傳送資料，在做遠距離的通訊時可大量節省材料。

由於 MCS-51 的串列埠是全雙工(full duplex)的通訊埠，所以擁有同時發射與接收的能力。而且，MCS-51 的串列埠具有緩衝器，所以欲發射資料或接收資料只要對特殊功能暫存器 SBUF 進行存取即可，使用上甚為方便。

MCS-51系列的串列埠一共有4種工作模式，分別稱為模式 0、模式 1、模式 2、模式 3，我們可用特殊功能暫存器 SCON 的 SM0 和 SM1 位元選擇其工作模式，也可用REN位元控制接收功能是否動作。SCON的用法請見圖 3-11-1 之說明。

3-11-1　串列埠之模式 0

1.　**特點**

(1)　資料由接腳 RXD(即 P3.0)發射或接收。移位時脈由接腳 TXD (即 P3.1)發射。

(2)　資料的發射或接收都以 **8 個位元**為一個單位。

(3)　鮑率＝石英晶體的振盪頻率÷12。

(4)　說明：

　①　串列埠工作於模式 0 時，串列資料由接腳RXD進出，移位時脈則由接腳TXD輸出。每一個移位時脈，接收或發射一個位元的資料。

　②　資料是依 **bit 0 → bit 1 → bit 2 → bit 3 → bit 4 → bit 5 → bit 6 → bit 7** 之順序發射或接收。

串列埠控制暫存器 SCON，可位元定址

SCON : | SM0 | SM1 | SM2 | REN | TB8 | RB8 | TI | RI |

符號	位址	說　　　明
SM0 SM1	SCON.7 SCON.6	串列埠之模式選擇位元 0。 串列埠之模式選擇位元 1。 說明：

SM0	SM1	模式	功　能	鮑　率
0	0	0	8 位元之移位暫存器	$f_{osc}/12$
0	1	1	8 位元之 UART	可用軟體規劃
1	0	2	9 位元之 UART	$f_{osc}/32$ 或 $f_{osc}/64$
1	1	3	9 位元之 UART	可用軟體規劃

註：　f_{osc}：石英晶體之振盪頻率。
　　UART：非同步之接收/發射器。Universal Asynchronous Receiver/Transmitter 之縮寫。

符號	位址	說明
SM2	SCON.5	在模式 0，需令 SM2 ＝ 0。 在模式 1，若 SM2 ＝ 1，則在接收到正確的停止位元時，才會令 RI ＝ 1。 在模式 2 或模式 3，若 SM2 ＝ 1，則必須所接收的第 9 個資料位元 RB8 ＝ 1，才會令 RI ＝ 1。
REN	SCON.4	串列埠接收致能位元。 令 REN ＝ 1 則允許接收，令 REN ＝ 0 則停止接收。 此位元用指令設定或清除之。
TB8	SCON.3	在模式 2 或模式 3，此位元被當做第 9 個資料位元發射出去。 此位元用指令設定或清除之。
RB8	SCON.2	在模式 0，此位元未被使用。 在模式 1，若 SM2 ＝ 0，接收到的停止位元會自動存入 RB8。 在模式 2 或模式 3，接收到的第 9 個資料位元會自動存入 RB8。
TI	SCON.1	發射中斷旗標。 在模式 0，當發射出第 8 個位元後，會自動令 TI ＝ 1。 在其他模式，當停止位元發射出去後，會自動令 TI ＝ 1。 此位元必須藉指令清除為 0。
RI	SCON.0	接收中斷旗標。 在模式 0，接收到最後一個位元(即 bit 7)後，會自動令 RI ＝ 1。 在其他模式，當接收到停止位元時，會自動令 RI ＝ 1。 此位元必須藉指令清除為 0。

圖 3-11-1　串列埠控制暫存器 SCON

2. 用法

(1) 發射

① 由特殊功能暫存器 SCON 設定串列埠為模式 0。

② 用指令 CLR TI 把 TI 清除為 0。

③ 下達 MOV SBUF, direct 指令(例如：MOV SBUF, A)把欲發
   射之資料存入 SBUF 內，即可開始自動由 RXD 腳發射 SBUF
   內之資料，並自動由 TXD 腳發射移位時脈。

④ 當第 8 個位元發射完畢時，會自動令發射中斷旗標 TI＝1，
   以產生串列埠中斷請求，告訴我們可以再重複第②～第④步
   驟了。

⑤ 請參考圖 3-11-2。

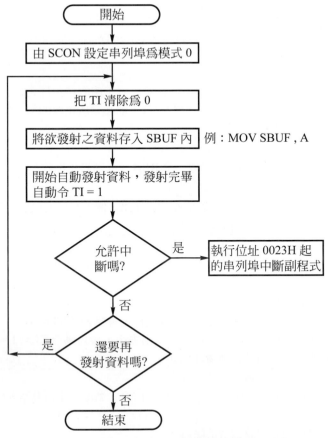

圖 3-11-2　串列埠於模式 0 時發射資料之流程圖

(2) 接收

① 由特殊功能暫存器 SCON 設定串列埠為模式 0。

② 先以指令設定 REN = 1，RI = 1。

③ 用指令 CLR RI 使 RI = 0 即可開始自動由 RXD 腳接收資料，並自動由 TXD 腳發射移位時脈。

④ 接收完 8 個位元的資料後，會自動令接收中斷旗標 RI = 1，以產生串列埠中斷請求，通知我們用 MOV direct , SBUF 指令(例如：MOV A , SBUF)把資料取走。

⑤ 請參考圖 3-11-3。

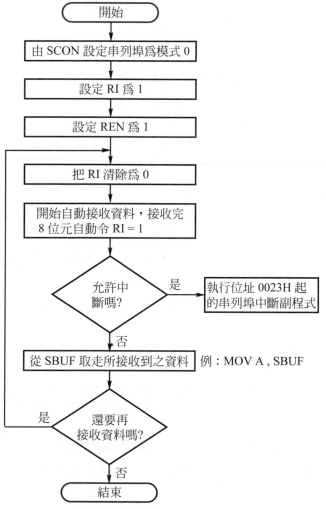

圖 3-11-3　串列埠於模式 0 時接收資料之流程圖

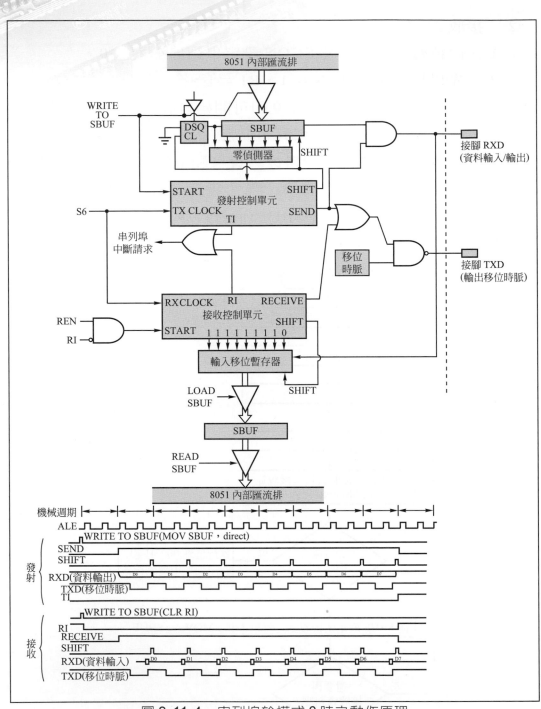

圖 3-11-4　串列埠於模式 0 時之動作原理

註：MCS-51 的內部有兩個相同名稱的 SBUF，一個專供發射用，一個專供接收用。

3. **動作原理** (請參考圖 3-11-4)

  (1) 發射資料時

    ① 由圖 3-11-4 的上半部可看出當執行 MOV SBUF , direct 指令時，CPU 會產生一個 WRITE TO SBUF 的脈波，不但會把資料存入 SBUF 內，同時會令發射控制單元的 START 接腳收到一個起動脈波。

    ② 約經過一個機械週期後，發射控制單元的 SEND 接腳變成高電位，使 SBUF 的輸出接通到接腳 RXD(即 P3.0)，並使移位時脈接通到接腳 TXD(即 P3.1)。

        註：若使用 12MHz 之石英晶體，則一個機械週期等於 1μs。

    ③ 經過 8 個移位時脈(即發射完 8 個位元的資料)後，接腳 SEND 自動變為低電位，停止發射，並自動令 TI ＝ 1 而產生串列埠中斷請求。

  (2) 接收資料時

    ① 由圖 3-11-4 的下半部可看出當用指令使 REN ＝ 1，並下達指令 CLR RI 使 RI ＝ 0 時，就會令接收控制單元的 START 接腳收到一個起動信號。

    ② 約經過一個機械週期後，接收控制單元的 RECEIVE 接腳變成高電位，使移位時脈接通到接腳 TXD(即 P3.1)。輸入的資料則由接腳 RXD(即 P3.0)輸入至輸入移位暫存器內。

    ③ 接收 8 個位元的資料後，接腳 RECEIVE 會自動變為低電位，同時輸入移位暫存器的內容也會自動存入 SBUF 內。

    ④ 此時會自動令 RI ＝ 1 而產生串列埠中斷請求。您只要用指令 MOV direct , SBUF(例如：MOV A , SBUF)即可取得輸入之資料。

4. **應用例**

        請見實習 14-1。

3-11-2 串列埠之模式 1

1. 特點

(1) 由接腳 TXD 發射資料，由接腳 RXD 接收資料。由於發射和接收資料是用不同的接腳負責，所以可以同時進行發射和接收的動作。

(2) 資料的發射或接收都以 10 個位元為一個單位。包含一個起始位元，8 個資料位元，一個停止位元。

　　說明：①起始位元(等於 0)及停止位元(等於 1)是串列埠在發射資料時自動加上去的。

　　　　　②進行接收動作時，收到的停止位元會自動存入特殊功能暫存器 SCON 的 RB8 中。

(3) 鮑率可用軟體規劃，規劃的方法請見 3-11-5 節之說明。

2. 用法

(1) 發射

① 先規劃鮑率的大小。詳見 3-11-5 節。

② 由特殊功能暫存器 SCON 設定串列埠為模式 1。

③ 用指令 CLR TI 把 TI 清除為 0。

④ 下達 MOV SBUF, direct 指令(例如：MOV SBUF, A)把資料存入 SBUF 內，即可開始由 TXD 腳發射資料。首先自動發射一個等於 0 的起始位元，然後自動發射 SBUF 的內容，最後再自動發射一個等於 1 的停止位元。

⑤ 發射完畢，會自動令發射中斷旗標 TI = 1，以產生串列埠中斷請求，告訴我們可以再重複第③～第⑤步驟了。

⑥ 請參考圖 3-11-5。

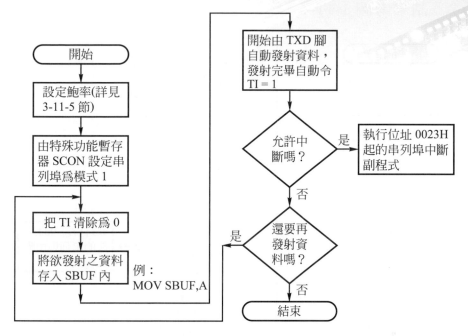

圖 3-11-5 串列埠於模式 1 時發射資料之流程圖

(2) 接收

① 先規劃鮑率。必須與外界發射過來的鮑率相等。規劃方法詳見 3-11-5 節。

② 由特殊功能暫存器 SCON 設定串列埠為模式 1，並令 REN＝1。

③ 用指令 CLR RI 把 RI 清除為 0。

④ 自動接收完資料後，假如「RI＝0」而且「SM2＝0 或接收到停止位元」，則會自動把所接收到的 8 位元資料存入 SBUF 內等您來拿，而且會自動把停止位元(等於 1)存入 RB8 內。然後自動令接收中斷旗標 RI＝1，以產生串列埠中斷請求，通知我們用 MOV direct , SBUF 指令(例如：MOV A , SBUF)把資料取走。

⑤ 自動接收完資料後，若「RI＝0」及「SM2＝0 或接收到停止位元」兩個條件無法同時成立，則串列埠會將所接收到的資料放棄而自動再開始接收下一筆資料。

⑥ 請參考圖 3-11-6。

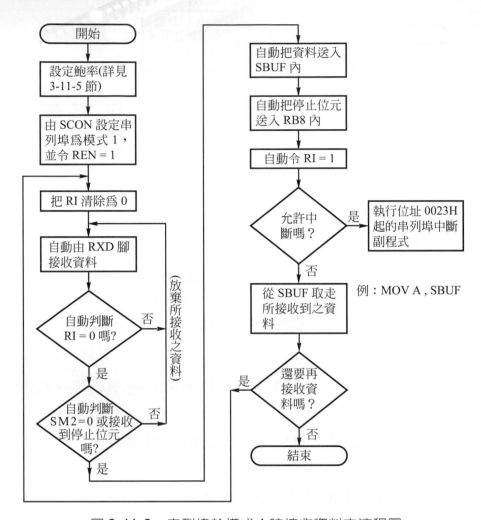

圖 3-11-6 串列埠於模式 1 時接收資料之流程圖

3. **動作原理** (請參考圖 3-11-7)

(1) 發射資料時

① 由圖 3-11-7 的上半部可看出，當執行 MOV SBUF, direct 指令時，CPU 會產生一個 WRITE TO SBUF 的脈波，不但會把資料存入 SBUF 內，同時會令發射控制單元的 START 接腳收到一個起動脈波。

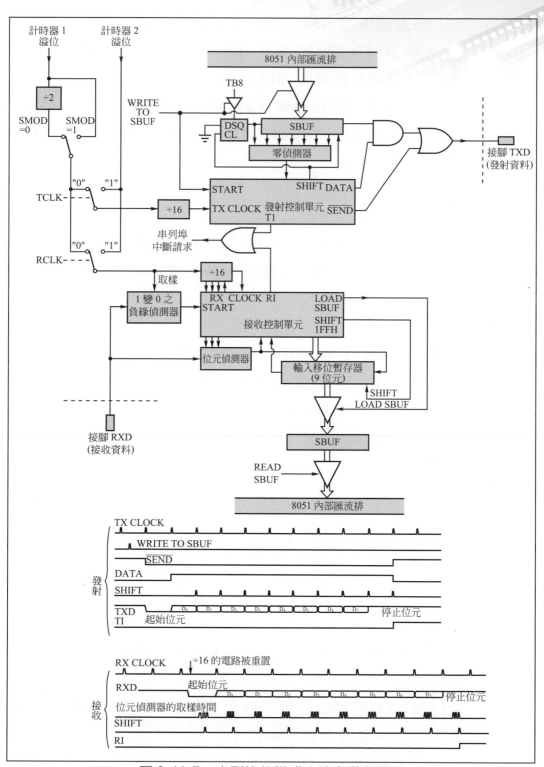

圖 3-11-7 串列埠於模式 1 時之動作原理

② 在下一個機械週期時，發射控制單元的 $\overline{\text{SEND}}$ 接腳自動降為 0，此時 DATA 接腳已自動為 0，所以由接腳 TXD 送出一個 "0"，這個 0 就是起始位元。

③ 之後，DATA 接腳自動變為 1，使 SBUF 的內容得以經過 AND 閘再經過 OR 閘，由接腳 TXD 發射出去(發射的順序為 bit 0 最先，bit 7 最後)。

④ 資料發射完畢後，會自動令發射中斷旗標 TI = 1，而產生串列埠中斷請求。

⑤ 再自動由接腳 TXD 送出一個 "1"(此即停止位元)後，$\overline{\text{SEND}}$ 接腳自動變成 1，DATA 接腳自動變成 0，停止發射。此時接腳 TXD 即維持於 1。

(2) 接收資料時

① 由圖 3-11-7 的下半部可看出，當接腳 RXD 接收到一個由 1 變成 0 的負緣信號(此即起始位元)時，就會送一個起動信號給接收控制單元的 START 接腳。開始接收資料。

② 接收完 8 個位元的資料和 1 個停止位元後，必須

$$\begin{cases} RI = 0 \\ 接收到停止位元或 SM2 = 0 \end{cases}$$

兩個條件同時成立，才會自動將所接收到的 8 位元資料存入 SBUF 內，自動把接收到的停止位元(等於 1)存入特殊功能暫存器 SCON 的 RB8 內。然後再自動令接收中斷旗標 RI = 1，以產生串列埠中斷請求。

若上述兩個條件無法同時成立，則所接收到的資料會被自動放棄。

③ 當接腳 RXD 再度接收到一個由 1 變成 0 的負緣信號時，即再重複第①～第②步驟之動作。

4. 應用例

　　請見實習 14-2 及實習 14-3。

3-11-3　串列埠之模式 2

1. 特點

(1) 由接腳 TXD 發射資料，由接腳 RXD 接收資料。由於發射和接收資料是用不同的接腳負責，所以可以同時進行發射和接收的動作。

(2) 資料的發射或接收都以 11 個位元為一個單位。包含一個必為 0 的起始位元，8 個資料位元，一個 TB8(特殊功能暫存器 SCON 的 bit 3)，及一個必為 1 的停止位元。

　　說明：①起始位元及停止位元是串列埠在發射時自動加上去的。

　　　　　②進行接收動作時，收到的第 10 個位元(即 TB8 的內容)會自動存入特殊功能暫存器 SCON 的 RB8 內。

(3) 鮑率是由指令改變特殊功能暫存器 PCON 中的 SMOD 位元而決定：

　　若 SMOD = 0，則鮑率 = $f_{osc} \div 64$

　　若 SMOD = 1，則鮑率 = $f_{osc} \div 32$

　　註：f_{osc} = 石英晶體的振盪頻率

2. 用法

(1) 發射

① 先規劃鮑率的大小。

② 由特殊功能暫存器 SCON 設定串列埠為模式 2。

③ 把 TI 清除為 0。並規劃 TB8 的內容。

④ 下達 MOV SBUF, direct 指令(例如：MOV SBUF, A)即可開始由 TXD 腳發射資料。

⑤ 發射完畢，會自動令發射中斷旗標 TI = 1，以產生串列埠中斷請求，告訴我們可以再重複第③～第⑤步驟了。

⑥ 請參考圖 3-11-8。

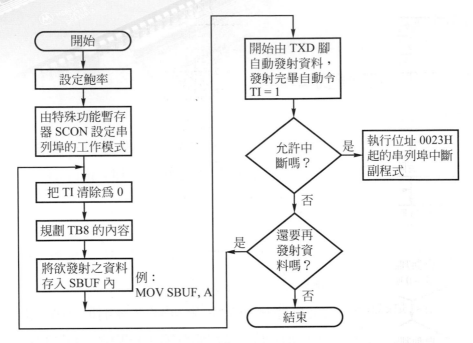

圖 3-11-8 串列埠工作於模式 2 及模式 3 時，發射資料之流程圖

(2) 接收

① 先規劃鮑率的大小。(接收的鮑率必須等於發射的鮑率)

② 由特殊功能暫存器 SCON 設定串列埠為模式 2，並令 REN = 1。

③ 把 RI 清除為 0，即可由 RXD 腳開始自動接收資料。

④ 若符合「RI = 0」及「SM2 = 0 或所接收到的第 10 個位元為 1」兩個條件，則會自動把所接收到的 8 個資料位元存入 SBUF 內，並把第 10 個位元(即發射端的 TB8)存入 RB8 內，然後自動令接收中斷旗標 RI = 1 以產生串列埠中斷請求，通知我們用 MOV direct , SBUF 指令(例如：MOV A , SBUF)把資料取走。

⑤ 若「RI = 0」及「SM2 = 0 或所接收到的第 10 個位元為 1」兩個條件無法同時成立，則串列埠會自動將所接收到的資料放棄而自動再開始接收下一筆資料。

⑥ 請參考圖 3-11-9。

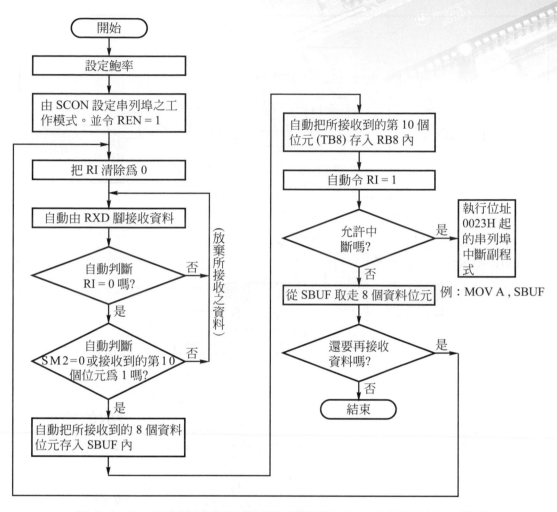

圖 3-11-9　串列埠工作於模式 2 及模式 3 時，接收資料之流程圖

3.　**動作原理** (請參考圖 3-11-10)

(1)　發射

①　由圖 3-11-10 的上半部可看出，當下達 MOV SBUF，direct 指令(例如：MOV SBUF，A)時，CPU 會送出 WRITE TO SBUF 的脈波，不但將資料存入 SBUF 內，同時令發射控制單元的 START 腳收到起動的信號。

②　下一個機械週期時，接腳 $\overline{SEND}$ 降為 0，接腳 DATA 也為 0，所以由接腳 TXD 發射一個 "0" 的起始位元。經過一個時脈後，DATA 腳自動又變為 1，於是 SBUF 及 TB8 的內容得以由接腳 TXD 發射出去。

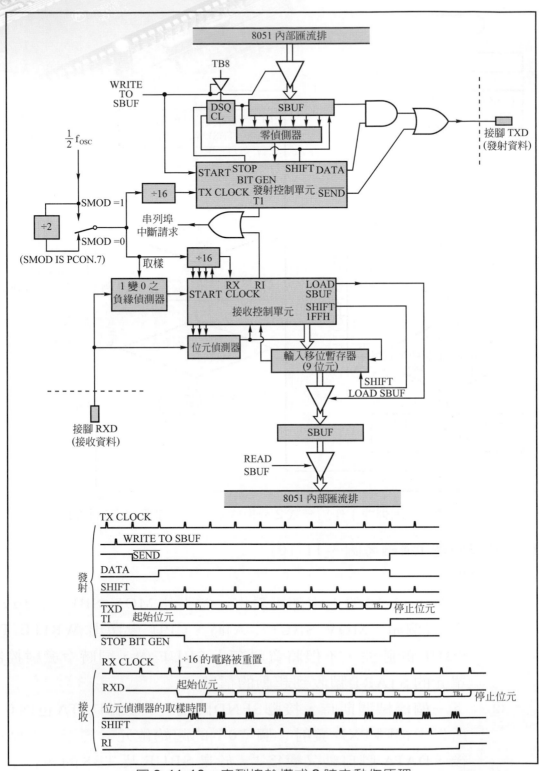

圖 3-11-10 串列埠於模式 2 時之動作原理

③ 資料發射完畢後，DATA接腳變為0，關閉AND閘，而$\overline{\text{SEND}}$ 腳自動變為1，所以接腳TXD會維持在1。

④ 自動將發射中斷旗標TI設定為1，而產生串列埠中斷請求。

(2) 接收

① 由圖3-11-10的下半部可看出，當接腳RXD接收到一個由1變成 0 的負緣信號(此即起始位元)時，就會送一個起動信號給接收控制單元的 START 接腳。開始接收資料。

② 接收完畢後，必須

$$\begin{cases} RI = 0 \\ 接收到的第 10 個位元 TB8 為 1 或 SM2 = 0 \end{cases}$$

兩個條件同時成立，才會自動將所接收到的 8 位元資料存入 SBUF 內，自動把接收到的第 10 個位元(TB8)存入特殊功能暫存器的RB8內。然後再自動令接收中斷旗標RI = 1，以產生串列埠中斷請求。

　　若上述兩個條件無法同時成立，則所接收到的資料會被自動放棄。

③ 當接腳RXD再度接收到一個由1變成0的負緣時，即再重複第①～第②步驟之動作。

3-11-4　串列埠之模式 3

1. **特點**

(1) 由接腳 TXD 發射資料，由接腳 RXD 接收資料。可以同時進行發射和接收的動作。

(2) 資料的發射和接收都以 11 個位元為一個單位。包含一個必為 0 的起始位元，8 個資料位元，一個 TB8，及一個必為 1 的停止位元。

(3) 鮑率可用軟體規劃，規劃的方法請見 3-11-5 節之說明。

2. **用法**

(1) 先規劃鮑率的大小。詳見 3-11-5 節之說明。

(2) 事實上，除了鮑率之外，串列埠工作於模式 3 和模式 2 的工作流程是相同的。發射時請見圖 3-11-8，接收時請見圖 3-11-9。

3. **動作原理**

(1) 請見圖 3-11-11。

(2) 串列埠工作於模式 3 的動作原理與模式 2 完全相同，於此不再贅述。請參考模式 2 之說明。

4. **應用例**

請見實習 14-4。

3-11-5 串列埠的鮑率

1. **串列埠工作於模式 0 的鮑率**

(1) 串列埠工作於模式 0 時，其鮑率是固定值：

$$鮑率 = \frac{石英晶體的振盪頻率}{12}$$

例如：當使用 12MHz 的石英晶體時，

$$鮑率 = \frac{12MHz}{12} = 1MHz = 1000000BPS。$$

(2) 不需用任何計時／計數器擔任鮑率產生器。

2. **串列埠工作於模式 1 及模式 3 的鮑率**

(1) 串列埠工作於模式 1 及模式 3 時，鮑率的規劃方法完全一樣。

(2) 鮑率由計時器 1 產生時，通常令計時器 1 工作於模式 2 (自動再載入功能)，此時

$$鮑率 = \frac{2^{SMOD}}{32} \times 計時器 1 的溢位率$$

$$= \frac{2^{SMOD}}{32} \times \frac{石英晶體的振盪頻率}{12 \times (256 - TH1)}$$

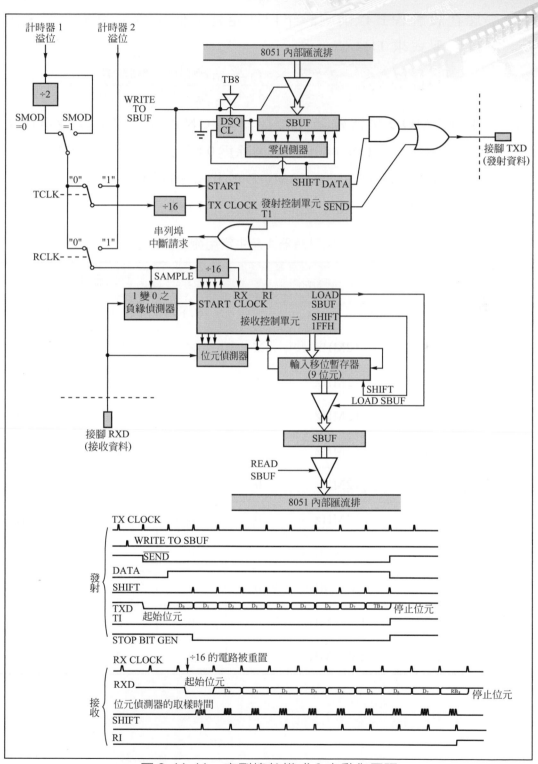

圖 3-11-11　串列埠於模式 3 之動作原理

(3) 您在設計程式以前應該早已決定好要使用多少的鮑率了，因此可用下式求 TH1 值：

$$TH1 = 256 - \frac{2^{SMOD} \times 石英晶體的振盪頻率}{384 \times 鮑率}$$

(4) 上述 SMOD 是特殊功能暫存器 PCON 的位元 7，欲設定為 1 可用指令 ORL PCON, #80H，欲清除為 0 可用指令 ANL PCON, #7FH。
註：開機(RESET)時，SMOD 的機定值為 0。

(5) 各種常用鮑率的規劃值請參考表 3-11-5。

表 3-11-5　以計時器 1 產生常用鮑率的方法

串列埠		石英晶體的振盪頻率	SMOD	計時器 1		
工作模式	鮑率(BPS)			C/T̄	工作模式	重載值(TH1)
模式 0	1000000	12MHz	×	×	×	×
模式 2	375000	12MHz	1	×	×	×
模式 1 及 模式 3	62500	12MHz	1	0	2	0FFH
	9600	12MHz	1	0	2	0F9H
	2400	12MHz	0	0	2	0F3H
	1200	12MHz	0	0	2	0E6H
	19200	11.059MHz	1	0	2	0FDH
	9600	11.059MHz	0	0	2	0FDH
	2400	11.059MHz	0	0	2	0F4H
	1200	11.059MHz	0	0	2	0E8H

(6)　計時器 2 亦可擔任鮑率產生器，其規劃方法已詳述於 3-10-4 節。

3.　串列埠工作於模式 2 的鮑率

(1)　串列埠工作於模式 2 時，鮑率由 SMOD 決定：

$$\text{若 SMOD} = 1 \quad \text{則鮑率} = \frac{\text{石英晶體的振盪頻率}}{32}$$

$$\text{若 SMOD} = 0 \quad \text{則鮑率} = \frac{\text{石英晶體的振盪頻率}}{64}$$

(2)　不需用任何計時／計數器擔任鮑率產生器。

(3)　上述 SMOD 是特殊功能暫存器 PCON 的位元 7，欲設定為 1 可用指令 ORL PCON , #80H，欲清除為 0 可用指令 ANL PCON , #7FH。

　　　註：開機(RESET)時，SMOD 的機定值為 0。

3-11-6　多處理機通訊

　　MCS-51 的串列埠可以從事一種很重要的通訊模式——多處理機通訊(multiprocessor communication)。多處理機通訊如圖 3-11-12 所示，可使一群 MCS-51 互相傳送資料。在實際的應用中，我們可將主控制器安裝在工廠的主控制室內，而將各副控制器分別裝在各生產單位內，當主控制室需要存取某一個副控制器的資料時，只需由「主 MCS-51」送出該副控制器的位址碼，就可與被呼叫到的「副 MCS-51」互相通訊。

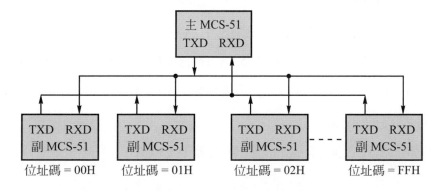

圖 3-11-12　多處理機通訊

由 3-11-3 節及 3-11-4 節的討論，已知串列埠工作於模式 2 及模式 3 時，發射端的 MCS-51 除了會發射累積器 A 的內容之外，還會發射 TB8 的內容，接收端的 MCS-51 則會將對方發射過來的 TB8 之內容存入自己的 RB8 內。此發射端的 TB8 在多處理機通訊中扮演很重要的角色。欲通訊時，「主(master)MCS-51」先發射出「位址碼」然後才發射出「資料」，而「副(slave)MCS-51」則根據所接收到的位址碼而判斷接下來的資料是不是要送過來給它接收的。可是，不管是位址碼或資料，實際上都是由一串 0 和 1 組成的，「副MCS-51」要如何分辨現在「主MCS-51」發射出來的到底是位址碼還是資料呢？因為當「主 MCS-51」的 **TB8 ＝ 1 時表示所發射的是位址碼，TB8 ＝ 0 時表示所發射的是資料**，所以各「副MCS-51」必須先令「RI ＝ 0，SM2 ＝ 1」，以便「主MCS-51」發射出位址碼時可利用 TB8 ＝ 1 的信號使「副 MCS-51」產生串列埠中斷而去位址 0023H 執行中斷副程式。而各「副 MCS-51」的中斷副程式必須有判斷位址碼的功能，以明瞭此次「主 MCS-51」是要和哪一個「副 MCS-51」通訊，而符合此次位址碼的「副MCS-51」則要在中斷副程式中令「RI ＝ 0，SM2 ＝ 0」以便接收資料。其餘位址碼不符的「副 MCS-51」則仍然保持「RI ＝ 0，SM2 ＝ 1」的狀態，以便隨時接收「主 MCS-51」所發射的位址碼。

接著，由於「主 MCS-51」會先令 TB8 ＝ 0 才發射資料，所以資料只會被 SM2 ＝ 0 那個「副 MCS-51」所接收。其餘的「副 MCS-51」由於 SM2 ＝ 1 而且「主 MCS-51」發射過來的 TB8 ＝ 0，所以所接收之資料會被串列埠自動放棄。

多處理機通訊之動作流程請參考圖 3-11-13。

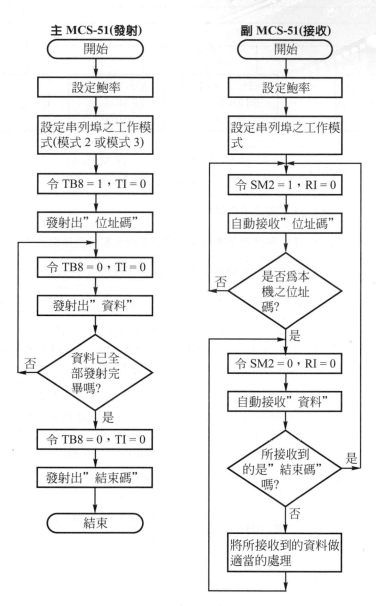

圖 3-11-13 多處理機通訊之流程圖

說明：(1)「副 MCS-51」的鮑率及工作模式需和「主 MCS-51」完全一樣。

(2)結束碼由程式設計者自訂，給所有 MCS-51 共同遵守。

圖 3-11-14 是「主 MCS-51」把資料傳送給位址碼 02H 的「副 MCS-51」之詳細過程，請參考之。**應用例請參考實習 14-4。**

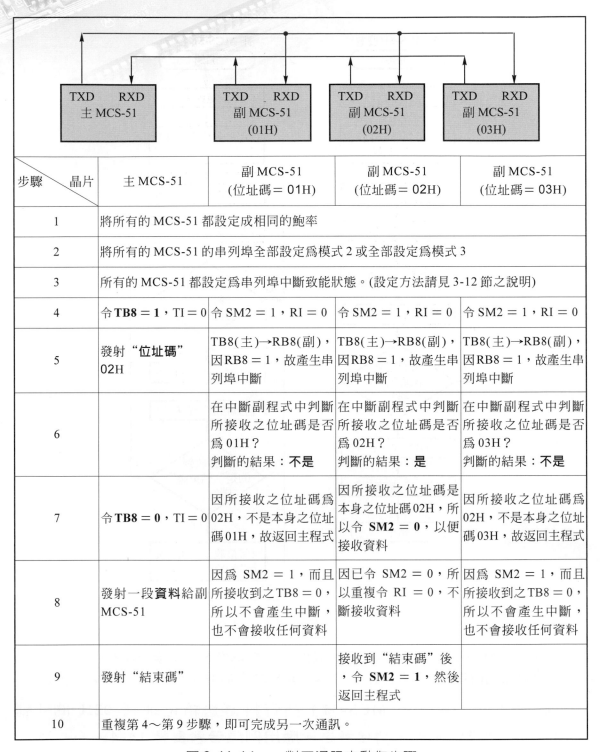

步驟＼晶片	主 MCS-51	副 MCS-51 (位址碼 = 01H)	副 MCS-51 (位址碼 = 02H)	副 MCS-51 (位址碼 = 03H)
1	將所有的 MCS-51 都設定成相同的鮑率			
2	將所有的 MCS-51 的串列埠全部設定為模式 2 或全部設定為模式 3			
3	所有的 MCS-51 都設定為串列埠中斷致能狀態。(設定方法請見 3-12 節之說明)			
4	令 **TB8 = 1**，TI = 0	令 SM2 = 1，RI = 0	令 SM2 = 1，RI = 0	令 SM2 = 1，RI = 0
5	發射 "位址碼" 02H	TB8(主)→RB8(副)，因 RB8 = 1，故產生串列埠中斷	TB8(主)→RB8(副)，因 RB8 = 1，故產生串列埠中斷	TB8(主)→RB8(副)，因 RB8 = 1，故產生串列埠中斷
6		在中斷副程式中判斷所接收之位址碼是否為 01H？ 判斷的結果：**不是**	在中斷副程式中判斷所接收之位址碼是否為 02H？ 判斷的結果：**是**	在中斷副程式中判斷所接收之位址碼是否為 03H？ 判斷的結果：**不是**
7	令 **TB8 = 0**，TI = 0	因所接收之位址碼為 02H，不是本身之位址碼 01H，故返回主程式	因所接收之位址碼是本身之位址碼 02H，所以令 **SM2 = 0**，以便接收資料	因所接收之位址碼為 02H，不是本身之位址碼 03H，故返回主程式
8	發射一段**資料**給副 MCS-51	因為 SM2 = 1，而且所接收到之 TB8 = 0，所以不會產生中斷，也不會接收任何資料	因已令 SM2 = 0，所以重複令 RI = 0，不斷接收資料	因為 SM2 = 1，而且所接收到之 TB8 = 0，所以不會產生中斷，也不會接收任何資料
9	發射 "結束碼"		接收到 "結束碼" 後，令 **SM2 = 1**，然後返回主程式	
10	重複第 4～第 9 步驟，即可完成另一次通訊。			

圖 3-11-14　一對三通訊之動作步驟

(本圖為「主 MCS-51」把資料傳送給位址碼 02H 的「副 MCS-51」之詳細過程)

3-12　中　斷

3-12-1　中斷之致能

1.　MCS-51 提供了如圖 3-12-1 所示之中斷來源。當中斷請求發生時，若該中斷被致能，則CPU會跳到相對應的位址去執行中斷副程式。

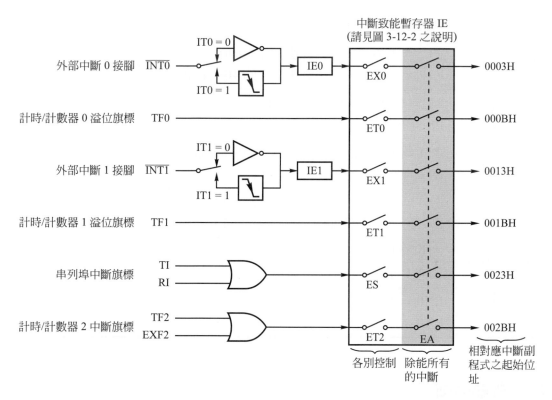

圖 3-12-1　MCS-51 系列之中斷來源及相對應之中斷副程式位址

2.　每一個中斷請求可以單獨的使其致能或除能。我們若將中斷致能暫存器IE內的相關位元設定為 1 表示致能，若將其清除為 0 則表示除能。在中斷致能暫存器IE中有一個EA位元，我們若將此位元清除為 0，則會令所有的中斷請求都被除能。詳見圖 3-12-2 之說明。

中斷致能暫存器 IE，可位元定址							

IE :	EA	——	ET2	ES	ET1	EX1	ET0	EX0

符號	位址	說　　　　明
EA	IE.7	當 EA = 0 時，所有的中斷都被除能。CPU 不接受任何中斷請求。當 EA = 1 時，每個中斷由各別的致能位元所控制，各致能位元設定為 1 時是致能，清除為 0 時是除能。
—	IE.6	此位元保留未用。
ET2	IE.5	ET2 = 1 時，計時／計數器 2 的中斷致能。 ET2 = 0 時，計時／計數器 2 的中斷除能。
ES	IE.4	ES = 1 時，串列埠中斷致能。 ES = 0 時，串列埠中斷除能。
ET1	IE.3	ET1 = 1 時，計時／計數器 1 的中斷致能。 ET1 = 0 時，計時／計數器 1 的中斷除能。
EX1	IE.2	EX1 = 1 時，外部中斷 1 (接腳 $\overline{INT1}$) 致能。 EX1 = 0 時，外部中斷 1 (接腳 $\overline{INT1}$) 除能。
ET0	IE.1	ET0 = 1 時，計時／計數器 0 的中斷致能。 ET0 = 0 時，計時／計數器 0 的中斷除能。
EX0	IE.0	EX0 = 1 時，外部中斷 0 (接腳 $\overline{INT0}$) 致能。 EX0 = 0 時，外部中斷 0 (接腳 $\overline{INT0}$) 除能。

圖 3-12-2　中斷致能暫存器 IE

3. 外部中斷

外部中斷接腳 $\overline{INT0}$ 及 $\overline{INT1}$ 可用計時／計數器控制暫存器 TCON (已於圖 3-9-4 加以說明) 內的 IT0 與 IT1 位元規劃為負緣觸發或低準位動作。

如果我們令 IT0 = 1 (或令 IT1 = 1) 則為負緣觸發型中斷，當接腳 $\overline{INT0}$ (或 $\overline{INT1}$) 由高電位變成低電位時，會令 IE0 (或 IE1) 自動保持於 1 (即具有閂鎖作用)，直到 CPU 跳去執行相對應的中斷副程式後才會自動將 IE0 (或 IE1) 清除為 0。

若我們令IT0 ＝ 0 (或令IT1 ＝ 0) 則為低準位動作，接腳$\overline{\text{INT0}}$ (或 $\overline{\text{INT1}}$) 的低電位必須維持至CPU跳去執行相對應的中斷副程式為止，否則一旦接腳的低電位消失(即變成高電位)，中斷請求就會消失。

4. **計時／計數器中斷**

當計時／計數器0 (或計時／計數器1) 產生溢位時，溢位旗標TF0 (或 TF1) 會自動被設定為1，直至CPU跳去執行相對應的中斷副程式時才會自動將 TF0 (或 TF1) 清除為0。

5. **串列埠中斷**

串列埠無論是發射中斷旗標TI ＝ 1 或接收中斷旗標RI ＝ 1，都會產生中斷請求，所以在中斷副程式中我們必須自己用指令去判斷到底產生中斷請求的是 TI 還是 RI，然後才執行相對應的發射服務程式或接收服務程式。

另外，在中斷副程式中我們**必須自己用指令來清除TI或RI**。因為硬體不會自動把這兩個位元清除為0。

6. **計時／計數器2中斷**

計時／計數器2只在編號80C32、80C52、89S52、89C52、89S53、87C54、89C55、87C58等單晶片微電腦中才有。當TF2 或 EXF2 (已於3-10節加以說明)其中一個為 "1" 時，就會產生計時／計數器2之中斷請求，所以在中斷副程式中我們必須自己用指令去判斷到底產生中斷請求的是 TF2 還是 EXF2，然後才執行相對應的服務程式。

另外，在中斷副程式中我們**必須自己用指令來清除 TF2 或 EXF2**。因為硬體不會自動把這兩個位元清除為0。

7. 所有可以產生中斷請求的旗標位元，都可以用指令加以偵測、設定或清除。

3-12-2　中斷之優先權

1.　所有的中斷請求，均可由圖 3-12-3 所示之中斷優先權暫存器的相對位元設定或清除來控制其處理的優先順序，如果對應位元設定為 1 表示具有高優先權，如果清除為 0 表示具有低優先權。

中斷優先權暫存器 IP，可位元定址		
IP：　—　—　PT2　PS　PT1　PX1　PT0　PX0		
符號	位址	說　　　　明
—	IP.7	保留未用。
—	IP.6	保留未用。
PT2	IP.5	定義計時／計數器 2 之中斷優先權。 PT2 = 1，具有高優先權。 PT2 = 0，具有低優先權。
PS	IP.4	定義串列埠之中斷優先權。 PS = 1，具有高優先權。 PS = 0，具有低優先權。
PT1	IP.3	定義計時／計數器 1 之中斷優先權。 PT1 = 1，具有高優先權。 PT1 = 0，具有低優先權。
PX1	IP.2	定義外部中斷 1 之中斷優先權。 PX1 = 1，具有高優先權。 PX1 = 0，具有低優先權。
PT0	IP.1	定義計時／計數器 0 之中斷優先權。 PT0 = 1，具有高優先權。 PT0 = 0，具有低優先權。
PX0	IP.0	定義外部中斷 0 之中斷優先權。 PX0 = 1，具有高優先權。 PX0 = 0，具有低優先權。

圖 3-12-3　中斷優先權暫存器 IP

2.　高優先權的中斷請求可以中
斷正在執行中的低優先權的
中斷副程式。而低優先權的
中斷請求無法中斷具有高優
先權的中斷副程式。

3.　若有兩個不同優先權的中斷
請求同時產生，則CPU會先
去執行具有高優先權的中斷
副程式。

4.　若有兩個具有相同優先權的
中斷請求 "同時" 發生，則

表 3-12　中斷優先順序

中斷來源	優先順序
IE0	1 (最高優先)
TF0	2
IE1	3
TF1	4
RI 或 TI	5
TF2 或 EXF2	6 (最低優先)

CPU會照表 3-12 之中斷優先順序來決定其執行中斷副程式的順序。

5.　詳情請見圖 3-12-4。

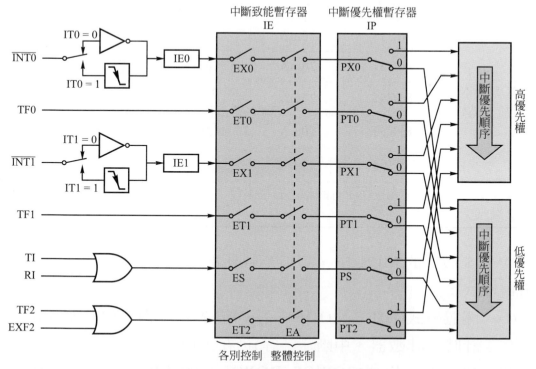

圖 3-12-4　中斷控制與中斷優先順序

3-13 省電模式

假如省電對您所製作的微電腦控制器非常重要(例如：停電時必須用充電電池把資料保存下來)時，您必須選用CMOS版本的MCS-51。CMOS版本和HMOS版本的MCS-51單晶片微電腦之消耗電流如表3-13所示，可供參考。

表 3-13　各種不同編號之耗電情形

型式	編號	消耗電流	備註
HMOS 版本 (早期產品)	8031	125mA	
	8051	125mA	
	8751	250mA	
	8032	175mA	
	8052	175mA	
CMOS 版本 (目前產品)	80C31	20mA	①工作於閒置模式時，消耗電流只有 5mA。 ②工作於功率下降模式時，消耗電流只有 50μA。
	80C51	20mA	
	87C51	25mA	
	89C51	20mA	
	89S51	25mA	
測試條件：上述消耗電流是在所有的輸出腳都未接上負載，而且石英晶體採用 12MHz 下所做之測試。			

CMOS 版本的 MCS-51，不但平時耗電較少，而且還提供了下列兩種省電模式：

(1)　閒置模式(IDLE MODE)──CPU 停止工作，但其餘部份(例如計時／計數器、中斷……等)仍在工作。

(2)　功率下降模式(POWER DOWN MODE)──一切的功能都停止，但所有的資料保持不變。

要進入上述兩種省電模式，只須設定特殊功能暫存器 PCON 內的相對應位元即可，請參考圖 3-13-1 之說明。

消耗功率控制暫存器 PCON，不可以位元定址								
PCON：	SMOD	—	—	—	GF1	GF0	PD	IDL

這四個位元，CMOS 版本才有用

符號	說　　　明
SMOD	使鮑率加倍之位元。已於 3-11 節中加以說明。 當串列埠工作於模式 1 或模式 2 或模式 3 時，SMOD＝1 的鮑率為 SMOD＝0 的兩倍。
—	保留未用。
GF1	一般用途之旗標位元。
GF0	一般用途之旗標位元。
PD	電功率下降位元。 若令 PD＝1，則會使 CMOS 版本之 MCS-51 進入功率下降模式。
IDL	閒置模式位元。 若令 IDL＝1，則會使 CMOS 版本之 MCS-51 進入閒置模式。

圖 3-13-1　消耗功率控制暫存器 PCON

3-13-1　閒置模式 (Idle Mode)

1. 若在程式中下達 ORL PCON, #01H 指令，則 CPU 執行完該指令後，會令位元 IDL＝1，而令 CMOS 版本的 MCS-51 立即進入閒置模式。

2. 在閒置模式時
   (1) CPU 停止工作。
   (2) 串列埠、計時／計數器、中斷控制系統等仍然正常工作。
   (3) CPU、內部 RAM、特殊功能暫存器的內容都保持原值不變。

(4) 所有輸出埠的輸出狀態都保持原來的輸出狀態，不再改變。

(5) 接腳 ALE 及 $\overline{\text{PSEN}}$ 保持於高電位。

3. 有兩種方法可脫離閒置模式，讓CPU恢復正常工作：

(1) 任何已經致能的中斷產生中斷請求時，會令IDL位元自動清除為0，而令CPU恢復正常工作。此時CPU會先跳去執行相對應的中斷副程式，直至遇到 RETI 指令才跳去主程式中執行 ORL PCON, #01H 的下一個指令。

(2) 硬體重置(在RESET接腳加一個高電位)，也可令IDL位元自動清除為0，而令CPU恢復正常工作。此時所有特殊功能暫存器的內容會被重置為表2-3-1所示之值，並令CPU從位址0000H開始執行程式。

3-13-2 功率下降模式 (Power Down Mode)

1. 若在程式中下達 ORL PCON, #02H 指令，則CPU執行完該指令後，會令 PD = 1，而令 CMOS 版本的 MCS-51 立即進入功率下降模式。

2. 在功率下降模式時，除了內部 RAM 的內容保持不變外，所有的功能都停止運作。接腳 ALE 及 $\overline{\text{PSEN}}$ 會保持於低電位。

3. 脫離功率下降模式，令整個MCS-51恢復正常工作的唯一方法是硬體重置。在 RESET 接腳加一個高電位後，會將所有特殊功能暫存器的內容重置為表2-3-1所示之值(此時 PD 位元亦被自動清除為0)，並令 CPU 從位址0000H開始執行程式。

Chapter 4

MCS-51 指令集

CONTROL PRACTICE OF SINGLE CHIP

　　有形的硬體給我們學習和使用電腦的方便，而無形的軟體才能使電腦發揮作用，所以學習微電腦必需「軟硬兼施」才可以。在上一章中我們已瞭解單晶片微電腦MCS-51的結構與特性，本章將爲大家介紹MCS-51的指令。

　　電腦不但是遵照人的命令行事，而且是一個命令一個動作，一點也不含糊。我們叫電腦做事的每一個命令就稱爲**指令** (instruction)，若將指令依合理的順序加以安排使電腦爲我們完成一件特定的工作，就是**程式** (program)。編寫程式就是一般人常說的「軟體設計」或「程式設計」。

　　本章將爲您詳細說明 MCS-51 系列的每一個指令。任何程式都有好幾種不同的寫法，徹底了解整個指令集才能寫出有效率的程式，但是初學者要一口氣熟悉每一個指令並應用自如並不容易，一面研讀第二篇的程式範例一面查閱本章的指令說明，是最迅速有效的學習方法。爲了方便你查閱指令，4-1 節爲您準備了一個依英文字母順序排列的指令索引，爲了您設計程式的方便，4-2 節爲您準備了依功能分類的指令索引，4-3 節才開始爲您詳述各指令。願您查閱本章就如同使用字典一樣的方便。

　　現在先將本章中使用到的符號定義於下，以方便指令的了解：

A　　　　　：累積器。

C　　　　　：進位旗標

DPTR　　　：資料指標暫存器。

Rn　　　　 ：目前所選用的暫存器庫中的暫存器 R0～R7。

data　　　 ：1 byte(即 8 位元)之常數。00H～FFH。

data16　　 ：2 byte(即 16 位元)之常數。0000H～FFFFH。

direct　　 ：可直接定址的**位元組**位址，包含：

　　　　　　(1)內部 RAM 的位址 00H～7FH。

　　　　　　(2)特殊功能暫存器之位址 80H～FFH。

　　　　　　註：凡是特殊功能暫存器裡的符號(請參考圖 3-6-1)皆可放在指令集的 direct 位置。

bit　　　　 ：可位元定址的**位元**位址。(請參考圖 3-5-3 及圖 3-6-3)。

@Rm	：以暫存器 R0 或 R1 的內容當位址，可定址到 RAM 位元組 　位址 00H〜FFH。
address	：目的位址。使用在跳越或呼叫指令中。
x	：x 的內容。
(x)	：以 x 的內容為**位址**所間接定址之內容。
←	：以右邊的資料取代左邊的資料。
↔	：把左邊的資料和右邊的資料互換。

4-1　MCS-51 指令索引 (依英文字母順序排列)

指　　　令	功　　　能	頁數
ACALL　address	呼叫在 2K byte 範圍內之副程式	4-45
ADD　A,Rn	把暫存器的內容加入累積器內	4-22
ADD　A,#data	把常數加入累積器內	4-22
ADD　A,direct	把直接定址位元組的內容加入累積器內	4-23
ADD　Λ,@Rm	把內部資料記憶體的內容加入累積器內	4-23
ADDC　A,Rn	把進位旗標及暫存器的內容加入累積器內	4-23
ADDC　A,#data	把進位旗標的內容及常數加入累積器內	4-23
ADDC　A,direct	把進位旗標及直接定址位元組的內容加入累積器內	4-24
ADDC　A,@Rm	把進位旗標及內部資料記憶體的內容加入累積器內	4-24
AJMP　address	在 2K byte 的範圍內直接跳越	4-38
ANL　A,Rn	把暫存器的內容 AND 入累積器內	4-28
ANL　A,#data	把常數 AND 入累積器內	4-29
ANL　A,direct	把直接定址位元組的內容 AND 入累積器內	4-29
ANL　A,@Rm	把內部資料記憶體的內容 AND 入累積器內	4-29

(續前表)

指　　令	功　　能	頁數
ANL C,bit	把直接定址位元的內容 AND 入進位旗標內	4-37
ANL C, /bit	把直接定址位元內容的補數 AND 入進位旗標內	4-37
ANL direct,A	把累積器的內容 AND 入直接定址位元組內	4-30
ANL direct,#data	把常數 AND 入直接定址位元組內	4-30
CJNE A,direct,address	若 A ≠ direct 則跳	4-42
CJNE A,#data,address	若 A ≠ data 則跳	4-43
CJNE Rn,#data,address	若 Rn ≠ data 則跳	4-43
CJNE @Rm,#data,address	若 (Rm) ≠ data 則跳	4-43
CLR A	把累積器的內容清除為 0	4-34
CLR bit	把直接定址位元的內容清除為 0	4-36
CLR C	把進位旗標的內容清除為 0	4-36
CPL A	把累積器的內容反相	4-34
CPL bit	把直接定址位元的內容反相	4-37
CPL C	把進位旗標的內容反相	4-37
DA A	把累積器的內容調整為十進位的型式	4-28
DEC A	把累積器的內容減 1	4-26
DEC direct	把直接定址位元組的內容減 1	4-27
DEC Rn	把暫存器的內容減 1	4-26

(續前表)

指　　　令	功　　　能	頁數
DEC　@Rm	把內部資料記憶體的內容減 1	4-27
DIV　AB	把 A 的內容除以 B 的內容	4-27
DJNZ　direct,address	把直接定址位元組的內容減 1，若結果不等於零則跳	4-44
DJNZ　Rn,address	把暫存器的內容減 1，若結果不等於零則跳	4-44
INC　A	把累積器的內容加 1	4-25
INC　direct	把直接定址位元組的內容加 1	4-26
INC　DPTR	把資料指標暫存器的內容加 1	4-26
INC　Rn	把暫存器的內容加 1	4-25
INC　@Rm	把內部資料記憶體的內容加 1	4-26
JB　bit,address	若 bit＝1 則跳	4-41
JBC　bit,address	若 bit＝1 則跳，並令 bit＝0	4-42
JC　address	若 C＝1 則跳	4-41
JMP　@A+DPTR	跳至位址 A+DPTR 處執行程式	4-39
JNB　bit,address	若 bit＝0 則跳	4-42
JNC　address	若 C＝0 則跳	4-41
JNZ　address	若 A≠0 則跳	4-40
JZ　address	若 A＝0 則跳	4-40

(續前表)

指　　令	功　　能	頁數
LCALL address	呼叫在 64K byte 範圍內之副程式	4-46
LJMP address	在 64K byte 的範圍內直接跳越	4-39
MOV A,Rn	把暫存器的內容複製至累積器內	4-16
MOV A,direct	把直接定址位元組的內容複製至累積器內	4-16
MOV A,#data	把常數複製至累積器內	4-16
MOV A,@Rm	把內部資料記憶體的內容複製至累積器內	4-16
MOV bit,C	把進位旗標的內容複製至直接定址位元內	4-38
MOV C,bit	把直接定址位元的內容複製至進位旗標內	4-38
MOV direct,A	把累積器的內容複製至直接定址位元組內	4-17
MOV direct,direct	把直接定址位元組的內容複製至直接定址位元組內	4-17
MOV direct,#data	把常數複製至直接定址位元組內	4-18
MOV direct,Rn	把暫存器的內容複製至直接定址位元組內	4-17
MOV direct,@Rm	把內部資料記憶體的內容複製至直接定址位元組內	4-18
MOV DPTR,#data16	把 16 位元的常數複製至資料指標暫存器內	4-19
MOV Rn,A	把累積器的內容複製至暫存器內	4-17
MOV Rn,direct	把直接定址位元組的內容複製至暫存器內	4-17
MOV Rn,#data	把常數複製至暫存器內	4-17
MOV @Rm,A	把累積器的內容複製至內部資料記憶體內	4-18
MOV @Rm,direct	把直接定址位元組的內容複製至內部資料記憶體內	4-18

(續前表)

指　　令	功能	頁數
MOV @Rm,#data	把常數複製至內部資料記憶體內	4-19
MOVC A,@A+DPTR	將程式記憶體位址 A+DPTR 的內容複製至累積器內	4-19
MOVX A,@Rm	把外部資料記憶體的內容複製至累積器內	4-19
MOVX A,@DPTR	把外部資料記憶體的內容複製至累積器內	4-20
MOVX @DPTR,A	把累積器的內容複製至外部資料記憶體內	4-20
MOVX @Rm,A	把累積器的內容複製至外部資料記憶體內	4-20
MUL AB	把 A 的內容乘以 B 的內容	4-27
NOP	不做任何事情	4-47
ORL A,Rn	把暫存器的內容 OR 入累積器內	4-30
ORL A,direct	把直接定址位元組的內容 OR 入累積器內	4-31
ORL A,#data	把常數 OR 入累積器內	4-30
ORL A,@Rm	把內部資料記憶體的內容 OR 入累積器內	4-31
ORL C,bit	把直接定址位元的內容 OR 入進位旗標內	4-38
ORL C, /bit	把直接定址位元內容的補數 OR 入進位旗標內	4-38
ORL direct,A	把累積器的內容 OR 入直接定址位元組內	4-31
ORL direct,#data	把常數 OR 入直接定址位元組內	4-32
POP direct	將堆疊器之內容取回直接定址位元組內	4-21

(續前表)

指　　令	功　　能	頁數
PUSH direct	把直接定址位元組的內容存入堆疊器內	4-20
RET	從副程式返回主程式	4-46
RETI	從中斷副程式返回主程式	4-47
RL A	不含進位旗標的左旋轉	4-34
RLC A	包含進位旗標的左旋轉	4-34
RR A	不含進位旗標的右旋轉	4-35
RRC A	包含進位旗標的右旋轉	4-35
SETB bit	把直接定址位元的內容設定為 1	4-36
SETB C	把進位旗標的內容設定為 1	4-36
SJMP address	在同頁內之相對跳越	4-39
SUBB A,Rn	把累積器的內容減去進位旗標的內容再減去暫存器的內容	4-24
SUBB A,direct	把累積器的內容減去進位旗標的內容再減去直接定址位元組的內容	4-25
SUBB A,#data	把累積器的內容減去進位旗標的內容再減去常數	4-24
SUBB A,@Rm	把累積器的內容減去進位旗標的內容再減去內部資料記憶體的內容	4-25
SWAP A	把累積器內容的兩個「半位元組」互換	4-36
XCH A,Rn	把累積器和暫存器的內容互換	4-21

(續前表)

指　　令	功　　　能	頁數
XCH　A,direct	把累積器和直接定址位元組的內容互換	4-21
XCH　A,@Rm	把累積器和內部資料記憶體的內容互換	4-21
XCHD　A,@Rm	把累積器和內部資料記憶體內容的「低四位元」互換	4-22
XRL　A,Rn	把暫存器的內容 XOR 入累積器內	4-32
XRL　A,#data	把常數 XOR 入累積器內	4-32
XRL　A,direct	把直接定址位元組的內容 XOR 入累積器內	4-33
XRL　A,@Rm	把內部資料記憶體的內容 XOR 入累積器內	4-33
XRL　direct,A	把累積器的內容 XOR 入直接定址位元組內	4-33
XRL　direct,#data	把常數 XOR 入直接定址位元組內	4-33

4-2　MCS-51 指令索引 (依功能分類)

指　　令	功　　　能	頁數
資料傳送指令		
MOV　A,Rn	把暫存器的內容複製至累積器內	4-16
MOV　A,direct	把直接定址位元組的內容複製至累積器內	4-16
MOV　A,#data	把常數複製至累積器內	4-16
MOV　A,@Rm	把內部資料記憶體的內容複製至累積器內	4-16
MOV　Rn,A	把累積器的內容複製至暫存器內	4-17
MOV　Rn,direct	把直接定址位元組的內容複製至暫存器內	4-17
MOV　Rn,#data	把常數複製至暫存器內	4-17

(續前表)

指　　　令	功　　　能	頁數
MOV　direct,A	把累積器的內容複製至直接定址位元組內	4-17
MOV　direct,Rn	把暫存器的內容複製至直接定址位元組內	4-17
MOV　direct,direct	把直接定址位元組的內容複製至直接定址位元組內	4-17
MOV　direct,@Rm	把內部資料記憶體的內容複製至直接定址位元組內	4-18
MOV　direct,#data	把常數複製至直接定址位元組內	4-18
MOV　@Rm,A	把累積器的內容複製至內部資料記憶體內	4-18
MOV　@Rm,direct	把直接定址位元組的內容複製至內部資料記憶體內	4-18
MOV　@Rm,#data	把常數複製至內部資料記憶體內	4-19
MOV　DPTR,#data16	把 16 位元的常數複製至資料指標暫存器內	4-19
MOVC　A,@A+DPTR	將程式記憶體位址 A+DPTR 的內容複製至累積器內	4-19
MOVX　A,@Rm	把外部資料記憶體的內容複製至累積器內	4-19
MOVX　A,@DPTR	把外部資料記憶體的內容複製至累積器內	4-20
MOVX　@Rm,A	把累積器的內容複製至外部資料記憶體內	4-20
MOVX　@DPTR,A	把累積器的內容複製至外部資料記憶體內	4-20
PUSH　direct	把直接定址位元組的內容存入堆疊器內	4-20
POP　direct	將堆疊器之內容取回直接定址位元組內	4-21
XCH　A,Rn	把累積器和暫存器的內容互換	4-21
XCH　A,direct	把累積器和直接定址位元組的內容互換	4-21
XCH　A,@Rm	把累積器和內部資料記憶體的內容互換	4-21
XCHD　A,@Rm	把累積器和內部資料記憶體內容的「低四位元」互換	4-22

(續前表)

指　　令	功　　能	頁數
算術運算指令		
ADD A,Rn	把暫存器的內容加入累積器內	4-22
ADD A,#data	把常數加入累積器內	4-22
ADD A,direct	把直接定址位元組的內容加入累積器內	4-23
ADD A,@Rm	把內部資料記憶體的內容加入累積器內	4-23
ADDC A,Rn	把進位旗標及暫存器的內容加入累積器內	4-23
ADDC A,#data	把進位旗標的內容及常數加入累積器內	4-23
ADDC A,direct	把進位旗標及直接定址位元組的內容加入累積器內	4-24
ADDC A,@Rm	把進位旗標及內部資料記憶體的內容加入累積器內	4-24
SUBB A,Rn	把累積器的內容減去進位旗標的內容再減去暫存器的內容	4-24
SUBB A,#data	把累積器的內容減去進位旗標的內容再減去常數	4-24
SUBB A,direct	把累積器的內容減去進位旗標的內容再減去直接定址位元組的內容	4-25
SUBB A,@Rm	把累積器的內容減去進位旗標的內容再減去內部資料記憶體的內容	4-25
INC A	把累積器的內容加 1	4-25
INC Rn	把暫存器的內容加 1	4-25
INC direct	把直接定址位元組的內容加 1	4-26
INC @Rm	把內部資料記憶體的內容加 1	4-26
INC DPTR	把資料指標暫存器的內容加 1	4-26

(續前表)

指　　令	功　　能	頁數
DEC　A	把累積器的內容減 1	4-26
DEC　Rn	把暫存器的內容減 1	4-26
DEC　direct	把直接定址位元組的內容減 1	4-27
DEC　@Rm	把內部資料記憶體的內容減 1	4-27
MUL　AB	把 A 的內容乘以 B 的內容	4-27
DIV　AB	把 A 的內容除以 B 的內容	4-27
DA　A	把累積器的內容調整為十進位的型式	4-28
邏輯運算指令		
ANL　A,Rn	把暫存器的內容 AND 入累積器內	4-28
ANL　A,#data	把常數 AND 入累積器內	4-29
ANL　A,direct	把直接定址位元組的內容 AND 入累積器內	4-29
ANL　A,@Rm	把內部資料記憶體的內容 AND 入累積器內	4-29
ANL　direct,A	把累積器的內容 AND 入直接定址位元組內	4-30
ANL　direct,#data	把常數 AND 入直接定址位元組內	4-30
ORL　A,Rn	把暫存器的內容 OR 入累積器內	4-30
ORL　A,#data	把常數 OR 入累積器內	4-30
ORL　A,direct	把直接定址位元組的內容 OR 入累積器內	4-31
ORL　A,@Rm	把內部資料記憶體的內容 OR 入累積器內	4-31
ORL　direct,A	把累積器的內容 OR 入直接定址位元組內	4-31

(續前表)

指　　令	功　　能	頁數
ORL　direct,#data	把常數 OR 入直接定址位元組內	4-32
XRL　A,Rn	把暫存器的內容 XOR 入累積器內	4-32
XRL　A,#data	把常數 XOR 入累積器內	4-32
XRL　A,direct	把直接定址位元組的內容 XOR 入累積器內	4-33
XRL　A,@Rm	把內部資料記憶體的內容 XOR 入累積器內	4-33
XRL　direct,A	把累積器的內容 XOR 入直接定址位元組內	4-33
XRL　direct,#data	把常數 XOR 入直接定址位元組內	4-33
CLR　A	把累積器的內容清除為 0	4-34
CPL　A	把累積器的內容取補數	4-34
RL　A	不含進位旗標的左旋轉	4-34
RLC　A	包含進位旗標的左旋轉	4-34
RR　A	不含進位旗標的右旋轉	4-35
RRC　A	包含進位旗標的右旋轉	4-35
SWAP　A	把累積器內容的兩個「半位元組」互換	4-36
位元處理指令		
CLR　C	把進位旗標的內容清除為 0	4-36
CLR　bit	把直接定址位元的內容清除為 0	4-36
SETB　C	把進位旗標的內容設定為 1	4-36
SETB　bit	把直接定址位元的內容設定為 1	4-36

(續前表)

指　　令	功　　能	頁數
CPL C	把進位旗標的內容反相	4-37
CPL bit	把直接定址位元的內容反相	4-37
ANL C,bit	把直接定址位元的內容 AND 入進位旗標內	4-37
ANL C, /bit	把直接定址位元內容的補數 AND 入進位旗標內	4-37
ORL C,bit	把直接定址位元的內容 OR 入進位旗標內	4-38
ORL C, /bit	把直接定址位元內容的補數 OR 入進位旗標內	4-38
MOV C,bit	把直接定址位元的內容複製至進位旗標內	4-38
MOV bit,C	把進位旗標的內容複製至直接定址位元內	4-38
分支跳越指令		
AJMP address	在 2K byte 的範圍內直接跳越	4-38
LJMP address	在 64K byte 的範圍內直接跳越	4-39
SJMP address	在同頁內之相對跳越	4-39
JMP @A+DPTR	跳至位址 A+DPTR 處執行程式	4-39
JZ address	若 A = 0 則跳	4-40
JNZ address	若 A ≠ 0 則跳	4-40
JC address	若 C = 1 則跳	4-41
JNC address	若 C = 0 則跳	4-41
JB bit,address	若 bit = 1 則跳	4-41
JNB bit,address	若 bit = 0 則跳	4-42

(續前表)

指 令	功 能	頁數
JBC bit,address	若 bit = 1 則跳，並令 bit = 0	4-42
CJNE A,direct,address	若 A ≠ direct 則跳	4-42
CJNE A,#data,address	若 A ≠ data 則跳	4-43
CJNE Rn,#data,address	若 Rn ≠ data 則跳	4-43
CJNE @Rm,#data,address	若 (Rm) ≠ data 則跳	4-43
DJNZ Rn,address	把暫存器的內容減 1，若結果不等於零則跳	4-44
DJNZ direct,address	把直接定址位元組的內容減 1，若結果不等於零則跳	4-44
呼叫指令及回返指令		
ACALL address	呼叫在 2K byte 範圍內之副程式	4-45
LCALL address	呼叫在 64K byte 範圍內之副程式	4-46
RET	從副程式返回主程式	4-46
RETI	從中斷副程式返回主程式	4-47
其他指令		
NOP	不做任何事情	4-47

4-3　MCS-51 指令詳析

4-3-1　資料傳送指令

MOV A,Rn

動作情形：A←Rn　　　　　　　　　；n＝0～7

功　　能：把暫存器 Rn 的內容複製至累積器 A 內。

例　　子：MOV A, R5　　　　　　；把暫存器 R5 的內容複製至 A 內。
　　　　　　　　　　　　　　　　　即 A＝R5。

MOV A,direct

動作情形：A←direct

功　　能：把直接定址位元組的內容複製至累積器 A 內。

例　　子：MOV A, P2　　　　　　；把 P2 的內容複製至累積器 A 內。即
　　　　　　　　　　　　　　　　　A＝P2。

MOV A,#data

動作情形：A←data　　　　　　　；data＝00H～FFH

功　　能：把常數 data 複製至累積器 A 內。

例　　子：MOV A, #30H　　　　　；A＝30H

MOV A,@Rm

動作情形：A←(Rm)　　　　　　　；m＝0～1

功　　能：以暫存器 Rm 的內容為位址，到內部 RAM 去提取資料並複
　　　　　製至累積器 A 內。

例　　子：MOV R1, #20H　　　　；令 R1＝20H。
　　　　　MOV A, @R1　　　　　；把內部 RAM 中位址 20H 的內容複
　　　　　　　　　　　　　　　　　製至累積器 A 內。

MOV Rn,A

動作情形：Rn←A   ；n = 0～7
功　　能：把累積器 A 的內容複製至暫存器 Rn 內。
例　　子：MOV R4, A   ；把累積器 A 的內容複製至暫存器
                                 R4 內。

MOV Rn,direct

動作情形：Rn←direct   ；n = 0～7
功　　能：把直接定址位元組的內容複製至暫存器 Rn 內。
例　　子：MOV R2, P1   ；把 P1 的內容複製至 R2 內。

MOV Rn,#data

動作情形：Rn←data   ；n = 0～7，data = 00H～FFH
功　　能：把常數 data 複製至暫存器 Rn 內。
例　　子：MOV R1, #80H   ；令 R1 = 80H

MOV direct,A

動作情形：direct←A
功　　能：把累積器 A 的內容複製至直接定址位元組內。
例　　子：MOV P1,A   ；把 A 的內容複製至 P1 內。

MOV direct,Rn

動作情形：direct←Rn   ；n = 0～7
功　　能：把暫存器 Rn 的內容複製至直接定址位元組內。
例　　子：MOV B, R3   ；把暫存器 R3 的內容複製至 B 內。

MOV direct, direct

動作情形：direct←direct
功　　能：把直接定址位元組之內容複製至直接定址位元組內。

例　　子：MOV　50H, 60H　　　　　；把位址 60H 的內容複製至位址 50H
　　　　　　　　　　　　　　　　　　　內。

MOV direct,@Rm

動作情形：direct←(Rm)　　　　　；m = 0～1
功　　能：把暫存器 Rm 所定址的內部 RAM 之內容複製至直接定址位
　　　　　元組內。
例　　子：MOV　R1, #20H　　　；R1 = 20H
　　　　　MOV　P1, @R1　　　；把內部 RAM 位址 20H 的內容複製
　　　　　　　　　　　　　　　　至 P1 內。

MOV direct,#data

動作情形：direct←data　　　　　；data = 00H～FFH
功　　能：把常數 data 複製至直接定址位元組內。
例　　子：MOV　P2, #23H　　　；P2 = 23H

MOV @Rm, A

動作情形：(Rm)←A　　　　　；m = 0～1
功　　能：把累積器 A 的內容複製至以暫存器 Rm 定址的內部 RAM 內。
例　　子：MOV　R1, #60H　　　；R1 = 60H
　　　　　MOV　@R1, A　　　；把 A 的內容複製至 RAM 的位址 60H
　　　　　　　　　　　　　　　　內。

MOV @Rm,direct

動作情形：(Rm)←direct　　　　　；m = 0～1
功　　能：把直接定址位元組的內容複製至暫存器 Rm 所定址的內部
　　　　　RAM 內。
例　　子：MOV　R1, #40H　　　；R1 = 40H
　　　　　MOV　@R1, P1　　　；把 P1 的內容複製至內部 RAM 的位
　　　　　　　　　　　　　　　　址 40H 內。

MOV @Rm,#data

動作情形：(Rm)←data   ；m＝0～1，data＝00H～FFH。

功　　能：把常數 data 複製至暫存器 Rm 所定址的內部 RAM 內。

例　　子：MOV R0, #30H   ；R0＝30H

　　　　　MOV @R0, #40H   ；把常數 40H 存入內部 RAM 的位址
　　　　　　　　　　　　　　　　30H 內。

MOV DPTR,#data₁₆

動作情形：DPTR←16 位元 data   ；data₁₆＝0000H～FFFFH

功　　能：把 16 位元的常數 data 複製至資料指標暫存器 DPTR 內。

例　　子：MOV DPTR, #1234H   ；DPTR＝1234H

MOVC A,@A+DPTR

動作情形：A←(A＋DPTR)

功　　能：以累積器 A 的內容與資料指標暫存器 DPTR 的內容之和做為
　　　　　位址，到程式記憶體內讀取該位址之內容，然後將其複製至
　　　　　累積器 A 內。

例　　子：MOV DPTR, #300H   ；DPTR＝300H

　　　　　MOV A, #20H   ；A＝20H

　　　　　MOVC A, @A+DPTR   ；把位址 320H 之內容複製至累積器
　　　　　　　　　　　　　　　　A 內。

MOVX A,@Rm

動作情形：A←(Rm)   ；m＝0～1

功　　能：把 Rm 所定址之**外部** RAM 的內容複製至累積器 A 內。

例　　子：MOV R1, #12H   ；令 R1＝12H

　　　　　MOVX A, @R1   ；把外部 RAM 位址 12H 之內容複製
　　　　　　　　　　　　　　　　至累積器 A 內。

MOVX A,@DPTR

動作情形：A←(DPTR)

功　　能：把用 DPTR 定址之**外部** RAM 的內容複製至累積器 A 內。

例　　子：MOV　DPTR, #1234H　　；令資料指標暫存器DPTR = 1234H

　　　　　MOVX　A, @DPTR　　；把外部RAM位址 1234H 的內容複
　　　　　　　　　　　　　　　　製至累積器 A 內。

MOVX @Rm,A

動作情形：(Rm)←A　　　　　　　　　　；m = 0～1

功　　能：把累積器 A 的內容複製至用 Rm 定址的**外部** RAM 內。

例　　子：MOV　R1, #12H　　　；R1 = 12H

　　　　　MOVX　@R1, A　　　；把累積器A的內容複製至外部RAM
　　　　　　　　　　　　　　　　的位址 12H 內。

MOVX @DPTR,A

動作情形：(DPTR)←A

功　　能：把累積器 A 的內容複製至用 DPTR 定址的**外部** RAM 內。

例　　子：MOV　DPTR, #1234H　；令 DPTR = 1234H

　　　　　MOV　@DPTR, A　　；把累積器A的內容複製至外部RAM
　　　　　　　　　　　　　　　　的位址 1234H 內。

PUSH direct

動作情形：SP←SP + 1

　　　　　(SP)←direct

功　　能：把直接定址位元組之內容存入堆疊器內。

例　　子：PUSH　ACC　　　　；把累積器A的內容存入堆疊器內。

POP direct

動作情形：direct←(SP)

SP←SP－1

功　　能：將原先 PUSH 入堆疊器存放之值再取回直接定址位元組內。

例　　子：POP ACC　　　　　　　;從堆疊器取出 1 byte 的資料，並
存入累積器 A 內。

XCH A,Rn

動作情形：A↔Rn　　　　　　　;n＝0～7

功　　能：把累積器 A 的內容和暫存器 Rn 的內容互換。

例　　子：MOV A, #12H　　　;A＝12H

MOV R5, #34H　　;R5＝34H

XCH A, R5　　　　;A＝34H，R5＝12H

XCH A,direct

動作情形：Λ↔direct

功　　能：把累積器 A 的內容和直接定址位元組的內容互換。

例　　子：XCH A, SBUF　　　;把累積器 A 的內容和串列資料緩
衝器 SBUF 的內容互換。

XCH A,@Rm

動作情形：A↔(Rm)　　　　　　;m＝0～1

功　　能：把「累積器 A 的內容」和「以暫存器 Rm 的內容為位址的內
部 RAM 的內容」互換。

例　　子：MOV R1, #60H　　　;R1＝60H

XCH A, @R1　　　　;把「累積器 A 的內容」和「內部
RAM 位址 60H 的內容」互換。

XCHD A,@Rm

動作情形：$A_{3\sim0} \longleftrightarrow (Rm)_{3\sim0}$ 　　　　; m = 0～1

功　　能：把「累積器 A 內容的 bit 3～bit 0」與「以暫存器 Rm 的內容 為位址的內部 RAM 內容的 bit 3～bit 0」互換。

例　　子：

MOV A, #12H	; A = 12H
MOV R1, #60H	; R1 = 60H
MOV @R1, #34H	; 令內部RAM 位址 60 的內容為 34H
XCHD A, @R1	; A = 14H，內部 RAM 位址 60H 的內容為 32H。

4-3-2 算術運算指令

ADD A,Rn

動作情形：$A \leftarrow A + Rn$ 　　　　; n = 0～7

功　　能：把累積器 A 的內容與暫存器 Rn 的內容相加，然後將相加後 的結果存入累積器 A 內。

例　　子：

MOV A, #02H	; A = 02H
MOV R5, #10H	; R5 = 10H
ADD A, R5	; A = 02H＋10H = 12H

ADD A,#data

動作情形：$A \leftarrow A + data$ 　　　　; data = 00H～FFH

功　　能：把「累積器 A 的內容」與「常數 data」相加，然後把相加後 的結果存入累積器 A 內。

例　　子：

MOV A, #12H	; A = 12H
ADD A, #34H	; A = 12H＋34H = 46H

ADD A,direct

動作情形：A←A＋direct

功　　能：把「累積器 A 的內容」與「直接定址位元組的內容」相加，
　　　　　然後將相加後的結果存入累積器 A 內。

例　　子：ADD　A, 25H　　　　　；把內部RAM位址 25H的內容加入
　　　　　　　　　　　　　　　　累積器 A 內。

　　　　　ADD　A, B　　　　　　；把暫存器B的內容加入累積器A內。

ADD A,@Rm

動作情形：A←A＋(Rm)　　　　　；m ＝ 0～1

功　　能：把「累積器 A 的內容」與「以暫存器 Rm 的內容為位址的內
　　　　　部RAM之內容」相加，然後將相加後的結果存入累積器A內。

例　　子：MOV　R1, #30H　　　；R1 ＝ 30H
　　　　　ADD　A, @R1　　　　；把內部RAM位址 30H的內容加入
　　　　　　　　　　　　　　　　累積器 A 內。

ADDC A,Rn

動作情形：A←A＋C＋Rn　　　　；n ＝ 0～7

功　　能：將「累積器 A 的內容」、「進位旗標C的內容」、「暫存器
　　　　　Rn的內容」三者相加，然後將相加後的結果存入累積器A內。

例　　子：ADDC　A, R5　　　　；把進位旗標C的內容及暫存器 R5
　　　　　　　　　　　　　　　　的內容加入累積器 A 內。

ADDC A,#data

動作情形：A←A＋C＋data　　　；data ＝ 00H～FFH

功　　能：把「累積器 A 的內容」、「進位旗標 C 的內容」、「常數
　　　　　data」三者相加，然後將相加後的結果存入累積器A內。

例　　子：ADDC　A, #20H　　　；把進位旗標C的內容及常數 20H
　　　　　　　　　　　　　　　　加入累積器 A 內。

ADDC A,direct

動作情形：A←A＋C＋direct

功　　能：把「累積器 A 的內容」、「進位旗標 C 的內容」、「直接定址位元組的內容」三者相加，然後將相加後的結果存入累積器 A 內。

例　　子：ADDC　A, 20H　　　　；把進位旗標 C 的內容及內部 RAM 位址 20H 的內容加入累積器 A 內。

ADDC A,@Rm

動作情形：A←A＋C＋(Rm)　　　；m ＝ 0～1

功　　能：將「累積器 A 的內容」、「進位旗標 C 的內容」、「以暫存器 Rm 的內容為位址的內部 RAM 的內容」三者相加，然後將相加後的結果存入累積器 A 內。

例　　子：MOV　R1, #30H　　　；R1 ＝ 30H
　　　　　ADDC　A, @R1　　　；把進位旗標 C 的內容及內部 RAM 位址 30H 的內容加入累積器 A 內。

SUBB A,Rn

動作情形：A←A－C－Rn　　　　n ＝ 0～7

功　　能：把「累積器 A 的內容」減去「進位旗標 C 的內容」後，再減去「暫存器 Rn 的內容」。然後將相減後的結果存入累積器 A 內。

例　　子：SUBB　A, R5　　　　；把累積器 A 的內容減去進位旗標 C 的內容後，再減去暫存器 R5 的內容。

SUBB A,#data

動作情形：A←A－C－data　　　；data ＝ 00H～FFH

功　　能：把「累積器 A 的內容」減去「進位旗標 C 的內容」後，再減去「常數 data」。

例　　子：SUBB　A, #38H　　　　　；把累積器A的內容減去進位旗標C
　　　　　　　　　　　　　　　　　的內容後，再減去常數38H。

SUBB A,direct

動作情形：A←A−C−direct

功　　能：把「累積器A的內容」減去「進位旗標C的內容」後，再減
　　　　　去「直接定址位元組的內容」。

例　　子：SUBB　A, P1　　　　　　；把累積器A的內容減去進位旗標C
　　　　　　　　　　　　　　　　　的內容後，再減去P1的內容。

SUBB A,@Rm

動作情形：A←A−C−(Rm)　　　　；m＝0～1

功　　能：把「累積器A的內容」減去「進位旗標C的內容」後，再減
　　　　　去「以暫存器Rm的內容為位址的內部RAM之內容」。

例　　子：MOV　R1, #38H　　　　；R1＝38H
　　　　　SUBB　A, @R1　　　　　；把累積器A的內容減去進位旗標C
　　　　　　　　　　　　　　　　　的內容後，再減去內部RAM位址
　　　　　　　　　　　　　　　　　38H的內容。

INC A

動作情形：A←A＋1

功　　能：把累積器A的內容加1。

例　　子：MOV　A, #22H　　　　　；A＝22H
　　　　　INC　A　　　　　　　　；A＝23H

INC Rn

動作情形：Rn←Rn＋1　　　　　　；n＝0～7

功　　能：把暫存器Rn的內容加1。

例　　子：MOV　R5, #15H　　　　；R5＝15H
　　　　　INC　R5　　　　　　　　；R5＝16H

INC direct

動作情形：direct←direct＋1

功　　能：把直接定址位元組的內容加1。

例　　子：INC 30H　　　　　　　；把內部RAM位址30H的內容加1。

INC @Rm

動作情形：(Rm)←(Rm)＋1　　　；m＝0～1

功　　能：把以暫存器Rm的內容為位址的內部RAM之內容加1。

例　　子：MOV R1, #30H　　　；R1＝30H

　　　　　INC @R1　　　　　　；把內部RAM位址30H的內容加1。

INC DPTR

動作情形：DPTR←DPTR＋1

功　　能：把資料指標暫存器DPTR的內容加1。

例　　子：MOV DPTR, #1234H　；DPTR＝1234H

　　　　　INC DPTR　　　　　　；DPTR＝1235H

DEC A

動作情形：A←A－1

功　　能：把累積器A的內容減1。

例　　子：MOV A, #22H　　　；A＝22H

　　　　　DEC A　　　　　　　；A＝21H

DEC Rn

動作情形：Rn←Rn－1　　　　；n＝0～7

功　　能：把暫存器Rn的內容減1。

例　　子：MOV R5, #15H　　　；R5＝15H

　　　　　DEC R5　　　　　　；R5＝14H

DEC direct

動作情形：direct←direct－1

功　　能：把直接定址位元組的內容減 1。

例　　子：DEC　30H　　　　　　　；把內部RAM位址 30H的內容減 1。

DEC @Rm

動作情形：(Rm)←(Rm)－1　　　　；m＝0～1

功　　能：把「以暫存器 Rm 的內容為位址的內部 RAM」之內容減 1。

例　　子：MOV R1, #30H　　　；R1＝30H

　　　　　DEC　@R1　　　　　；把內部RAM位址 30H的內容減 1。

MUL AB

動作情形：BA＝A×B

功　　能：把累積器A的內容乘以暫存器B的內容，相乘後所得之結果，
　　　　　高 8位元存入 B內，低 8位元存入 A內。

例　　子：MOV　A, #9EH　　　；A＝9EH

　　　　　MOV　B, #04H　　　；B＝04H

　　　　　MUL　AB　　　　　　；9EH × 04H＝0278H，故B＝02H，
　　　　　　　　　　　　　　　　A＝78H

DIV AB

動作情形：A÷B＝A……B

功　　能：將累積器A的內容除以暫存器B的內容，得到的商存入A內，
　　　　　餘數則存入 B內。

例　　子：MOV　A, #09　　　；A＝09

　　　　　MOV　B, #02　　　；B＝02

　　　　　DIV　　AB　　　　　；9÷2＝4餘1，所以A＝04，B＝01

DA A

動作情形：A←A 做十進位調整

功　　能：把**執行 ADD 或 ADDC 指令後**累積器 A 的內容調整為十進位
(BCD)的型式，然後將調整後的結果存入累積器 A 內。

說　　明：人們最熟悉的是十進位，但是CPU執行算術運算後的結果卻
是十六進位，所以當微電腦做計時或計數而需將結果顯示出
來時，我們就在加法指令 ADD 或 ADDC 的後面加上 DA A
指令，把累積器 A 內之運算結果調整為十進位(BCD 碼)。請
參考下面的例子。

例　　子：MOV　A, #14H　　　；A = 14H

　　　　　MOV　B, #16H　　　；B = 16H

　　　　　ADD　A,B　　　　　；A = 14H＋16H = 2AH

　　　　　DA　　A　　　　　　；A = 14＋16 = 30H

　　　　　由上面的例子可看出未執行 DA A 指令以前累積器 A 的內容
為 2A，但執行 DA A 指令後累積器 A 的內容即成為 30，這
就是 DA A 指令的功能。

注意事項：DA A 指令不但要緊跟在 ADD 或 ADDC 指令的後面，而且加
法的加數和被加數都必須是 BCD 碼。

技　　巧：十進位的減 1

　　　　　MOV　A, #8　　　　；A = 08

　　　　　ADD　A, #99H

　　　　　DA　　A　　　　　　；A = 07

4-3-3 邏輯運算指令

ANL A,Rn

動作情形：A←A AND Rn　　　　　；n = 0～7

功　　能：把「累積器 A 的內容」和「暫存器 Rn 的內容」做邏輯 AND
運算，然後將運算的結果存入累積器 A 內。

例　　子：ANL A, R5　　　　　　；把 A 的內容和 R5 的內容做 AND
運算，然後把運算的結果存入 A 內。

ANL A,#data

動作情形：A←A AND data　　　　；data = 00H～FFH

功　　能：把累積器 A 的內容和常數 data 做邏輯 AND 運算，然後將運
算的結果存入累積器 A 內。

備　　註：ANL 指令常被用來強迫某些位元變成 0。

例　　子：若累積器 A 的原有內容為 56H，則執行指令 ANL A, #0FH
後，累積器 A 的內容變成 06H。

$$
\begin{array}{lll}
 & 0101 & 0110\ B \rightarrow 56H \\
AND) & \mathbf{0000} & \mathbf{1111}\ B \rightarrow 0FH \\
\hline
 & 0000 & 0110\ B \rightarrow 06H
\end{array}
$$

這四位元被　　這四位元保
強迫成為 0　　持不變

ANL A,direct

動作情形：A←A AND direct

功　　能：把「累積器 A 的內容」和「直接定址位元組的內容」做邏輯
AND 運算，然後將運算的結果存入累積器 A 內。

例　　子：ANL A, 30H　　　　　　；把內部 RAM 位址 30H 的內容 AND
入累積器 A 內。

ANL A,@Rm

動作情形：A←A AND (Rm)　　　　；m = 0～1

功　　能：把「累積器 A 的內容」和「以暫存器 Rm 的內容為位址的內
部 RAM 的內容」做邏輯 AND 運算，並將運算的結果存入累
積器 A 內。

例　　子：MOV　R1, #30H　　　　　；R1 = 30H
　　　　　ANL　A, @R1　　　　　　；把內部RAM位址 30H的內容 AND
　　　　　　　　　　　　　　　　　入累積器 A 內。

ANL direct,A

動作情形：direct←direct AND A

功　　能：把「直接定址位元組的內容」和「累積器A的內容」做邏輯
　　　　　AND運算，然後將運算的結果存入「直接定址位元組」內。

例　　子：ANL　P2, A　　　　　　；把 A 的內容 AND 入 P2 內。

ANL direct,#data

動作情形：direct←direct AND data　　；data = 00H～FFH

功　　能：把「直接定址位元組的內容」和「常數 data」做邏輯 AND
　　　　　運算，然後將運算的結果存入「直接定址位元組」內。

例　　子：ANL PSW, #0E7H　　　；令程式狀態字元 PSW 內容的
　　　　　　　　　　　　　　　　PSW.4 和 PSW.3 都成為 0。

ORL A,Rn

動作情形：A←A OR Rn　　　　　；n = 0～7

功　　能：把「累積器A的內容」和「暫存器Rn的內容」做邏輯OR運
　　　　　算，然後把運算的結果存入累積器 A 內。

例　　子：ORL A, R5　　　　　　；把R5 的內容 OR 入 A 內。

ORL A,#data

動作情形：A←A OR data　　　　　；data = 00H～FFH

功　　能：把「累積器 A 的內容」和「常數 data」做邏輯 OR 運算，然
　　　　　後將運算的結果存入累積器 A 內。

備　　註：ORL 指令常被用來強迫某些位元變成 1。

例　　子：若累積器 A 的原有內容為 56H，則執行 ORL A, #0FH 指令
　　　　　後，累積器 A 的內容變成 5FH。

```
        0101      0110 B  → 56H
ORL)    0000      1111 B  → 0FH
        0101      1111 B  → 5FH
```

這四位元保　　這四位元被
持不變　　　　強迫成為 1

ORL A,direct

動作情形：A←A OR direct

功　　能：把「累積器 A 的內容」和「直接定址位元組的內容」做邏輯
　　　　　OR 運算，然後將運算的結果存入累積器 A 內。

例　　子：ORL A, 30H　　　　　;把內部 RAM 位址 30H 的內容 OR
　　　　　　　　　　　　　　　　入累積器 A 內。

ORL A,@Rm

動作情形：A←A OR (Rm)　　　　;m = 0～1

功　　能：把「累積器 A 的內容」和「以暫存器 Rm 的內容為位址的內
　　　　　部RAM的內容」做邏輯OR運算，並將運算的結果存入累積
　　　　　器 A 內。

例　　子：MOV R1, #30H　　　;R1 = 30H
　　　　　ORL A, @R1　　　　;把內部 RAM 位址 30H 的內容 OR
　　　　　　　　　　　　　　　　入累積器 A 內。

ORL direct,A

動作情形：direct←direct OR A

功　　能：把「直接定址位元組的內容」和「累積器 A 的內容」做邏輯
　　　　　OR 運算，然後將運算的結果存入「直接定址位元組」內。

例　　子：ORL P2, A　　　　　;把 A 的內容 OR 入 P2 內。

ORL direct,#data

動作情形：direct←direct OR data　；data ＝ 00H～FFH

功　　能：把「直接定址位元組的內容」和「常數 data」做邏輯 OR 運算，然後將運算的結果存入「直接定址位元組」內。

例　　子：ORL　P1, #0FH　　　　　；令 P1.3～P1.0 四隻腳皆輸出 1。

XRL A,Rn

動作情形：A←A XOR Rn　　　　　；n ＝ 0～7

功　　能：把「累積器 A 的內容」和「暫存器 Rn 的內容」做邏輯 XOR 運算，然後把運算的結果存入累積器 A 內。

例　　子：XRL　A, R5　　　　　　；把 R5 的內容 XOR 入 A 內。

XRL A,#data

動作情形：A←A XOR data　　　　；data ＝ 00H～FFH

功　　能：把「累積器 A 的內容」和「常數 data」做邏輯 XOR 運算，然後把運算的結果存入累積器 A 內。

備　　註：XRL 指令常用來強迫某些位元的值變成與原來的值相反(即把 1 變成 0 或把 0 變成 1)。

例　　子：若累積器 A 的原有內容為 6AH，則執行 XRL　A, #0FH 後，累積器 A 的內容變成 65H。

$$
\begin{array}{rllll}
& 0110 & 1010\ B & \rightarrow 6AH \\
\text{XOR)} & \mathbf{0000} & \mathbf{1111}\ B & \rightarrow 0FH \\
\hline
& 0110 & 0101\ B & \rightarrow 65H \\
\end{array}
$$

這四位元的內　　這四位元的內容
容保持不變　　　與原來的相反

XRL A,direct

動作情形：A←A XOR direct

功　　能：把「累積器A的內容」和「直接定址位元組的內容」做邏輯 XOR 運算，然後將運算的結果存入累積器 A 內。

例　　子：XRL A, 30H　　　　　　　;把內部RAM位址 30H的內容XOR 入累積器 A 內。

XRL A,@Rm

動作情形：A←A XOR (Rm)　　　; m = 0～1

功　　能：把「累積器 A 的內容」和「以暫存器 Rm 的內容為位址的內部 RAM 之內容」做邏輯 XOR 運算，並將運算的結果存入累積器 A 內。

例　　子：MOV R1, #30H　　　;R1 = 30H

　　　　　XRL　A, @R1　　　　;把內部RAM位址 30H的內容XOR 入累積器 A 內。

XRL direct,A

動作情形：direct←direct XOR A

功　　能：把「直接定址位元組的內容」和「累積器A的內容」做邏輯 XOR運算，然後將運算的結果存入「直接定址位元組」內。

例　　子：XRL P2, A　　　　　　;把 A 的內容 XOR 入 P2 內。

XRL direct,#data

動作情形：direct←direct XOR data　; data = 00H～FFH

功　　能：把「直接定址位元組的內容」和「常數data」做邏輯XOR運算，然後將運算的結果存入「直接定址位元組」內。

例　　子：XRL P1, #0FH　　　　;令 P1.3～P1.0 四隻接腳的輸出狀態皆與原來的值相反。

CLR A

動作情形：A←0

功　　能：把累積器 A 的內容清除為零。

例　　子：CLR A　　　　　　　　　　；A = 00H

CPL A

動作情形：A←$\overline{A}$

功　　能：把累積器 A 的內容取 1 的補數(即把每個位元反相)，然後再存入累積器 A 內。

例　　子：若累積器 A 的原來內容為 4AH，則執行 CPL A 指令後，累積器 A 的內容變成 B5H。

原來　　　　　　　　　　　A = 01001010B = 4AH

CPL A 執行後　　　　　　A = 10110101B = B5H

RL A

動作情形：$A_{n+1}←A_n$　　　　　　；n = 0～6

$A_0←A_7$

功　　能：把累積器 A 的內容向左旋轉一個位元。

例　　子：MOV　A, #0FH　　　　；A = 0000 1111B

RL　　A　　　　　　；A = 0001 1110B

RLC A

動作情形：$A_{n+1}←A_n$　　　　　　；n = 0～6

$A_0←C$

$C←A_7$

功　　能：把累積器 A 的內容及進位旗標 C 的內容一齊向左旋轉一個位
元。

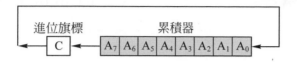

例　　子：SETB　C　　　　　　　　　　; C = 1

　　　　　MOV　A, #70H　　　　　　　; A = 0111 0000B

　　　　　RLC　A　　　　　　　　　　; C = 0，A = 1110 0001B

RR　A

動作情形：$A_n \leftarrow A_{n+1}$　　　　　　　　; n = 0～6

　　　　　$A_7 \leftarrow A_0$

功　　能：把累積器 A 的內容向右旋轉一個位元。

例　　子：MOV　A, #0FH　　　　　　　; A = 0000 1111B

　　　　　RR　　A　　　　　　　　　　; A = 1000 0111B

RRC　A

動作情形：$A_n \leftarrow A_{n+1}$　　　　　　　　; n = 0～6

　　　　　$A_7 \leftarrow C$

　　　　　$C \leftarrow A_0$

功　　能：把累積器 A 及進位旗標 C 的內容一齊向右旋轉一個位元。

例　　子：CLR　C　　　　　　　　 ; C ＝ 0

　　　　　MOV　A, #81H　　　　 ; A ＝ 1000 0001B

　　　　　RRC　A　　　　　　　 ; A ＝ 0100 0000B，C ＝ 1

SWAP A

動作情形：$A_{7\sim4} \longleftrightarrow A_{3\sim0}$

功　　能：把累積器內容的高 4 位元和低 4 位元對調。

例　　子：MOV　A, #38H　　　 ; A ＝ 38H

　　　　　SWAP　A　　　　　　 ; A ＝ 83H

4-3-4　位元運算指令

CLR C

動作情形：C←0

功　　能：把進位旗標 C 的內容清除為零。

例　　子：CLR　C　　　　　　 ; C ＝ 0

CLR bit

動作情形：bit←0

功　　能：把直接定址位元的內容清除為零。

例　　子：CLR　P1.0　　　　　 ; 令接腳 P1.0 輸出 0

SETB C

動作情形：C←1

功　　能：把進位旗標 C 的內容設定為 1。

例　　子：SETB　C　　　　　　 ; C ＝ 1

SETB bit

動作情形：bit←1

功　　能：把直接定址位元的內容設定為 1。

例　　子：SETB　P1.2　　　　　　；令接腳 P1.2 輸出 1

　　　　　SETB　22H.0　　　　　；令位元組位址 22H 的 bit0 = 1

　　　　　SETB　10H　　　　　　；令位元位址 10H 的內容為 1。本指
　　　　　　　　　　　　　　　　　令的功能與 SETB 22H.0 完全相
　　　　　　　　　　　　　　　　　同。(請參考圖 3-5-3)

CPL C

動作情形：C←$\overline{C}$

功　　能：把進位旗標 C 的內容反相，然後再存入進位旗標 C 內。

例　　子：CLR　C　　　　　　　；C = 0

　　　　　CPL　C　　　　　　　；C = 1

　　　　　CPL　C　　　　　　　；C = 0

CPL bit

動作情形：bit←$\overline{bit}$

功　　能：把直接定址位元的內容反相，然後再存入直接定址位元內。

例　　子：CPL　P2.6　　　　　　；令接腳 P2.6 的輸出狀態與原來的
　　　　　　　　　　　　　　　　　值相反。

ANL C,bit

動作情形：C←C AND bit

功　　能：把「進位旗標 C 的內容」和「直接定址位元的內容」做邏輯
　　　　　AND 運算，並將運算結果存入進位旗標 C 內。

例　　子：ANL　C, ACC.6　　　　；把累積器 bit 6 的內容 AND 入進位
　　　　　　　　　　　　　　　　　旗標 C 內。

ANL C,/bit

動作情形：C←C AND $\overline{bit}$

功　　能：把直接定址位元內容的反相值 AND 入進位旗標 C 內。

例　　子：ANL　C, /P3.2　　　　；把接腳 P3.2 的反相值 AND 入進位
　　　　　　　　　　　　　　　　　旗標 C 內。

ORL C,bit

動作情形：C←C OR bit

功　　能：把「進位旗標 C 的內容」和「直接定址位元的內容」做邏輯
　　　　　OR 運算，並將運算結果存入進位旗標 C 內。

例　　子：ORL　C, P2.1　　　　　　　；把接腳 P2.1 的值 OR 入進位旗標內。

ORL C,/bit

動作情形：C←C OR $\overline{bit}$

功　　能：把直接定址位元內容的反相值 OR 入進位旗標 C 內。

例　　子：ORL　C, /ACC.3　　　　；把累積器 bit 3 的反相值 OR 入進
　　　　　　　　　　　　　　　　　位旗標 C 內。

MOV C,bit

動作情形：C←bit

功　　能：把直接定址位元的內容複製至旗標 C 內。

例　　子：MOV　C, ACC.7　　　　；把累積器 bit 7 的內容複製至進位旗
　　　　　　　　　　　　　　　　　標 C 內。

MOV bit,C

動作情形：bit←C

功　　能：把進位旗標 C 的內容複製至直接定址位元內。

例　　子：MOV　P1.5, C　　　　　；把進位旗標 C 的內容由接腳 P1.5
　　　　　　　　　　　　　　　　　輸出。

4-3-5　分支跳越指令

AJMP address

動作情形：PC←PC＋2

　　　　　$PC_{10\sim0}$←$address_{10\sim0}$

功　　能：跳到位址 address 去執行程式。

注　　意：由於有效位址只有 11 位元，所以欲跳越之目的位址，必須在相同的 2K byte 範圍內。

例　　子：AJMP　NEXT　　　　　　；跳至 NEXT 處執行程式。

LJMP address

動作情形：$PC_{15\sim0} \leftarrow address_{15\sim0}$

功　　能：跳到位址 address 去執行程式。

備　　註：目的位址可在 64K byte 程式記憶體中的任何位址。

例　　子：LJMP　TEST　　　　　　；跳至 TEST 處執行程式。

SJMP address

動作情形：PC←PC＋2＋相對位址

功　　能：跳到位址 address 去執行程式。

注　　意：上述「相對位址」必須在－128～＋127 的範圍內。

例　　子：SJMP　TEST　　　　　　；跳至 TEST 處執行程式。

JMP @A+DPTR

動作情形：PC←A＋DPTR

功　　能：將累積器 A 的內容與資料指標暫存器 DPTR 的內容相加，作為目的位址，然後跳至該位址執行程式。

備　　註：我們可事先建立一個跳越表，然後依 A 的內容跳去執行相對應的程式。請參考下面的例子。

例　　子：　　　　　MOV DPTR, #TABLE

ADD A, A　　　　　；A＝A×2，因為每個AJMP指

JMP @A+DPTR　　　令佔用 2 個 byte 的記憶體位址

TABLE: AJMP CASE0　　（請參考附錄1）

AJMP CASE1

AJMP CASE2

AJMP CASE3

則當累積器 A＝0 時會跳去 CASE0 處執行程式，當 A＝1 時會跳去 CASE1 處執行程式。依此類推。

JZ address

動作情形：若 A＝0 則 PC←PC＋2＋相對位址

　　　　　若 A≠0 則 PC←PC＋2

功　　能：若累積器 A 的內容等於零，則跳至 address 處執行程式。若累積器 A 的內容不等於零，則不跳，繼續往下執行程式。

注　　意：上述「相對位址」必須在－128～＋127 的範圍內。

例　　子：JZ ZERO　　　　　　；若 A＝0 則跳至 ZERO 處執行程式，否則繼續往下執行程式。

JNZ address

動作情形：若 A≠0 則 PC←PC＋2＋相對位址

　　　　　若 A＝0 則 PC←PC＋2

功　　能：若累積器 A 的內容不等於零，則跳至 address 處執行程式。若累積器 A 的內容等於零，則不跳，繼續往下執行程式。

注　　意：上述「相對位址」必須在－128～＋127 的範圍內。

例　　子：JNZ LOOP　　　　　　；若 A≠0 則跳至 LOOP 處執行程式，否則繼續往下執行程式。

JC address

動作情形：若 C＝1 則 PC←PC＋2＋相對位址
　　　　　若 C＝0 則 PC←PC＋2

功　　能：若進位旗標 C＝1，則跳至 address 處執行程式。
　　　　　若進位旗標 C＝0，則不跳，繼續往下執行程式。

注　　意：上述「相對位址」必須在－128～＋127 的範圍內。

例　　子：JC CARRY　　　　　　；若 C＝1 則跳至 CARRY 處執行程
　　　　　　　　　　　　　　　　式，否則繼續往下執行程式。

JNC address

動作情形：若 C＝0 則 PC←PC＋2＋相對位址
　　　　　若 C＝1 則 PC←PC＋2

功　　能：若進位旗標 C＝0，則跳至 address 處執行程式。
　　　　　若進位旗標 C＝1，則不跳，繼續往下執行程式。

注　　意：上述「相對位址」必須在－128～＋127 的範圍內。

例　　子：JNC LOOP　　　　　　；若 C＝0 則跳至 LOOP 處執行程
　　　　　　　　　　　　　　　　式，否則繼續往下執行程式。

JB bit,address

動作情形：若 bit＝1 則 PC←PC＋3＋相對位址
　　　　　若 bit＝0 則 PC←PC＋3

功　　能：若直接定址位元之內容等於 1，則跳至 address 處執行程式。
　　　　　若直接定址位元之內容等於 0，則不跳，繼續往下執行程式。

注　　意：上述「相對位址」必須在－128～＋127 的範圍內。

例　　子：JB P2.1, LOOP　　　　；若接腳 P2.1 為 1，則跳至 LOOP 處
　　　　　　　　　　　　　　　　執行程式。否則，繼續往下執行程
　　　　　　　　　　　　　　　　式。

JNB bit,address

動作情形：若 bit = 0 則 PC←PC＋3＋相對位址

若 bit = 1 則 PC←PC＋3

功　　能：若直接定址位元之內容等於 0，則跳至 address 處執行程式。

若直接定址位元之內容等於 1，則不跳，繼續往下執行程式。

注　　意：上述「相對位址」必須在－128～＋127 的範圍內。

例　　子：JNB　P3.2, LOOP　　　　；若接腳 P3.2 為 0，則跳至 LOOP 處執行程式。否則，繼續往下執行程式。

JBC bit,address

動作情形：若 bit = 1 則　 bit←0

PC←PC＋3＋相對位址

若 bit = 0 則　 PC←PC＋3

功　　能：若直接定址位元的內容等於 1，則將其清除為 0，並跳至 address 處執行程式。

若直接定址位元的內容等於 0，則不跳，繼續往下執行程式。

注　　意：上述「相對位址」必須在－128～＋127 的範圍內。

例　　子：JBC　ACC.5, CLEAR　　；若累積器的 bit 5 為 1 則將其清除為 0，然後跳至 CLEAR 處執行程式。否則，繼續往下執行程式。

CJNE A,direct,address

動作情形：若 A > direct 則 PC←PC＋3＋相對位址，且 C←0。

若 A < direct 則 PC←PC＋3＋相對位址，且 C←1。

若 A = direct 則 PC←PC＋3。

功　　能：若「累積器 A 的內容」不等於「直接定址位元組的內容」，則跳至 address 處執行程式。若兩者的內容相等，則不跳，繼續往下執行程式。

注　　意：上述「相對位址」必須在−128〜+127的範圍內。

例　　子：CJNE　A, P2, NOTEQU；若A的內容不等於P2的內容，則
　　　　　　　　　　　　　　　跳至NOTEQU處執行程式。

CJNE　A,#data,address

動作情形：若A > data，則PC←PC+3+相對位址，且C←0。

　　　　　若A < data，則PC←PC+3+相對位址，且C←1。

　　　　　若A = data，則PC←PC+3。

功　　能：若「累積器A的內容」不等於「常數data」，則跳至address
　　　　　處執行程式。若兩者相等，則不跳，繼續往下執行程式。

注　　意：上述「相對位址」必須在−128〜+127的範圍內。

例　　子：CJNE　A, #38H, NOTEQU；若A ≠ 38H，則跳至NOTEQU處
　　　　　　　　　　　　　　　執行程式。

CJNE　Rn,#data,address　　　　　　　　　　　　　　; n = 0〜7

動作情形：若Rn > data，則PC←PC+3+相對位址，且C←0。

　　　　　若Rn < data，則PC←PC+3+相對位址，且C←1。

　　　　　若Rn = data，則PC←PC+3。

功　　能：若「暫存器Rn的內容」不等於「常數data」，則跳至address
　　　　　處執行程式。若兩者相等，則不跳，繼續往下執行程式。

備　　註：上述n = 0〜7。

注　　意：上述「相對位址」必須在−128〜+127的範圍內。

例　　子：CJNE　R5, #23H, NOTEQU；若R5 ≠ 23H，則跳至NOTEQU
　　　　　　　　　　　　　　　處執行程式。

CJNE　@Rm,#data,address　　　　　　　　　　　　　;m = 0〜1

動作情形：若(Rm) > data，則PC←PC+3+相對位址，且C←0。

　　　　　若(Rm) < data，則PC←PC+3+相對位址，且C←1。

　　　　　若(Rm) = data，則PC←PC+3。

功　　能：若「以暫存器 Rm 為位址的內部 RAM 的內容」不等於「常
　　　　　數 data」，則跳至 address 處執行程式。若兩者相等，則不
　　　　　跳，繼續往下執行程式。

備　　註：上述 m ＝ 0～1。

注　　意：上述「相對位址」必須在－128～＋127 的範圍內。

例　　子：MOV　R1, #23H　　　　　　　　;R1 ＝ 23H
　　　　　CJNE　@R1, #30H, NOTEQU　; 若內部RAM位址 23H 的內
　　　　　　　　　　　　　　　　　　　容不等於常數 30H，則跳
　　　　　　　　　　　　　　　　　　　至NOTEQU 處執行程式。

DJNZ Rn,address　　　　　　　　　　　　　　　　　　;n ＝ 0～7

動作情形：Rn←Rn－1
　　　　　若 Rn ≠ 0，則 PC←PC＋2＋相對位址。
　　　　　若 Rn ＝ 0，則 PC←PC＋2。

功　　能：先將暫存器Rn的內容減 1，然後視減後的結果決定程式的走
　　　　　向。若減後的結果不等於 0，則跳至address處執行程式；若
　　　　　減後的結果等於 0，則不跳，繼續往下執行程式。

備　　註：上述 n ＝ 0～7。

注　　意：上述「相對位址」必須在－128～＋127 的範圍內。

例　　子：DJNZ　R5, LOOP　　　　; 若 R5 的內容減 1 後不等於零則跳
　　　　　　　　　　　　　　　　　至 LOOP 處執行程式。

DJNZ direct,address

動作情形：direct←direct－1
　　　　　若 direct ≠ 0，則 PC←PC＋3＋相對位址。
　　　　　若 direct ＝ 0，則 PC←PC＋3。

功　　能：先把「直接定址位元組」的內容減 1，然後視減後的結果決
　　　　　定程式的走向。若減後的結果不等於 0，則跳至address處執
　　　　　行程式；若減後的結果等於 0，則不跳，繼續往下執行程式。

注　　意：上述「相對位址」必須在$-128\sim+127$的範圍內。

例　　子：DJNZ　B, LOOP　　　　　　　;若B的內容減1後不等於零則跳至
　　　　　　　　　　　　　　　　　　　　LOOP處執行程式。

4-3-6　呼叫指令及回返指令

`ACALL address`

動作情形：$PC\leftarrow PC+2$

　　　　　$SP\leftarrow SP+1$

　　　　　$(SP)\leftarrow PC_{7\sim0}$

　　　　　$SP\leftarrow SP+1$

　　　　　$(SP)\leftarrow PC_{15\sim8}$

　　　　　$PC\leftarrow address_{10\sim0}$

功　　能：呼叫副程式：

　　　　　①將本指令執行完後之PC值存入堆疊器內。

　　　　　②然後跳至address處去執行副程式。

　　　　　③遇到回返指令RET時，才會回主程式繼續執行主程式。

注　　意：由於有效位址只有11位元，所以欲呼叫之副程式，位址必須
　　　　　在相同的2K範圍內。

例　　子：　　　　　　　　　　　　執行的順序

```
    START: MOV   P1, A      ;①
           ACALL DELAY      ;②
           CPL   A          ;⑥
           AJMP  START      ;⑦
    DELAY: MOV   R6, #90H   ;③
    LOOP : DJNZ  R6, LOOP   ;④
           RET              ;⑤
```

LCALL address

動作情形：$PC \leftarrow PC + 3$

$SP \leftarrow SP + 1$

$(SP) \leftarrow PC_{7 \sim 0}$

$SP \leftarrow SP + 1$

$(SP) \leftarrow PC_{15 \sim 8}$

$PC \leftarrow address_{15 \sim 0}$

功　　能：呼叫副程式：

①將本指令執行完後之 PC 值存入堆疊器內。

②然後跳至 address 處去執行副程式。

③遇到回返指令 RET 時，才會回主程式繼續執行主程式。

備　　註：副程式之位址 address 可在 64K 程式記憶體中的任何位址。

例　　子：　　　　　　　　　執行的順序

```
START:  XRL    P1, #01H    ;①
        LCALL  TIMER       ;②
        AJMP   START       ;⑥
TIMER:  MOV    R7,#80H     ;③
LOOP:   DJNZ   R7,LOOP     ;④
        RET                ;⑤
```

RET

動作情形：$PC_{15 \sim 8} \leftarrow (SP)$

$SP \leftarrow SP - 1$

$PC_{7 \sim 0} \leftarrow (SP)$

$SP \leftarrow SP - 1$

功　　能：由副程式返回主程式：

　　　　　①把執行 ACALL 或 LCALL 呼叫指令時存入堆疊器之 PC 值，由堆疊器取回程式計數器 PC 內。

　　　　　②跳回 PC 所指的位址去執行程式。(即返回主程式，請參考指令 ACALL 或 LCALL 的例子。)

備　　註：RET 是副程式的結尾指令。

RETI

動作情形：$PC_{15\sim8}\leftarrow(SP)$

　　　　　$SP\leftarrow SP-1$

　　　　　$PC_{7\sim0}\leftarrow(SP)$

　　　　　$SP\leftarrow SP-1$

功　　能：由「中斷副程式」返回「主程式」繼續執行程式。

注　　意：中斷副程式一定要用 RETI 做結尾，CPU 才會再接受中斷請求。

4-3-7　其他指令

NOP

動作情形：$PC\leftarrow PC+1$

功　　能：不做任何工作，只令程式計數器 PC 的內容加 1 而繼續執行下一指令。

備　　註：極短時間的延遲工作，可用本指令擔任之。

4-4　MCS-51 各指令對旗標影響之摘要

指令	進位旗標 C	溢位旗標 OV	輔助進位旗標 AC
ADD	✕	✕	✕
ADDC	✕	✕	✕
SUBB	✕	✕	✕
MUL	0	✕	
DIV	0	✕	
DA	✕		
RRC	✕		
RLC	✕		
SETB C	1		
CLR C	0		
CPL C	✕		
ANL C, bit	✕		
ANL C, /bit	✕		
ORL C, bit	✕		
ORL C, /bit	✕		
MOV C, bit	✕		
CJNE	✕		

符號說明：　✕　　　表示旗標依運算結果而改變

　　　　　　0　　　表示被清除為 0

　　　　　　1　　　表示被設定為 1

　　　　　　空白　表示旗標不受影響

註：每一個指令對旗標之影響及每一個指令的執行時間，詳列於附錄 1，
　　讀者們設計程式時可查閱之。

4-5　MCS-51 各運算元之英文全名

　　爲使讀者們一看到指令的運算元就能立即知道其功能，茲將各運算元之英文全名列出如下以供參考。

運　算　元	英　文　全　名
ACALL	Absolute Call
ADD	Add
ADDC	Add with Carry
AJMP	Absolute Jump
ANL	Logical-AND
CJNE	Compare and Jump if Not Equal
CLR	Clear
CPL	Complement
DA	Decimal adjust Accumulator for Addition
DEC	Decrement
DIV	Divide
DJNZ	Decrement and Jump if Not Zero
INC	Increment
JB	Jump if Bit set
JBC	Jump if Bit is set and Clear bit
JC	Jump if Carry is set
JMP	Jump
JNB	Jump if Bit Not set

(續前表)

運 算 元	英 文 全 名
JNC	Jump if Carry not set
JNZ	Jump if Accumulator Not Zero
JZ	Jump if Accumulator Zero
LCALL	Long call
LJMP	Long Jump
MOV	Move　(註：其實是執行 Copy 的功能)
MOVC	Move Code byte from program memory
MOVX	Move External data RAM
MUL	Multiply
NOP	No Operation
ORL	Logical-OR
POP	Pop from stack
PUSH	Push onto stack
RET	Return from subroutine
RETI	Return from interrupt
RL	Rotate Accumulator Left
RLC	Rotate Accumulator Left through the Carry flag
RR	Rotate Accumulator Right
RRC	Rotate Accumulator Right through Carry flag
SETB	Set Bit

(續前表)

運　算　元	英　文　全　名
SJMP	Short Jump
SUBB	Subtract with borrow
SWAP	Swap
XCH	Exchange
XCHD	Exchange Digit
XRL	Logic Exclusive-OR

Chapter 5

MCS-51 之基本電路

5-1　80C51、89C51、89S51 之基本電路

　　在從事一般的微電腦自動控制時，由於 80C51、80C52、89S51、89S52、89S53、89C51、89C52、87C54、89C55、87C58 等單晶片微電腦內部所具備的程式記憶體、資料記憶體、計時／計數器、輸入／輸出埠已足夠用，所以不需要其他擴充IC，只要如圖 5-1-1 所示加上 5V 電源及石英晶體即可正常工作。價廉易購的石英晶體有 12MHz、11.059MHz、6MHz、3.58MHz 可供選用。

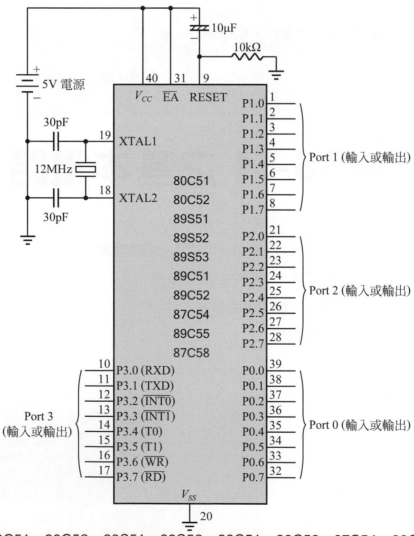

圖 5-1-1　80C51、80C52、89S51、89S52、89C51、89C52、87C54、89C55、87C58 的基本電路

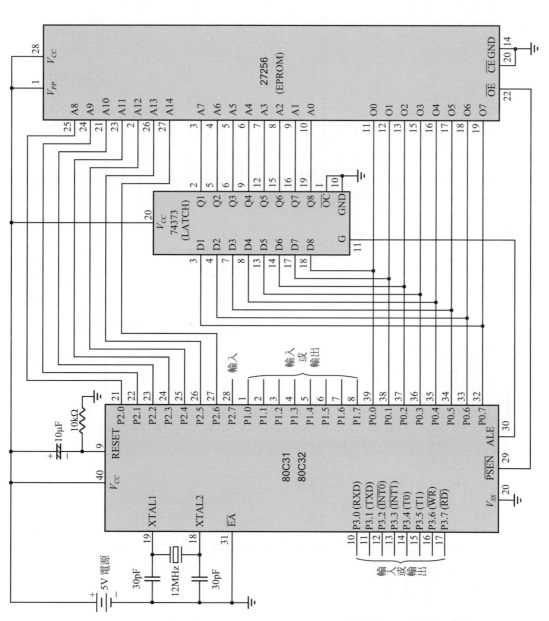

圖 5-2-1　80C31、80C32 的基本電路之一

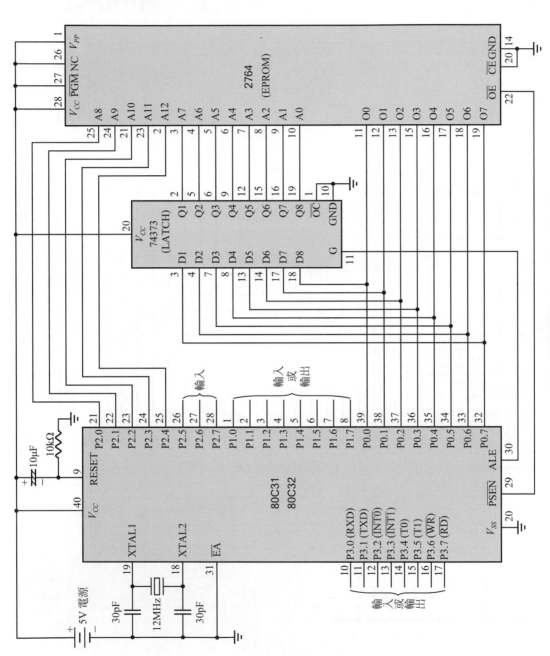

圖 5-2-2 80C31、80C32 的基本電路之一

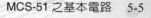

5-2 80C31、80C32 之基本電路

由於 80C31、80C32 等單晶片微電腦的內部並沒有程式記憶體(ROM 或 EPROM)，所以它們在使用時必須如圖 5-2-1 所示加上外部程式記憶體 2764 或如圖 5-2-2 所示加上外部程式記憶體 27256 才能工作。一個編號 2764 之 EPROM 有 8K byte 可用，一個編號 27256 之 EPROM 則有 32K byte 可用，程式必須用 EPROM 燒錄器燒入 2764 或 27256 內。

圖 5-2-1 及圖 5-2-2 中，由於 80C31 或 80C32 的 $\overline{EA}$ 腳接地，所以一通上電源，單晶片微電腦就會由外部程式記憶體(2764 或 27256)讀取程式並執行之。假如您在圖 5-2-1 或圖 5-2-2 中使用 80C51、80C52、89S51、89S52、89S53、89C51、89C52、87C54、89C55、87C58 等單晶片微電腦，則內部程式記憶體將失效，您的程式還是要燒錄在外部程式記憶體 2764 或 27256 內。

MCS-51 由外部程式記憶體讀取指令時，動作時序如圖 5-2-3 所示。茲將其動作順序說明如下：

1. MCS-51 自動由 Port 2 送出高位址(即程式計數器 PC 的 $PC_8 \sim PC_{15}$)。
2. MCS-51 自動由 Port 0 送出低位址(即程式計數器 PC 的 $PC_0 \sim PC_7$)。並利用 ALE 接腳的負緣將其閂鎖(Latch)在 74373。
3. MCS-51 的 $\overline{PSEN}$ 接腳送出 0，使外部程式記憶體送出指令。
4. MCS-51 由 Port 0 讀入指令，並令 $\overline{PSEN}$ 接腳恢復為 1。

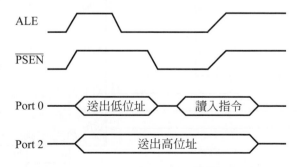

圖 5-2-3 MCS-51 由外部程式記憶體讀取指令之時序圖

5-3 輸入／輸出埠的擴充

　　假如有一天，您覺得MCS-51的32隻輸入／輸出腳還不夠用時，只要用一個編號8155的擴充用IC，如圖5-3-1所示接線，即可增加輸入／輸出埠。8155的 Port A 及 Port B 各有 8 隻 I/O 腳，Port C 則有 6 隻 I/O 腳，所以一共有 22 隻 I/O 腳可供應用。

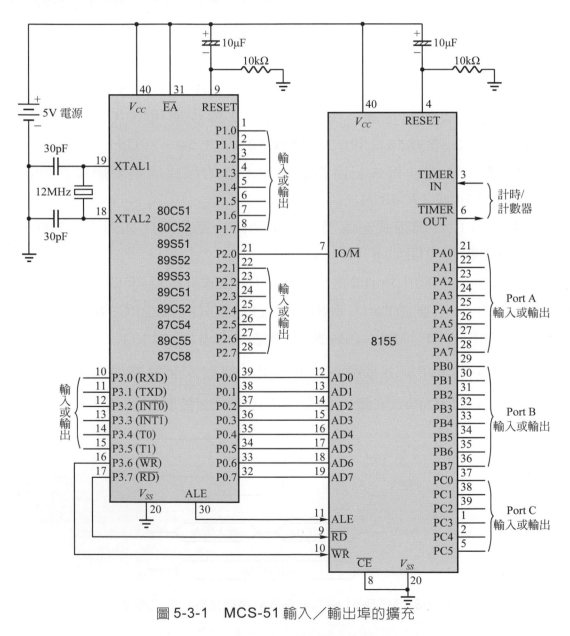

圖 5-3-1　MCS-51 輸入／輸出埠的擴充

8155 是一種三合一晶片，內部包含有：

(1)　三個輸入／輸出埠，共 22 隻 I/O 腳。

(2)　256 byte 的 RAM。

(3)　一個 14 位元的計時／計數器。

假如您既需要用到很多 I/O 腳，又討厭外接其他 IC，則建議您採用加強功能型 51 系列產品(各廠牌之詳細資料，收錄在本書光碟的**各廠牌51 系列資料手冊**資料夾內)，例如 Atmel 公司的 AT89C51RD2 有 P0～P5 一共 48 隻 I/O 腳可用，Dallas 公司的 DS80C400 有 P0～P7 一共 64 隻 I/O 腳可用。但是，這些多接腳的單晶片是無法用簡易型燒錄器來燒錄的，您必須購買多功能型燒錄器才能燒錄。

5-4　介面電路

5-4-1　輸入電路

微電腦必須與按鈕、微動開關、磁簧開關、光電開關、溫度開關、近接開關、……等相連接，才能得知外界的現況而做適當的處理。其接法有二，一為以低態動作(active Low)，一為以高態動作(active Hi)，茲說明如下：

1. **以低態動作的輸入介面**

MCS-51 單晶片微電腦以採用 "低態動作" 較佳。以低態動作就是當外界所連接的開關動作時，會送**邏輯 0** 給微電腦。最簡單的連接方法如圖 5-4-1 所示，平時微電腦的輸入腳經電阻器 R 接至＋5V，因此是 "邏輯 1"，當所連接之開關 SW 閉合(導電)時，輸入腳被接地，所以變成 "邏輯 0"。平時做實驗時我們可以採用這種簡單的接法比較方便。

圖 5-4-2 是採用光耦合器做外界與微電腦間的絕緣，平時微電腦的輸入腳經電阻器R接至＋5V，故為 "邏輯 1"，當所連接的開關 SW 閉合(導電)時，光耦合器內部的 LED 發亮而使光電晶體 TR導電，因此微電腦的輸入腳成為 "邏輯 0"。此種接法的優點

是萬一外界電路接錯(例如應接至開關 SW 的電線被誤接至 110V 或 220V 之電壓)也不會燒燬微電腦,目前工廠用的產業機器與微電腦間多採用此種接法。必須注意的是V_{CC2}必須另外採用一組獨立的直流電源,不可和微電腦的直流電源V_{CC1}共用。

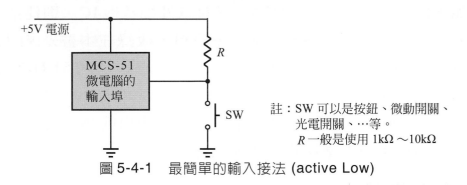

圖 5-4-1 最簡單的輸入接法 (active Low)

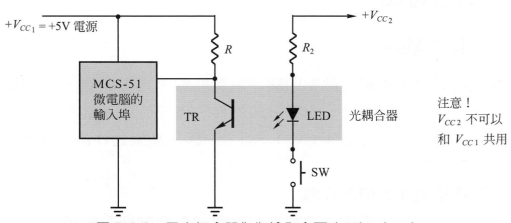

圖 5-4-2 用光耦合器作為輸入介面 (active Low)

2. 以高態動作的輸入介面

以高態動作就是當外界所連接的開關動作時,會送**邏輯 1** 給微電腦。最簡單的連接方法如圖 5-4-3 所示,平時微電腦的輸入腳經電阻器 R 接地,因此是 "邏輯 0" ,當所連接之開關SW閉

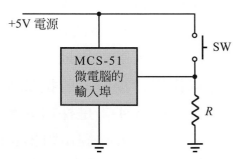

圖 5-4-3 最簡單的輸入接法 (active Hi)

合(導電)時，輸入腳被接上＋5V 所以變成 "邏輯1"。平常做實驗時可以採用這種簡單的接法。

　　圖 5-4-4 是採用光耦合器做外界與微電腦間的絕緣，平時微電腦的輸入腳經電阻器R接地，故為 "邏輯0"，當所連接的開關SW閉合(導電)時，光耦合器內部的LED發亮而使光電晶體TR導電，因此令微電腦的輸入腳成為 "邏輯1"。請注意！V_{cc2}必須另外採用一組獨立的電源，不可和微電腦的直流電源V_{cc1}共用。

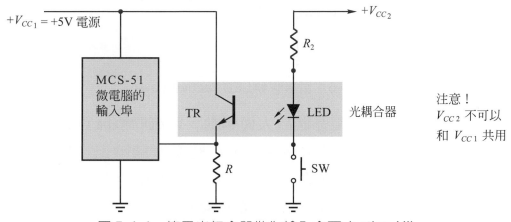

圖 5-4-4　使用光耦合器做為輸入介面 (active Hi)

5-4-2　輸出電路

　　微電腦的輸出埠沒有能力直接去驅動馬達、電磁閥、電燈泡、電熱器、……等負載，因此必須在微電腦與負載間加入 "輸出介面電路"諸如電晶體、繼電器、固態電驛(SSR，附錄 7 有詳細的說明)、電磁接觸器、……等。其接法有二，一為以低態動作(active Low)，一為以高態動作(active Hi)，茲分別說明於下：

1. **以低態動作之輸出介面**

　　　以低態動作的微電腦，其輸出腳平常為 "邏輯 1"，負載不通電；**當輸出為 "邏輯 0" 時，負載即被通電。MCS-51 單晶片微電腦特別適宜以低態驅動負載。**

　　圖 5-4-5 是以微電腦的輸出腳直接驅動 LED 之使用例。平時微電腦的輸出腳輸出 "1"，LED 熄滅，當微電腦的輸出腳輸出為 "0" 時 LED 即發亮。

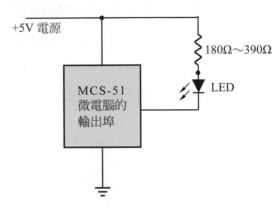

圖 5-4-5　直接驅動 LED (active Low)

　　圖 5-4-6 是以電晶體放大而驅動大電流的直流負載，電源V_{cc2} 的大小是視負載的需求而決定。平時微電腦輸出 "1"，電晶體 TR_1 及 TR_2 都截止，負載斷電。當微電腦輸出 "0" 時，電晶體TR_1 及 TR_2 均進入導電的狀態，負載通電。

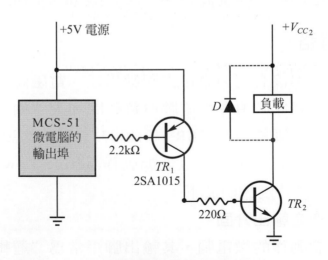

圖 5-4-6　以電晶體驅動直流負載 (active Low)

說明：(1)電感性負載才需反向並聯一個二極體 D。
　　　(2)TR_2 的規格需視負載的大小而決定。

　　圖 5-4-7 是以繼電器驅動負載。當微電腦輸出 "0" 時，電晶體即導電而令繼電器工作，繼電器的接點閉合負載即被通電。由於負載的通電與否是由繼電器接點的啟閉控制，所以縱然負載故障，也不會損壞微電腦。圖中的電源＋V_{cc2}之大小必須與繼電器的規格相符(例如採用線圈為 DC12V 的繼電器，則＋V_{cc2}需等於＋12 伏特)。

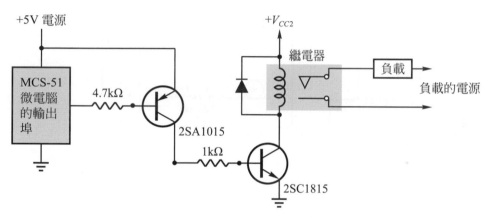

圖 5-4-7　以繼電器驅動負載 (active Low)

　　圖 5-4-8 是以固態電驛(SSR)驅動負載。當微電腦輸出 "0" 時，SSR的⊕⊖端子間即被加上 5V 的電壓而令SSR中標有LOAD(有的產品是標為 OUTPUT，詳見附錄 7 之說明)的兩個端子間導通，令負載通電。由於固態電驛的內部有光耦合器做微電腦與負載間的絕緣，因此萬一負載電路故障，也不會燒燬微電腦。

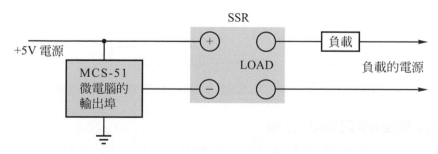

圖 5-4-8　以固態電驛(SSR)驅動負載 (active Low)

註：有些SSR，輸出端是標示OUTPUT，而不是標示LOAD

　　假如您要用 SSR 驅動三相負載，則可如圖 5-4-9 所示用兩個 SSR 組合起來驅動三相負載，或如圖 5-4-10 所示採用一個三相 SSR 來驅動三相負載。

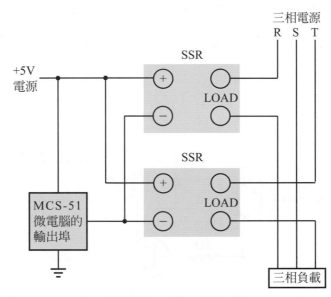

圖 5-4-9　用兩個 SSR 驅動三相負載(active Low)

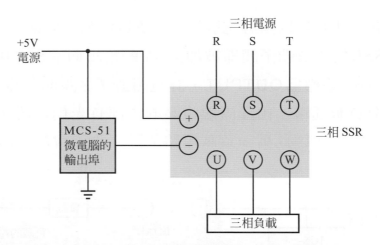

圖 5-4-10　用一個三相 SSR 驅動三相負載(active Low)

2.　以高態動作之輸出介面

　　以高態動作的微電腦，其輸出腳平常為"邏輯 0"，負載不通電；**當輸出為"邏輯 1"時，負載即被通電而動作。**由於MCS-51

單晶片微電腦的各輸出腳，在輸出高態時，內阻都極高，所以
MCS-51 單晶片微電腦較不宜以高態動作的方式驅動負載。

圖 5-4-11 是 LED 的驅動方法，由於 MCS-51 各腳在輸出高
態時，輸出電流都很小，所以必須用電晶體或反相器放大後才能
點亮 LED。

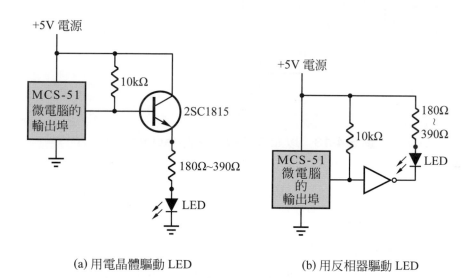

(a) 用電晶體驅動 LED   (b) 用反相器驅動 LED

圖 5-4-11 以高態驅動 LED 的方法

圖 5-4-12 是以兩個電晶體組成放大率極高的達靈頓電路，而
驅動直流負載。圖 5-4-13 則是以繼電器去驅動負載。圖 5-4-14 是
用固態電驛 SSR 驅動負載之電路圖。

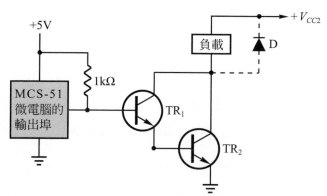

圖 5-4-12 以達靈頓電路驅動直流負載 (active Hi)

註：電感性負載才需反向並聯二極體 D

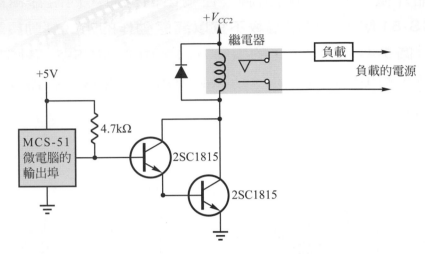

圖 5-4-13　以繼電器驅動負載 (active Hi)

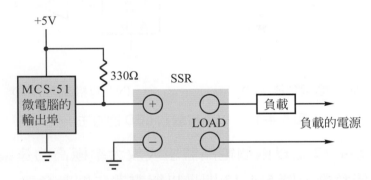

圖 5-4-14　用固態電驛 (SSR) 驅動負載 (active Hi)

　　當您要驅動很多個負載時，可以使用編號 ULN2003A(內部有 7 個電晶體)或編號 ULN2803A(內部有 8 個電晶體，接腳請參考附錄 4)之電晶體陣列 IC。由於內部電晶體的 β 值大於 400，所以可以輕易驅動 0.5A 以下的負載，圖 5-4-15 是使用 ULN2003A 驅動負載的接法。圖 5-4-16 是使用 ULN2803A 驅動負載的接法。

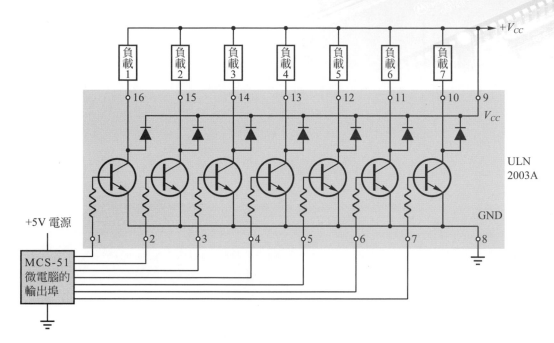

圖 5-4-15　用 ULN2003A 驅動負載 (active Hi)

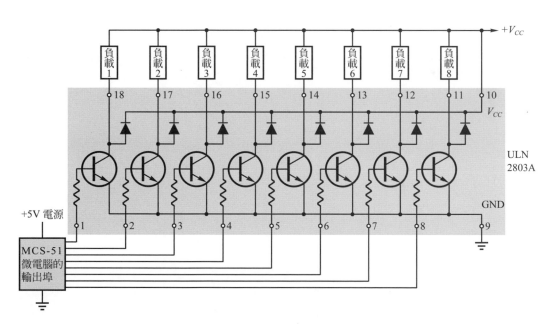

圖 5-4-16　用 ULN2803A 驅動負載 (active Hi)

Chapter **6**

如何編譯程式

6-1 機械碼

在微電腦裡，每一個指令都有一個與它對應的機械碼，機械碼 (machine code)是由一串 0 與 1 所構成，用來指揮 CPU 運作，每一個指令的機械碼可區分為兩部份：

1. **運算碼**(operation code，簡稱 OP code)：運算碼用來告訴 CPU 「要執行何種功能」，所以每一個指令一定有運算碼。

2. **運算元**(operand)：運算元是運算所需的資料，並不是每一個指令都需要運算元。

例如機械碼 74 00 表示要把常數 00 存入累積器 A 內，這裡的 74 是運算碼，00 是運算元，CPU 分析運算碼 74 就知道是要把下一個 byte 的常數(本例是 00)存入 A 中。又例如機械碼 23 表示要把累積器 A 的內容向左旋轉一個位元，由於旋轉的對象是早已存在 A 的內容，所以這個指令就不需要有運算元。

用白話來說，加 5 的「加」就是運算碼，而「5」就是運算所需的資料──運算元。

6-2 何謂組合語言

任何 CPU 都只認識機械碼，也唯有機械碼才能被 CPU 瞭解並執行相對應的動作。例如 8051 的 CPU 讀到機械碼 08 就會去把暫存器 R0 的內容加 1，讀到機械碼 14 就會把累積器 A 的內容減 1。可是機械碼不易記憶也不便於研讀，要用機械碼來寫程式實在不容易，因此人們就用比較容易記憶的符號來表明指令的功能，例如以 ADD 表示加法，以 DEC 表示減 1，這種容易記憶的符號稱為**助憶符號**(mnemonic)，以助憶符號構成的程式語言稱為**組合語言**(assembly language)。換句話說，以第 4 章所介紹的指令所寫成的程式就是組合語言，本書以後各章的程式也是組合語言程式。

6-3   如何獲得程式的執行檔

由人們設計完成的程式通常稱為**原始程式**(source program)，而經過組譯的手續翻譯成機械碼的形式則稱為**目的程式**(object program)。

由於目的程式(機械碼)所佔的記憶體容量最小，而且執行的速度最快，所以在自動控制的應用上，存於程式記憶體(ROM 或 EPROM 或 Flash Memory)中的程式都是目的程式。

我們如何得到目的程式呢？由於目前個人電腦 PC 已甚普及，所以都用個人電腦幫我們編譯程式。

視窗版的 51 編譯器，無論是編輯或組譯都在同一個視窗中進行，操作起來非常方便，所以本書將介紹已附在光碟中的中文視窗版 51 編譯器 AJON51。

組譯完成的目的檔可直接由個人電腦 PC 傳送至電路實體模擬器(in circuit emulator；ICE)執行，也可用燒錄器燒錄至 89S51 或 89C51、89C52、89S52、89S53、87C54、89C55、87C58 等單晶片微電腦加以執行。

6-4   組合語言的格式

組合語言是由「標記、運算碼、運算元、註解」四欄所構成，圖 6-4-1 就是一個典型的例子。

```
|←標記→|←運算碼→|←運算元→|←      註解      →|

          ORG       0000H      ;程式由位址 0000H 開始
;
          MOV       A，#00     ;令燈全亮
LOOP：    MOV       P1，A
          ACALL     DELAY      ;延時
          CPL       A          ;將 A 的內容反相
          AJMP      LOOP       ;重覆執行程式
;
DELAY：   MOV       R6，#100   ;以下為延時副程式
DL1：     MOV       R7，#200
DL2：     DJNZ      R7，DL2
          DJNZ      R6，DL1
          RET
;
          END
```

圖 6-4-1   組合語言的典型寫法

茲將各欄之規定說明如下：

1. **標記 (label)**

　(1)　標記常被用來代表程式中的某一位址，於跳越指令或呼叫指令中使用最方便。

　　　　範例：圖 6-4-1 中的 AJMP　LOOP 即為一例，LOOP 就是一個標記。

　(2)　標記必需由該列的第一欄就寫起，可以用冒號或空格(按 Tab 鍵或空白鍵均可)結束。

　　　　請注意！有的組譯器，標記一定要用冒號結束才能正常組譯。

　(3)　**標記的第一個字元必需是英文字母**，而接下去的字元可以是英文字母或阿拉伯數字。若有其他符號出現在標記中，組譯器會顯示錯誤訊息。

　(4)　標記的長度不可以超過 8 個字元，否則組譯器會顯示錯誤訊息。

　(5)　有效的利用標記，將使撰寫組合語言程式的工作更迅速而正確。

　(6)　**注意！標記欄不用時需留空白**(按 Tab 鍵或空白鍵均可)，**運算碼不可從該行的第一欄寫起**。

2. **運算碼 (OP code)**

　　　　於組合語言中，可以使用的運算碼有：

　(1)　MCS-51 指令：這就是在第 4 章已經介紹過的指令。

　(2)　虛指令：凡是組合語言中所用的指令在第 4 章所介紹的 110 個指令之外者，稱為虛指令(pseudo op code)。虛指令是用以提供相關的資料給組譯器(assembler)，使組譯器可以決定位址及常數。

　　　　常用的虛指令請見表 6-4-1 的說明。

表 6-4-1　常用的虛指令 (註：n 代表 1 Byte，nn 代表 2 Byte)

虛指令	功　　能
ORG nn	· 定義下一個指令的機械碼從位址 nn 開始存放。 · 例 ORG 100H 表示下一個指令的機械碼由位址 100H 開始存放。
EQU nn	· 將程式中的某一標記設定為值 nn。 · 例 TIME EQU 300H 表示以後凡是程式中的 TIME，組譯器都以 300H 代入。 · 注意！對任一標記，在程式中只能設定一次。
DB n	· 令組譯器在本位址存入常數 n。 · 例 DB 38H 表示在本位址存入 38H。
END	· 告訴組譯器"程式到此為止"。 · 組譯器見到 END 就會停止組譯。

3. 運算元 (operand)

在組合語言中，運算元可以是：

(1) 暫存器或輸入／輸出埠的名稱：諸如 P1、P2、R1、R2、……等均可做為運算元，詳情請參考第 4 章。

(2) 常數

① 組譯器可以接受二進位(binary)、十進位(decimal)、十六進位(hexadecimal)的數目字。

② **數目字必需以阿拉伯數字開頭**，而在結尾加一個表示基底的字母(B代表二進位，D為十進位，H為十六進位)，若結尾未註明基底，則視為十進位。各數目系統之轉換，請參考表 6-4-2。

範例： 5AH = 01011010B = 90D = 90

範例： 0AFH ➡ 正確(以阿拉伯數字開頭，正確)

　　　　AFH ➡ 錯誤(以英文字母開頭，錯誤)

表 6-4-2　數目系統之對照表

十六進制	二進制	十進制	十六進制	二進制	十進制
0	0000	0	8	1000	8
1	0001	1	9	1001	9
2	0010	2	A	1010	10
3	0011	3	B	1011	11
4	0100	4	C	1100	12
5	0101	5	D	1101	13
6	0110	6	E	1110	14
7	0111	7	F	1111	15

③　**組譯完成之機械碼一律為十六進位，但不加 H。**

④　組譯器遇到加引號的字元，會自動轉換成十六進位的ASCII碼。

　　範例：DB'A'會在本位址存入字元 A 的 ASCII 碼 41H。

　　各字元之 ASCII 碼請參考附錄 10。

(3)　運算式：組譯器允許原始程式中的運算元有算術運算存在。詳見表 6-4-3。

4.　**註解 (comment)**

(1)　註解是以**分號**開頭的字串，可以從任一欄開始。此註解部份，組譯器不會加以處理(視若無睹)。

(2)　註解在組合語言程式中可有可無，但是在程式中加上適當的註解，將使程式的可讀性提高，無論他人要加以利用或程式設計者日後要加以修改或利用，均較方便，可便利軟體的應用與維護。

表 6-4-3　運算元所允許之運算式

運算子(OPERATOR)	意義	實　例　說　明
+	正	〔例〕　　　MOV　A, #+7FH 等於 MOV A, #7FH
−	負	〔例〕　　　MOV　A, #-1 等於 MOV A, #0FFH
+	加	〔例〕　　　MOV　R1, #2+3 等於 MOV R1, #5
−	減	〔例〕　　　MOV　R1, #9-6 等於 MOV R1, #3
*	乘以	〔例〕　　　MOV　A, #8*3 等於 MOV A, #24
/	除以	〔例〕　　　MOV　R1, #55/5 等於 MOV R1, #11
MOD	餘數	〔例〕　　　MOV　A, #5 MOD 3 等於 MOV A, #2
>	高位元組	〔例〕　　　MOV　A, #>(5678H-4444H) 等於 MOV A, #12H
<	低位元組	〔例〕　　　MOV　A, #<(5678H-4444H) 等於 MOV A, #34H

註：符號$可用來表示目前指令之位址
　　〔例〕在位址 100H 若有指令 AJMP　$+5 則等於 AJMP　105H
　　〔例〕在位址 100H 若有指令 AJMP　$則等於 AJMP　100H

6-5　中文視窗版編譯器 AJON51

由國人李源彰先生研發的中文視窗版編譯器 AJON51，功能強大，不但程式的**編輯**、**組譯**等工作可在同一視窗進行，而且可隨時查看 8051 的**接腳圖**及 MCS-51 的**指令集**，操作非常方便，共由瀚傑自動化有限公司發行下列版本：

(1)　正式版——組譯範圍 64K Byte。

(2)　教育版——組譯範圍 8K Byte。

(3)　試用版——組譯範圍 1K Byte。

由瀚傑自動化有限公司特許，**附贈於本書光碟內的試用版 AJON51，沒有試用期限**，而且編輯、組譯、接腳圖及指令查詢等功能完全與正式版 AJON51 相同，雖然組譯範圍只有 1K Byte，但已夠大部份讀者的應用。非常感謝瀚傑自動化有限公司的熱情贊助。

6-5-1　AJON51 的組譯功能

AJON51 可以將檔案型式為 .ASM 之原始程式加以組譯而產生 .LST 檔及 .HEX 檔。茲說明如下：

1.　何謂 .LST 檔？

(1)　LST 檔就是組譯後產生的列印用檔案。只能用螢幕顯示或由印表機印出其內容，而無法以電腦執行之。

(2)　LST 檔含有原始程式、機械碼及位址。

(3)　圖 6-5-1 就是一個典型的 LST 檔，左邊的行號、位址、機械碼是由組譯器所產生，最右邊則為原始程式(.ASM 檔)之原有內容。

```
- - - - - - - - - - - - - - - - - - - - - - - - - - - - - - - -
- - - - - - - - - - - - - - - Label 宣告 - - - - - - - - - - - - - -
      Label 名稱                                資料值
      LOOP                                        2
      DL1                                         6
      DL2                                         8
- - - - - - - - - - - - - - - - - - - - - - - - - - - - - - - -
- - - - - - - - - - - - - - - - - - - - - - - - - - - - - - - -
- - - - - - - - - - - - - - - 程式區 - - - - - - - - - - - - - - -
```

行號	地址	機械碼		程式碼	
1				ORG	000
2	0000	7400		MOV	A，#00
3	0002	F590	LOOP：	MOV	P1，A
4	0004	7E64		MOV	R6，#100
5	0006	7FC8	DL1：	MOV	R7，#200
6	0008	DFFE	DL2：	DJNZ	R7，DL2
7	000A	DEFA		DJNZ	R6，DL1
8	000C	F4		CPL	A
9	000D	0102		AJMP	LOOP
10				END	

這部份是由　　　　　　這是原始程式(.ASM 檔)
組譯器所產生　　　　　之原有內容

圖 6-5-1　LST 檔的格式

2.　何謂.HEX 檔？

(1)　組譯器將原始程式組譯成機械碼後，以INTEL的格式用ASCII碼存於硬碟中，即成.HEX 檔。

(2)　.HEX 檔可直接傳送至電路實體模擬器 ICE(例如：全友電腦公司的MICE或Easy pack 8052)上執行，也可以用燒錄器燒錄至89S51 或 89C51、89C52、89S52、89S53、87C54、89C55、87C58 等單晶片微電腦。

(3)　由於.HEX 檔的內容是 ASCII 檔，所以可以顯示在螢幕上或列印出來看。圖 6-5-2 就是.HEX 檔的典型例子。(附錄 11 有詳細的說明)

```
: 0F0000007400F5907E647FC8DFFEDEFAF4010223

: 00000001FF
```

(a) HEX 檔的例子

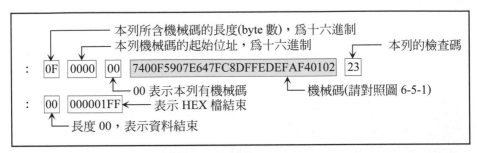

(b) HEX 檔的格式說明

圖 6-5-2　HEX 檔

6-5-2　AJON51 之安裝與設定

1. 將本書光碟內之中文視窗版編譯器「AJON51」資料夾複製到個
   人電腦的桌面。

   步驟如下：

   (1)　光碟放入光碟機。

   (2)　選「**我的電腦**」→「**光碟機**」。

   (3)　游標移至「AJON51」資料夾。

   (4)　按滑鼠**右鍵**。

   (5)　選「**複製**」。

   (6)　游標移至**桌面**。

   (7)　按滑鼠**右鍵**。

   (8)　選「**貼上**」。

   (9)　可看到桌面已多了一個「AJON51」資料夾。

2. 開啟 AJON51 資料夾。

   步驟如下：

(1)　游標移至桌面的「AJON51」資料夾。

(2)　按滑鼠左鍵兩下。

(3)　此時會出現圖 6-5-3 之畫面。

　　　Ajon331S 就是中文視窗版編譯器 AJON51 的 3.31 版執行檔。

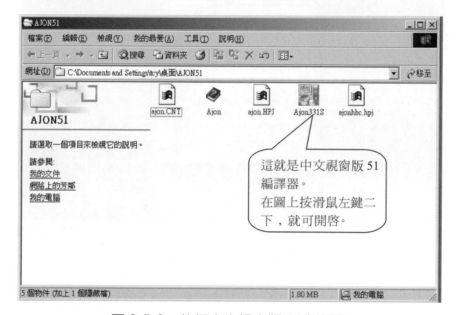

圖 6-5-3　執行中文視窗版 51 編譯器

3.　執行 Ajon331S。

　　步驟如下：

(1)　游標移至圖 6-5-3 的 Ajon331S。

(2)　連按滑鼠左鍵**兩下**。

(3)　此時會出現圖 6-5-4 之版權宣告畫面。

4.　在圖 6-5-4 中央的「**亞將**」畫面按一下。

　　步驟如下：

(1)　游標移至「**亞將**」的圖上。

(2)　按一下滑鼠的左鍵。

(3)　此時會出現圖 6-5-5。

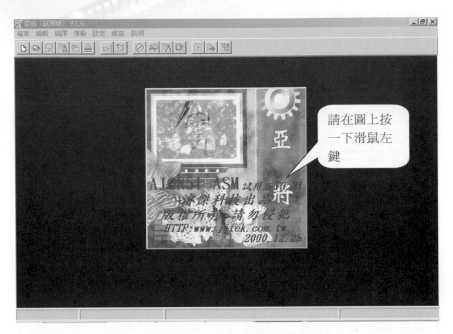

圖 6-5-4 出現版權宣告畫面

圖 6-5-5 已經進入 AJON51

5. 如圖 6-5-6 所示選擇　**設定** → **系統**。

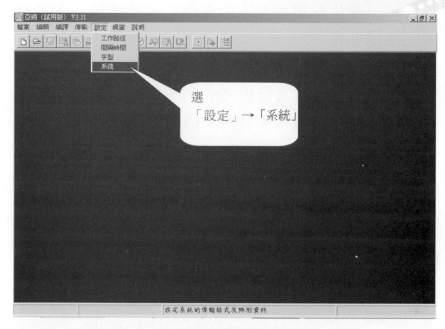

圖 6-5-6　欲作系統設定

6. 把圖 6-5-7 的「**產生記錄檔**」打勾。然後按　確定　鈕。

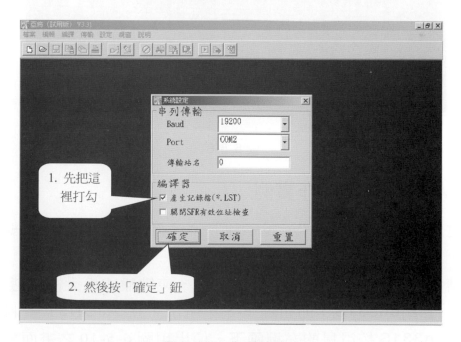

圖 6-5-7　作系統設定

步驟如下：

(1) 游標移至**產生記錄檔**左方的空格□，然後按一下滑鼠左鍵，即會出現☑。

(2) 游標移至 確定 鈕，按一下滑鼠左鍵。

7. AJON51 的安裝與設定已經完成了。很簡單吧！

假如您還不想編譯程式，那就選 **檔案 → 離開**，或如圖 6-5-8 所示把游標移到畫面右上角的 ✕ 鈕，然後按一下滑鼠左鍵，把AJON51關閉，休息一下吧。

按 ✕ 鈕可以
關閉編輯器

圖 6-5-8

6-5-3 AJON51 之操作實例

微電腦的應用，最忌"光說不練"，現在筆者將引導您先編譯一個小程式，並將其組譯，請您跟著下面的步驟一步一步的做：

1. 請按一下鍵盤的 Caps Lock 鍵，使鍵盤成為大寫狀態。

2. 執行 Ajon331S。即如圖 6-5-9 所示，在 AJON51 資料夾內的 Ajon331S 按滑鼠的左鍵**兩下**，使出現圖 6-5-10 之畫面。

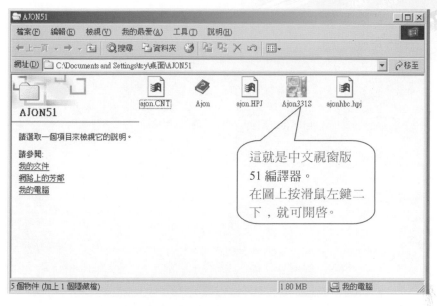

圖 6-5-9　執行中文視窗版 51 編譯器

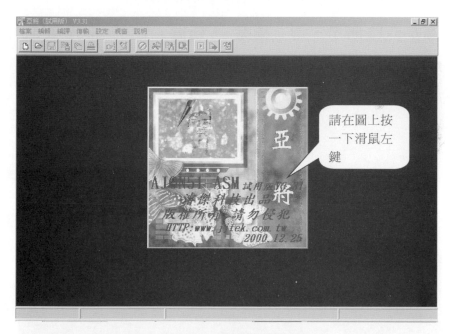

圖 6-5-10　出現版權宣告畫面

3.　游標移至圖 6-5-10 中央的「**亞將**」圖案，按一下滑鼠的左鍵，使出現圖 6-5-11 之畫面。

圖 6-5-11　已經進入 AJON51

4.　如圖 6-5-12 所示，選 **檔案** → **新檔**，會產生圖 6-5-13 之畫面。

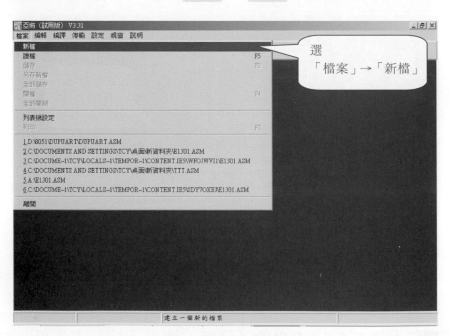

圖 6-5-12　開新檔

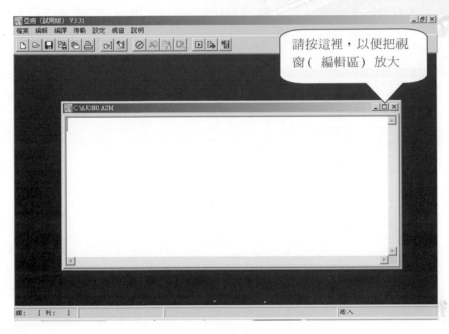

圖 6-5-13　把編輯視窗放大

5.　按一下圖 6-5-13 右上角的「視窗放大鈕」，使畫面成為圖 6-5-14。

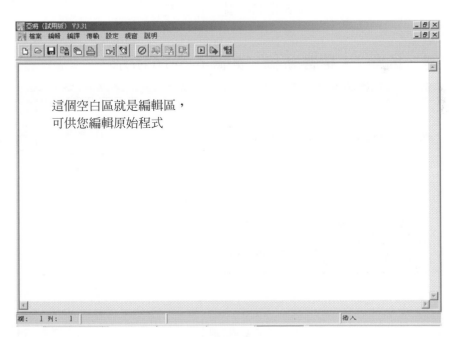

圖 6-5-14

6.　請如圖 6-5-15 所示編輯一個小程式。

註：AJON51 允許標記用冒號或空白結束。在圖 6-5-15 中我們是
以冒號做標記的結束。

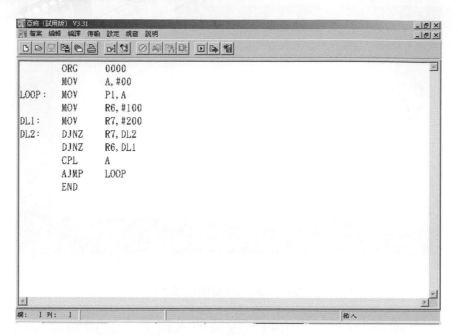

圖 6-5-15　輸入原始程式

7.　存檔

(1)　選　**檔案** → **另存新檔**。如圖 6-5-16 所示。

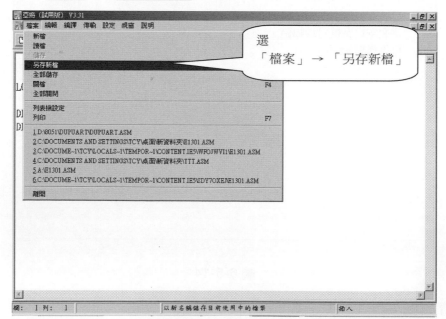

圖 6-5-16　要存檔

(2) 在圖 6-5-17 右方的對話框選擇欲存檔之處(本例為桌面的「範
例程式」資料夾)，並輸入檔名(本例為TEST)，然後按 存檔 鈕。

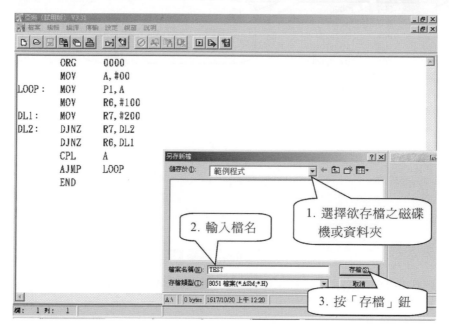

圖 6-5-17　存檔

註：由於一般學校的電腦都裝有還原卡或復原軟體，在電腦關
機後硬碟所存檔案已被刪掉，因此建議使用學校電腦的讀
者在離開教室前把程式存在自己的隨身碟，以方便日後使
用。

8. 組譯

(1) 選 編譯 → 編譯原始檔，如圖 6-5-18 所示。或直接按鍵盤上
的 F9 。

(2) 若如圖 6-5-19 所示在螢幕下方顯示**檔案編譯正確**，即表示您所
編輯的程式沒有語法上的錯誤。此時會產生.HEX檔及.LST檔，
並自動存檔。

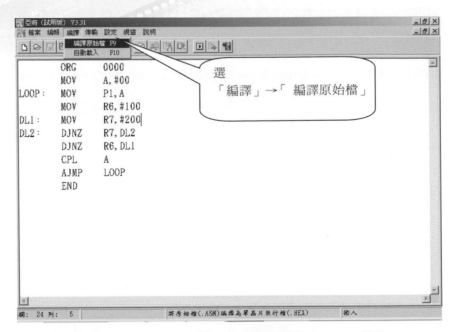

圖 6-5-18　欲編譯程式，選編譯→編譯原始檔，或按 F9 進行組譯

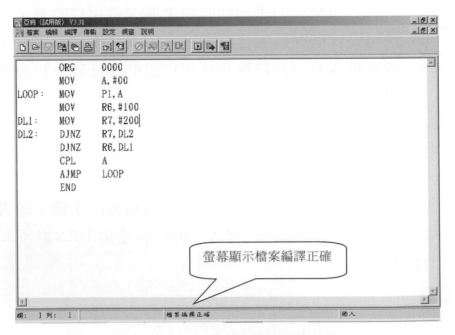

圖 6-5-19　螢幕顯示檔案編譯正確

9. 查看.LST 檔的內容。

(1) 在編輯區按一下**滑鼠右鍵**，然後選 **開啟記錄檔(*.LST)** ，
如圖 6-5-20 所示。

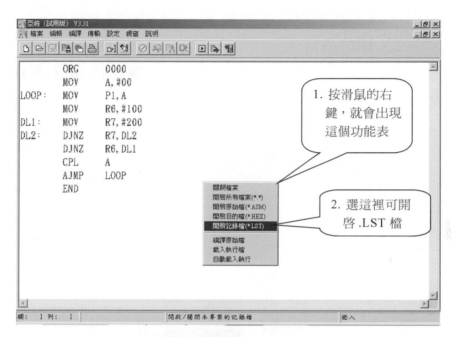

圖 6-5-20 欲查看 LST 檔的內容

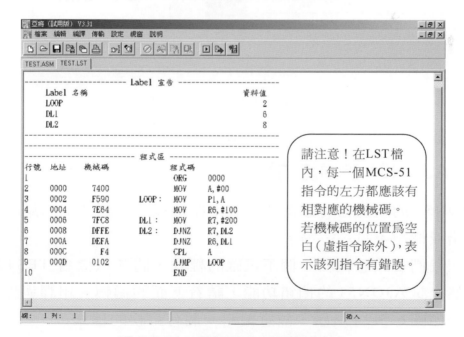

圖 6-5-21 螢幕顯示 LST 檔的內容

(2) 此時會如圖 6-5-21 所示，顯示.LST 檔的內容。

請注意！在 LST 檔內，每一個 MCS-51 指令的左方都應該有相對應的機械碼。若某列指令(虛指令除外)的左方機械碼位置為空白，表示該列指令有錯誤。

10. 查看.HEX 檔的內容。

(1) 在編輯區按一下**滑鼠右鍵**，然後選 **開啓目的檔(*.HEX)** ，如圖 6-5-22 所示。

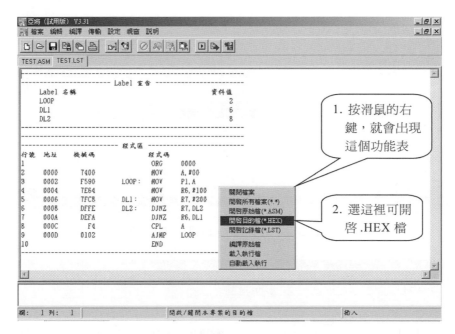

圖 6-5-22 欲查看 HEX 檔的內容

(2) 此時會如圖 6-5-23 所示，顯示.HEX 檔的內容。

6-5-4 AJON51 的偵錯功能

AJON51 的組譯器可以幫我們找出原始程式在語法上的錯誤，例如指令寫錯或標記不符……等。

現在我們要故意編輯一個不正確的程式，將其以檔名 TEST2.ASM 存檔，然後試 AJON51 的偵錯功能，請看下面的編輯、組譯過程：

1. 先如圖 6-5-24 所示，故意編輯一個有錯誤的程式。

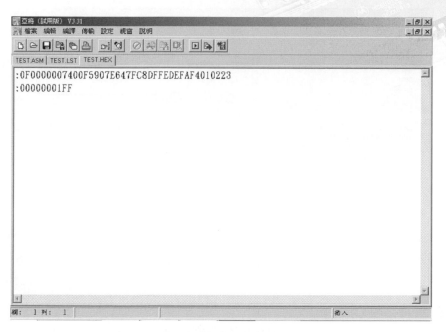

圖 6-5-23 螢幕顯示 HEX 檔的內容

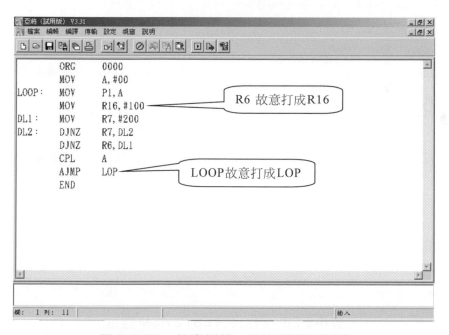

圖 6-5-24 故意編輯一個有錯誤的程式

2. 選 **檔案 → 另存新檔** ，把程式以檔名 TEST2.ASM 存檔。
如圖 6-5-25 及圖 6-5-26 所示。

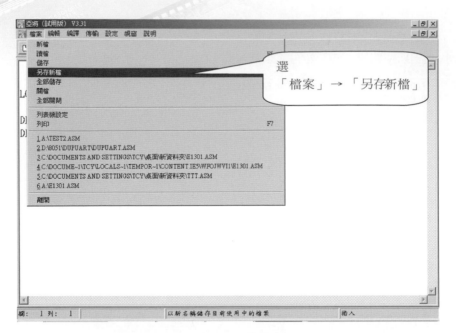

圖 6-5-25　欲存檔

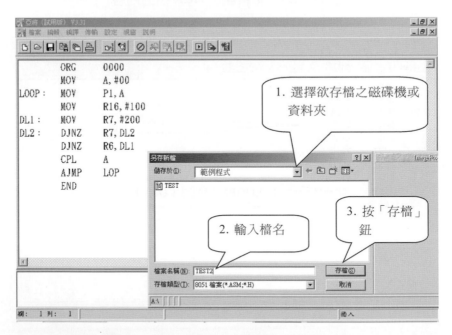

圖 6-5-26　以檔名 TEST2.ASM 存檔

3. 如圖 6-5-27 所示，選 **編譯** → **編譯原始檔** （或按鍵盤上的 F9 ），進行組譯，則會如圖 6-5-28 所示在螢幕的下方出現錯誤訊息，告訴我們第 4 列和第 9 列有錯誤。

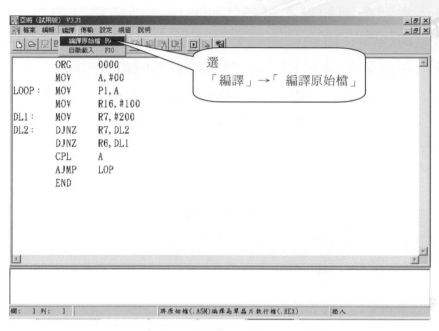

圖 6-5-27　選編譯→編輯原始檔，或按 F9 進行組譯

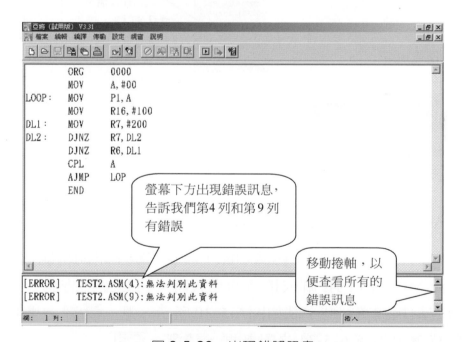

圖 6-5-28　出現錯誤訊息

註：把游標移至錯誤訊息上，連按滑鼠的左鍵兩下，錯誤列就會反白，
　　　可輕易找到錯誤列。

當我們得知程式錯誤的地方後，必須將其更正，然後再存檔，再組譯，直到程式完全正確為止。(若正確，會如圖 6-5-19 所示在螢幕的最下方顯示 "檔案編譯正確"。)

註：第 4 列正確的指令是 MOV　　R6, #100

　　第 9 列正確的指令是 AJMP　LOOP

4. 假如您按滑鼠右鍵，會發現當程式有錯誤時，組譯後並不會產生 .HEX 檔與.LST 檔。如圖 6-5-29 所示。

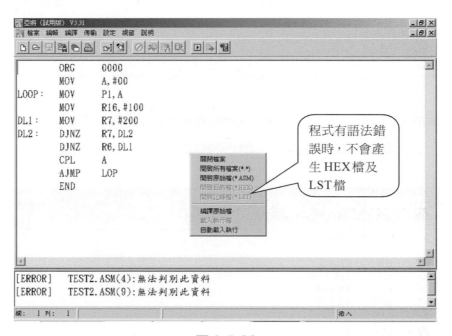

圖 6-5-29

6-5-5　AJON51 的線上求助功能

AJON51 不但具有編輯、組譯功能，而且其線上求助功能也很好用，當我們忘記 MCS-51 的接腳或指令的意義時，可以立即查詢。

1. 欲查詢相關資料時，請如圖 6-5-30 所示，選　說明 → 說明主題。此時會出現圖 6-5-31 之對話框，請選　索引。

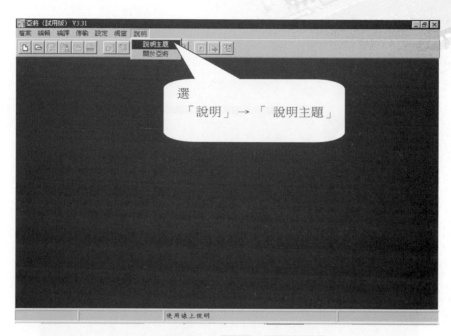

圖 6-5-30　選說明→說明主題

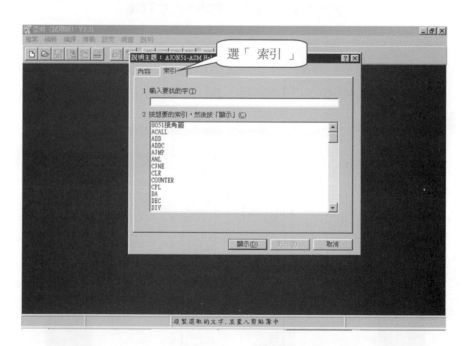

圖 6-5-31　選索引

2.　若要查詢 8051 的接腳，則

(1)　如圖 6-5-32 所示選擇　8051 接腳圖 。

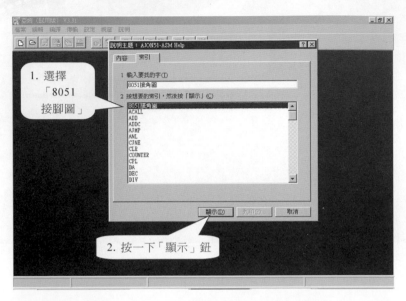

圖 6-5-32　欲查看 8051 的接腳圖

(2)　按一下　顯示　鈕。

(3)　螢幕即會如圖 6-5-33 所示，顯示 8051 的接腳圖。

圖 6-5-33　螢幕顯示 8051 的接腳圖

3.　假如您要查詢各指令之說明，步驟如圖 6-5-34 所示。

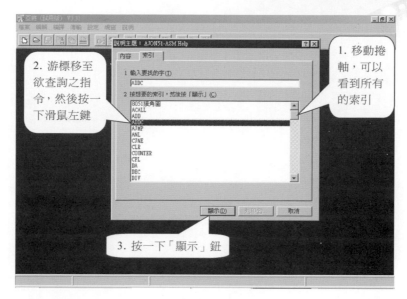

圖 6-5-34

(1)　移動捲軸以便查看所有的索引。

(2)　游標移至欲查詢之指令，然後按一下滑鼠的左鍵。

(3)　按一下 顯示 鈕。

(4)　此時螢幕即會如圖 6-5-35 所示顯示該指令之詳細說明。

圖 6-5-35　螢幕顯示該指令之說明

Chapter 7

如何執行、測試程式

7-1 直接將程式燒錄在 89S51 或 89C51 測試

欲測試所設計之程式是否能正常動作，最基本的方法如圖 7-1-1 所示，將編譯完成的.HEX檔用燒錄器燒錄至 89S51 或 89C51，再把 89S51 或 89C51 插入免銲萬用電路板(solderless breadboard；俗稱麵包板)中測試，若動作不正常則重新檢討程式，再重新編譯、燒錄，直至程式正確為止。

採用這種測試方法只需擁有一片燒錄器即可，是最省錢的方法。

註：一般的燒錄器均可讀取.HEX檔，但是有少數燒錄器卻只能讀取.BIN 檔而無法讀取.HEX檔，此時您可用本書光碟內所附之轉換軟體 HEX2BIN 將.HEX檔轉換成.BIN檔，才用燒錄器把 BIN 檔燒錄至 89S51 或 89C51。

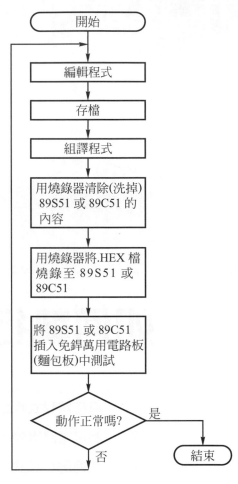

圖 7-1-1　程式的基本測試方法

7-2 利用電路實體模擬器 ICE 執行程式

程式設計師(您)從「分析問題的要求與性質」到「程式完美的達成任務」往往都需經過程式的編輯→組譯→測試→偵錯→修改程式→再組譯→再測試→再偵錯→……等返覆程序，除非問題非常簡單，否則程式

在初次設計完成時，或多或少會有某種程度的缺點或錯誤，因此偵錯的工作非常重要。

　　ICE是電路實體模擬器in circuit emulator的簡寫，它是一種高效率的除錯工具，各廠牌之ICE基本上都具有下列功能：

1. 在個人電腦PC上編譯完成的程式可直接傳送至ICE執行。
2. 程式不但可分段執行，而且可單步執行(每次只執行一個指令)或N步執行(每次執行數個指令)，以便利程式的追蹤、偵錯。
3. 可隨時將CPU中各暫存器及輸入／輸出埠之變化情形顯示在個人電腦PC的螢幕上，讓您對CPU的運作情形一目了然完全掌握。
4. 可隨時顯示暫存器或記憶體的內容。
5. 可隨意更改暫存器或記憶體的內容。

　　從事微電腦自動控制，無論是教學、維修、測試或開發較複雜的程式，擁有ICE才能事半功倍。但市面上的ICE，廠牌甚多，有的功能雖很強售價卻太高了，有的雖然便宜些，卻因ICE本身佔用了一部份的接腳而不好用，讀者們可依自己需要的功能及預算而選購之。

　　使用微電腦發展工具測試程式的工作流程如圖 7-2-1 所示，編譯完成的程式可直接由個人電腦 PC 傳送(download)至 ICE 等微電腦發展工具執行。若發現程式無法達成預期的功能，則重新編譯後再傳送至微電腦發展工具測試，直至動作正常為止。若需製作成品，才用燒錄器把.HEX 檔燒錄至 89S51、89C51 等單晶片微電腦。(註：有的燒錄器只能讀取.BIN 檔而無法讀取.HEX 檔，此時您必須先用本書光碟內之轉換軟體 HEX2BIN 將.HEX 檔轉換成.BIN 檔，才用燒錄器把 BIN 檔燒錄至 89S51、89C51 等單晶片微電腦。)

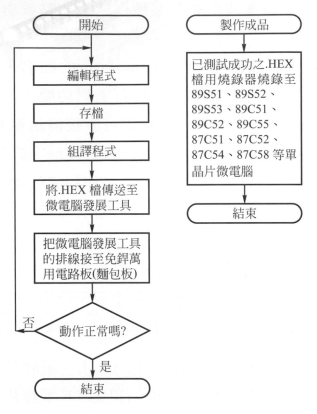

圖 7-2-1 用微電腦發展工具測試程式之流程

7-3 如何防止程式被別人複製

　　自己辛辛苦苦設計完成的程式，如果馬上被別人複製(COPY)，豈不冤枉。為了防止內部程式記憶體的內容被讀出，89S51、89S52、89S53、87C51、87C52、87C54、87C58、89C51、89C52、89C55、89C1051、89C2051、89C4051、89S2051、89S4051 等單晶片微電腦在內部提供了上鎖位元(Lock Bit)，假如我們選用燒錄器功能中的 LOCK(有的燒錄器為 SECURITY BIT PROGRAMMING，有的燒錄器為"鎖碼")，燒錄上鎖位元，即可防止 89S51、89S52、89S53、87C51、87C52、87C54、89C51、89C52、89C55、89C1051、89C2051、89C4051、89S2051、89S4051 等單晶片微電腦的內部程式被讀出，而達到保密的目的。保護您的智慧財產權。

Chapter 8

AT89 系列單晶片微電腦的認識

CONTROL PRACTICE OF SINGLE CHIP

8-1　快閃記憶體 — Flash Memory

　　一般微電腦所使用的 EPROM，當使用燒錄器將程式或資料燒錄進去後，若想將其內容清除掉(俗稱"洗掉")，必須使用紫外線(Ultraviolet rays，簡稱UV)照射其上方之透明窗口 15～30 分鐘，所以一般的EPROM詳細的名稱是 UV EPROM。

　　Atmel 公司所製造的新型 EPROM 稱爲 Flash programmable and Erasable Read Only Memory，簡稱爲 **Flash Memory**，中文名稱爲**快閃記憶體**，是一種電力清除式EPROM。使用燒錄器，只需一瞬間(大約10ms)即可將內容清除乾淨，既省時又方便，而且Atmel公司保證Flash Memory可以重覆清除和燒錄 1000 次以上。這麼好用又便宜的產品，怎不令人心動呢？

　　　註：市面上另有一種「電力清除式EPROM」稱爲EEPROM(是Electrically Erasable Programmable Read Only Memory 的簡稱)。由於製造方法的不同，EEPROM的密度低、容量小、燒錄速度慢。

8-2　AT89C51、AT89S51

　　AT89C51、AT89S51 推出後，已成爲產品開發人員的最愛，茲將其特點介紹於下：

1.　接腳及指令完全與 87C51 相容。可以直接代替 87C51 使用。
2.　採用 Flash Memory 做內部的程式記憶體
　(1)　使用燒錄器，可立即將內部程式清除完畢。
　(2)　可重覆清洗、燒錄 1000 次以上。
3.　AT89C51、AT89S51 的售價比 87C51 便宜。
4.　AT89C51 的專用燒錄器，定價都在 2000 元以下。
　　AT89S51 的專用燒錄器，定價都在 1000 元以下。

8-3　AT89C52、AT89S52

AT89C52、AT89S52 具有下列特點：

1. 接腳及指令完全與 87C52 相容。可以直接代替 87C52 使用。
2. 內部的程式記憶體為 Flash Memory，使用上比 87C52 更方便。
3. 售價比 87C52 便宜。

8-4　AT89C55

AT89C55 具有下列特點：

1. 接腳及指令完全與 87C52 相容。但內部程式記憶體高達 **20K** byte，適合複雜控制系統的需求。
2. 內部的程式記憶體為 Flash Memory，使用上非常方便。

8-5　AT89C2051、AT89S2051

小型的控制系統，並不需要用到很多 I/O 腳，所以體積小巧價格便宜的單晶片微電腦會被優先考慮。Atmel 公司推出的 AT89C2051、AT89S2051，具備了體積小巧、省電、價格低廉等優點，茲將其特點介紹於下：

1. 指令及接腳的名稱完全與 87C51 相容，只是 I/O 接腳較少。
2. 只有 20 隻接腳，如圖 8-5-1 所示。體積小，不佔空間，節省電路板的面積。

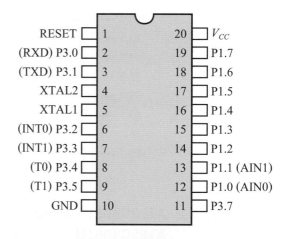

圖 8-5-1　89C1051、89C2051、89S2051、89C4051、89S4051 之接腳圖

3. 採用 Flash Memory 做內部的程式記憶體。容量為 2K byte，所以可以使用的位址為 0000H～07FFH。

4. P1 和 P3 接腳的低態驅動能力(sink)為 20mA。

5. 內含類比比較器，如圖 8-5-2 所示。

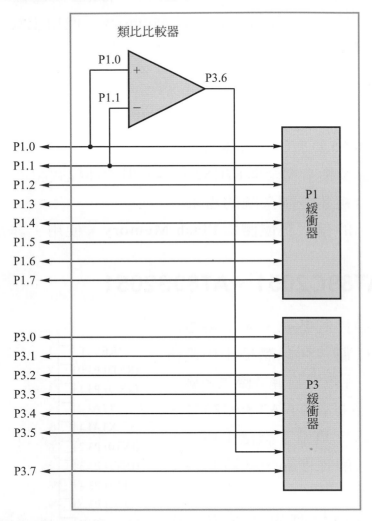

圖 8-5-2　AT89C4051、AT89S4051、AT89C2051、AT89S2051 和 AT89C1051U 的內部有類比比較器

(1) 接腳 P1.0 和 P1.1 可以做一般的 I/O 腳使用。此時必須外接"提升電阻器"，請參考圖 8-5-3。

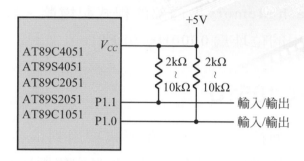

圖 8-5-3　AT89C4051、AT89S4051、AT89C2051、AT89S2051 和
AT89C1051U 外接提升電阻器的方法

(2)　接腳 P1.0 和 P1.1 也可以做為內部類比比較器的輸入腳。此時這兩腳不要外接提升電阻器。

(3)　類比比較器的輸出結果可用指令 JB P3.6, address 或 JNB P3.6, address 加以應用。

6.　電源電壓V_{CC}可以使用 2.7V～6V。

7.　注意事項：市售燒錄器依其燒錄 89 系列的能力，可分為下列四種，選購時請特別留意是否可燒錄您所用單晶片之編號。

(1)　只可以燒錄 89C51 和 89C52。

(2)　只可以燒錄 89C2051 和 89C1051U。

(3)　只可以燒錄 89S51 和 89S52。

(4)　89C51、89C52、89S51、89S52、89C1051U、89C2051、89C4051、89S2051、89S4051 都可以燒錄。

8-6　AT89C4051、AT89S4051

AT89C4051、AT89S4051 具有下列特點：

1.　特性及接腳與 AT89C2051 完全一樣。

(1)　只有 20 隻接腳。接腳圖與圖 8-5-1 完全一樣。

(2)　內含類比比較器，與圖 8-5-2 完全一樣。使用方法與AT89C2051完全一樣。

2.　採用 Flash Memory 做內部的程式記憶體。容量為 4K byte，所以可以使用的位址為 0000H～0FFFH。

8-7　AT89C1051U

假如您的小型控制系統，不但不需要用到很多 I/O 腳，而且只需 1K byte 以下的程式記憶體，那麼您可以優先考慮售價最便宜的 AT89C1051U。

AT89C1051U 的特點為：

1.　特性及接腳與 AT89C2051 全一樣。

　(1)　只有 20 隻接腳。接腳圖與圖 8-5-1 完全一樣。

　(2)　內含類比比較器，與圖 8-5-2 完全一樣。使用方法與 AT89C2051 完全一樣。

2.　採用 Flash Memory 做內部的程式記憶體。容量為 1K byte，所以可以使用的位址為 0000H～03FFH。

3.　內部的資料記憶體 RAM 只有 64 byte。

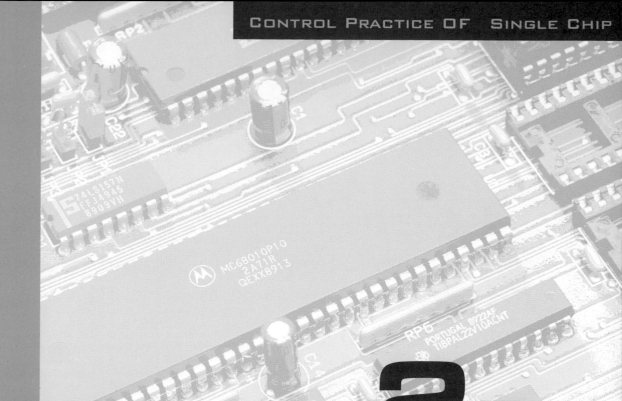

2 篇

基礎實習

輸出埠之基礎實習

CONTROL PRACTICE OF SINGLE CHIP

實習 9-1 閃爍燈

一、實習目的

1. 練習用指令將資料送至輸出埠。

2. 練習計算程式的執行時間。

3. 熟練程式的執行、測試方法。

二、動作情形

本實習，燈光的變化情形如下圖所示：

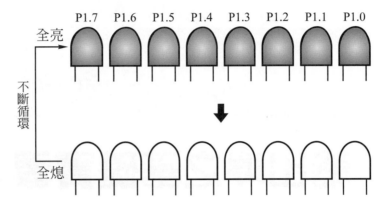

三、電路圖

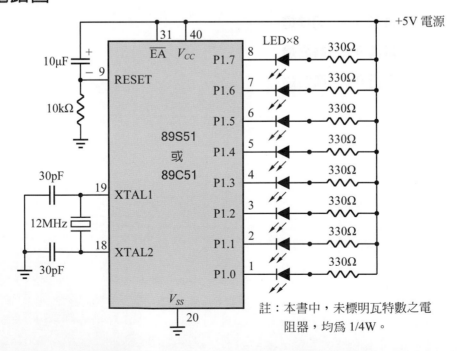

圖 9-1-1 89S51 及 89C51 之基本輸出電路

四、流程圖

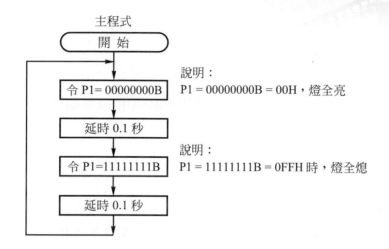

主程式

開　始

令 P1= 00000000B

延時 0.1 秒

令 P1=11111111B

延時 0.1 秒

說明：
P1 = 00000000B = 00H，燈全亮

說明：
P1 = 11111111B = 0FFH 時，燈全熄

五、程式

【範例 E0901】

```
;  =====================
;  ==     主  程  式    ==
;  =====================
         ORG     0000H              ;程式由位址 0000H 開始
LOOP:    MOV     P1,#00000000B      ;令八個 LED 全部明亮
         ACALL   DELAY              ;呼叫延時副程式
         MOV     P1,#11111111B      ;令八個 LED 全部熄滅
         ACALL   DELAY              ;呼叫延時副程式
         AJMP    LOOP               ;重複執行程式
;  =====================
;  ==     延時副程式     ==
;  =====================
;每呼叫本副程式一次，可延時 0.1 秒
```

```
DELAY:   MOV      R6,#250


DL1:     MOV      R7,#200
DL2:     DJNZ     R7,DL2
         DJNZ     R6,DL1
         RET                        ;副程式必須用 RET 結尾
;
         END                        ;程式結束
```

六、相關知識

　　由於 CPU 執行的速度太快了，要讓人的眼睛感覺到 LED 有在亮→熄→亮→熄的變化，必須要降低顯示的速度，所以在程式中加入了「延時副程式」。

　　延時的基本方法就是讓CPU去執行一些與輸出無關的指令，以達到拖延時間的目的。茲將延時副程式分析於下：

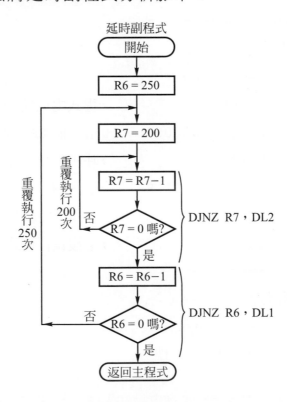

每個指令的執行時間可能是 1 週，也可能是 2 週，由附錄 1 可查得：

```
DELAY:    MOV     R6,#250  →  T1＝1 週
DL1:      MOV     R7,#200  →  T2＝1 週
DL2:      DJNZ    R7,DL2   →  T3＝2 週
          DJNZ    R6,DL1   →  T4＝2 週
          RET              →  T5＝2 週
```

總週期數 T＝ T1＋[T2＋(T3 × 200)＋T4] × 250＋T5

　　　　　＝ 1＋[1＋(2 × 200)＋2] × 250＋2

　　　　　＝ 100753 週

當採用 12MHz 的石英晶體時，由圖 9-1-2 可知機械週期＝ 1μs，故

延時時間＝ 1μs × 100753 ＝ 100753μs ＝ 0.100753 秒

　　≒ 0.1 秒

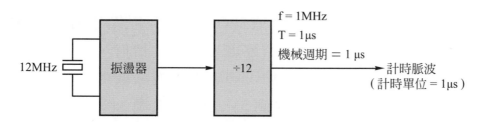

圖 9-1-2　使用 12MHz 石英晶體時 MCS-51 之內部動作情形

七、實習步驟

1.　假如您要直接將程式燒錄在 89S51 或 89C51 做實習，則：

　(1)　請您在免銲萬用電路板(麵包板)上接妥圖 9-1-1 之電路。
　　　請留意 LED 的方向及 10μF 電容器的極性。

　(2)　把編譯好的程式用燒錄器燒錄在 89S51 或 89C51。

　　　註：①因為註解並非程式之必需部份，所以您輸入原始程式
　　　　　　時，只需輸入圖 9-1-3 所示之部份。

　　　　　②燒錄器的用法，請參考隨燒錄器附贈的使用手冊。

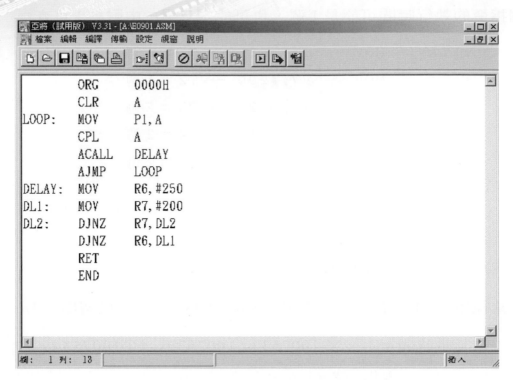

圖 9-1-3　輸入原始程式

(3)　將已燒錄好程式的89S51或89C51插入免銲萬用電路板(麵包板)。

(4)　通上5V之直流電源,觀察燈光的變化情形。

　　實習所需之 5V 電源,您可參考下述方法取得:

　①　由市售電源供應器得到 5V 之直流電源。

　②　用 3 個 1.5V 的乾電池串聯起來供電。

　③　以圖 9-1-4 之電路獲得所需的 5V 電源。圖中之 110V:12V 變壓器可購買體積小巧的 PT-5。圖中之 7805 為穩壓 IC,其接腳請參考圖 9-1-5。二極體使用 1N4001～1N4007 任一編號皆可。

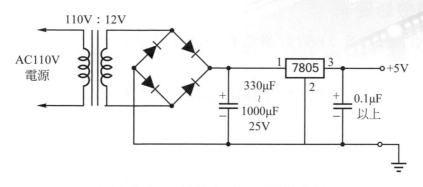

圖 9-1-4 5 伏特之穩壓電源供應器

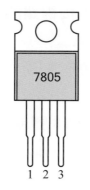

接腳 1：輸入腳。
　　　　需接 +8V ~ +20V 之直流電源。
接腳 2：接地腳。
　　　　為直流電源之負極。
接腳 3：輸出腳。
　　　　輸出 +5V 之穩定電壓。

圖 9-1-5 7805 之接腳圖

2. 假如您是使用電路實體模擬器 ICE(例如全友公司的 MICE 或 Easy Pack 8052)做實習，則：

(1) 請您在免銲萬用電路板(麵包板)上接妥圖 9-1-1 之電路。

(2) 將電路實體模擬器的 40 腳插頭插入免銲萬用電路板(麵包板)。

(3) 把編譯完成的程式傳送(DOWNLOAD)至電路實體模擬器。並執行之。

　　註：傳送的方法請參考您所用電路實體模擬器隨機附贈的使用手冊。

(4) 通上 5V 之直流電源，觀察燈光的變化情形。

(5) 您亦可用電路實體模擬器隨機附贈的使用手冊中之命令逐步或逐段執行程式，以了解各指令之動作情形。

八、故障檢修要領

當您發現 MCS-51 的電路沒有辦法正常動作時，請依下述步驟進行檢修：

1. 先確定電路已確實照電路圖接妥。尤其是 LED 的方向是否已接正確。

2. 以三用電表的 DCV 測量 89S51 或 89C51 的第 40 腳與第 20 腳之間的電壓，應指示 4.5V～5.5V，否則請檢修電源。

3. 以三用電表的 DCV 測量 89S51 或 89C51 的第 31 腳與第 20 腳之間的電壓，應指示 4.5V～5.5V，否則為接線錯誤或免銲萬用電路板接觸不良。

    說明：第 31 腳若空接，受雜訊干擾時會產生動作有時正常有時不正常的怪現象。

4. 以邏輯測試棒測量 89S51 或 89C51 的第 18 腳或第 30 腳，測試棒的黃燈(PULSE)應會發亮，否則振盪電路故障。原因有三：①石英晶體故障② 30pF 電容器短路③ 89S51 或 89C51 已經損壞。

5. 以三用電表的 DCV 測量 89S51 或 89C51 的第 9 腳與第 20 腳之間的電壓應為 0V。若以邏輯測試棒測量 89S51 或 89C51 的第 9 腳，應亮綠燈。否則，10μF 電容器故障或正負腳接反了。

實習 9-2　霹靂燈

一、實習目的

1. 練習左旋轉指令的用法。
2. 練習右旋轉指令的用法。

二、動作情形

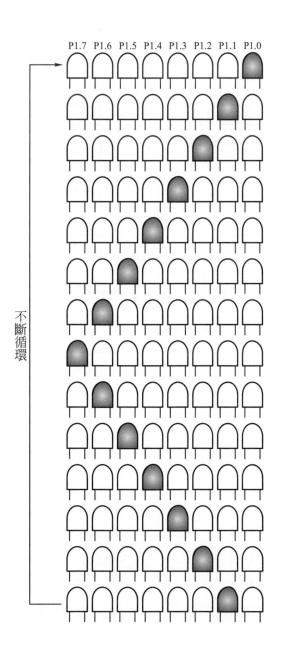

三、電路圖

與實習 9-1 的圖 9-1-1 完全一樣。(請見 9-4 頁)

四、流程圖

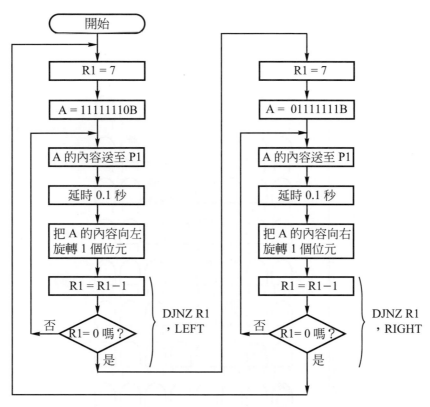

五、程式

【範例 E0902】

```
; ============================
; ==      主  程  式      ==
; ============================
          ORG    0000H          ;程式之起始位址為 0000H
START:    MOV    R1,#07H         ;欲左移 7 次
          MOV    A,#11111110B    ;開始時,令最右邊的燈亮
LEFT:     MOV    P1,A            ;把 A 的內容送至 PORT1
```

```
        ACALL    DELAY               ;延時
        RL       A                   ;把 A 的內容向左旋轉 1 個位元
        DJNZ     R1,LEFT             ;重複執行 LEFT 七次
;
        MOV      R1,#07H             ;欲右移七次
        MOV      A,#01111111B        ;開始時，令最左邊的燈亮
RIGHT:  MOV      P1,A                ;把 A 的內容送至 PORT1
        ACALL    DELAY               ;延時
        RR       A                   ;把 A 的內容向右旋轉 1 個位元
        DJNZ     R1,RIGHT            ;重複執行 RIGHT 七次
        AJMP     START               ;從頭重複執行程式
; ==========================
; ==          延時副程式          ==
; ==========================
;延時 0.1 秒
DELAY:  MOV      R6,#250
DL1:    MOV      R7,#200
DL2:    DJNZ     R7,DL2
        DJNZ     R6,DL1
        RET
;
        END
```

六、實習步驟

1.　請接妥 9-4 頁的圖 9-1-1 之電路。

2.　把程式組譯後，燒錄至 89S51 或 89C51。

3.　通電執行後，觀察動作情形。

實習 9-3 廣告燈

一、實習目的

學習「查表法」的應用要領

二、相關知識

當微電腦控制的輸出情形變化多端或無規則可循時，最簡單的方法就是建立一個資料表，然後將資料表裡面的資料逐一輸出，這種方法稱為「查表法」。查表法使順序控制變得很容易，在 MCS-51 中，指令 MOVC A,@A+DPTR 就是專門用來取得資料表中的資料。

請留意本實習的範例程式，程式中的小技巧將使您設計順序控制時得心應手。

三、動作情形

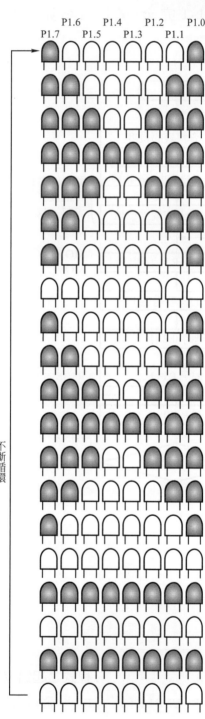

四、電路圖

與實習 9-1 的圖 9-1-1 完全一樣。(請見 9-4 頁)

五、流程圖

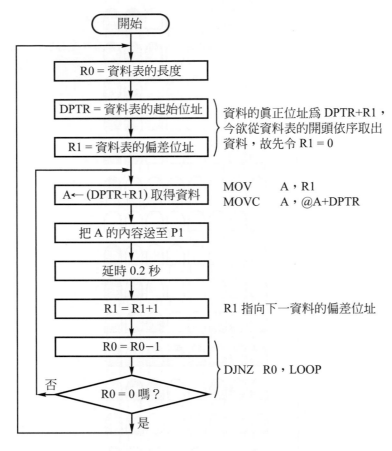

六、程式

【範例 E0903】

```
; ============================
; ==        主 程 式        ==
; ============================
        ORG     0000H          ;程式之起始位址為 0000H
START:  MOV     R0,#OK-TABLE+1 ;R0＝資料表的長度
        MOV     DPTR,#TABLE    ;DPTR 指向第一個資料的位址
```

```
            MOV     R1,#00H           ;R1 = 00
LOOP:       MOV     A,R1              ;┐ 由資料表取得資料
            MOVC    A,@A+DPTR         ;┘
            MOV     P1,A              ;把資料送至 PORT1
            ACALL   DELAY             ;延時
            INC     R1                ;把 R1 加 1，使 R1 指向下一個資料的偏
                                       差位址
            DJNZ    R0,LOOP           ;重複執行 LOOP，直到資料表的內容用完
            AJMP    START             ;從頭執行程式
; ===========================
; ==        延時副程式          ==
; ===========================
; 延時 0.2 秒
DELAY:      MOV     R5,#2             ;─────────┐
DL1:        MOV     R6,#250    ;┐                │
DL2:        MOV     R7,#200    ;├延時 0.1 秒   ├重複 2 次
DL3:        DJNZ    R7,DL3     ;│                │
            DJNZ    R6,DL2     ;┘                │
            DJNZ    R5,DL1            ;─────────┘
            RET
; ===========================
; ==        資 料 表           ==
; ===========================
TABLE:      DB      01111110B
            DB      00111100B
            DB      00011000B
            DB      00000000B
            DB      00011000B
            DB      00111100B
            DB      01111110B
```

```
            DB          11111111B
;
            DB          01111110B
            DB          00111100B
            DB          00011000B
            DB          00000000B
            DB          00011000B
            DB          00111100B
            DB          01111110B
            DB          11111111B
;
            DB          00000000B
            DB          11111111B
            DB          00000000B
OK:         DB          11111111B
;
            END
```

七、實習步驟

1. 請接妥 9-4 頁的圖 9-1-1 之電路。
2. 把程式組譯後，燒錄至 89S51 或 89C51。
3. 通電執行後，觀察動作情形。
4. 請試著自己建立一個資料表，使燈光的變化情形如圖 9-3-1 所示。

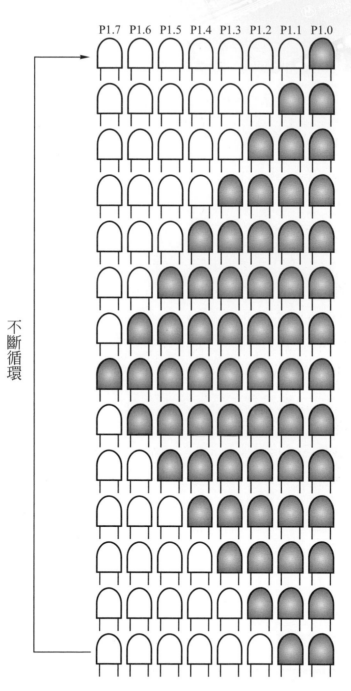

圖 9-3-1

Chapter 10

輸入埠之基礎實習

實習 10-1 用開關選擇動作狀態

一、實習目的

1. 練習用指令取得外界狀況。
2. 使輸出狀態能隨開關的設定情形而改變。
3. 練習用 XRL 指令使輸出狀態改變。

二、電路圖

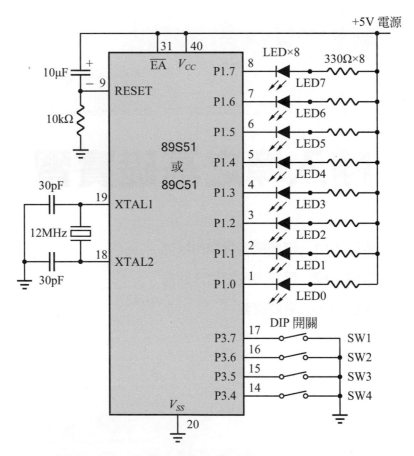

圖 10-1-1 由 P3 所接之開關選擇 P1 的動作狀態

三、動作情形

本實習是用小型 DIP 開關 SW1～SW4 決定 P1 的輸出狀態，其動作情形為：

1. 若 SW1 閉合，則：

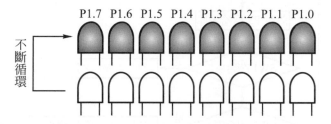

2. 若 SW2 閉合，則：

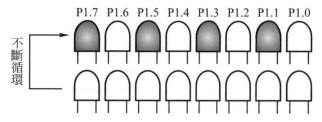

3. 若 SW3 閉合，則：

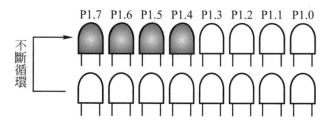

4. 若 SW4 閉合，則：

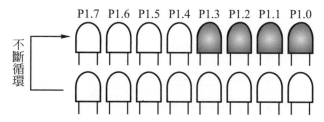

5. 開關的優先次序是 SW1 → SW2 → SW3 → SW4。

四、流程圖

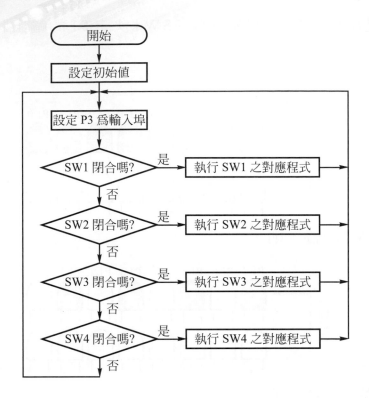

五、程式

【範例 E1001】

```
;   ==========================
;   ==        設定初始值        ==
;   ==========================
        ORG     0000H
        MOV     R1,#00000000B
        MOV     R2,#01010101B
        MOV     R3,#00001111B
        MOV     R4,#11110000B
```

```
; ==========================
; ==    測試開關之狀態    ==
; ==========================
TEST:   ORL     P3,#0FFH        ;把 P3 設定為輸入埠
        JNB     P3.7,CASE1      ;┐
        JNB     P3.6,CASE2      ;├依開關 SW1～SW4 的狀態,
        JNB     P3.5,CASE3      ;│跳去執行相對應之輸出程式
        JNB     P3.4,CASE4      ;┘
        AJMP    TEST

; ==========================
; ==    執行對應之輸出    ==
; ==========================
CASE1:  MOV     A,R1            ;┐
        MOV     P1,A            ;│
        XRL     A,#11111111B    ;├SW1 閉合時之對應程式
        MOV     R1,A            ;│
        ACALL   DELAY           ;┘
        AJMP    TEST


CASE2:  MOV     A,R2            ;┐
        MOV     P1,A            ;│
        XRL     A,#10101010B    ;├SW2 閉合時之對應程式
        MOV     R2,A            ;│
        ACALL   DELAY           ;┘
        AJMP    TEST


CASE3:  MOV     A,R3            ;┐
        MOV     P1,A            ;│
        XRL     A,#11110000B    ;├SW3 閉合時之對應程式
```

```
        MOV     R3,A              ; |
        ACALL   DELAY             ; ⌐
        AJMP    TEST


CASE4:  MOV     A,R4              ; ⌐
        MOV     P1,A              ; |
        XRL     A,#00001111B      ; ├SW4 閉合時之對應程式
        MOV     R4,A              ; |
        ACALL   DELAY             ; ⌐
        AJMP    TEST
; ===========================
; ==       延時副程式       ==
; ===========================
;延時 0.2 秒
DELAY:  MOV     R5,#2
DL1:    MOV     R6,#250
DL2:    MOV     R7,#200
DL3:    DJNZ    R7,DL3
        DJNZ    R6,DL2
        DJNZ    R5,DL1
        RET
;
        END
```

六、實習步驟

1. 請接妥圖 10-1-1 之電路。

2. 程式組譯後，燒錄至 89S51 或 89C51。

3. 通電執行後，觀察下列動作情形：

   (1) 只 SW1 閉合時燈光的變化情形如何？

   (2) 只 SW2 閉合時燈光的變化情形如何？

   (3) 只 SW3 閉合時燈光的變化情形如何？

   (4) 只 SW4 閉合時燈光的變化情形如何？

   (5) 若 SW1 及 SW2 都閉合，燈光的變化情形如何？

   (6) 若 SW2 及 SW3 都閉合，燈光的變化情形如何？

   (7) 若 SW3 及 SW4 都閉合，燈光的變化情形如何？

   (8) 若 SW1～SW4 全部閉合，燈光的變化情形如何？

4. 請試著改寫程式，達成下列要求：

   (1) SW1 閉合時 LED1 閃爍，其餘的 LED 都熄滅。

   (2) SW2 閉合時 LED1 及 LED2 閃爍，其餘的 LED 都熄滅。

   (3) SW3 閉合時 LED1～LED3 閃爍，其餘的 LED 都熄滅。

   (4) SW4 閉合時 LED1～LED4 閃爍，其餘的 LED 都熄滅。

   (5) 開關的優先順序為 SW4 → SW3 → SW2 → SW1。

實習 10-2 用按鈕控制動作狀態

一、實習目的

1. 練習用指令判斷按鈕的啓閉。
2. 學習用按鈕改變輸出狀態。

二、電路圖

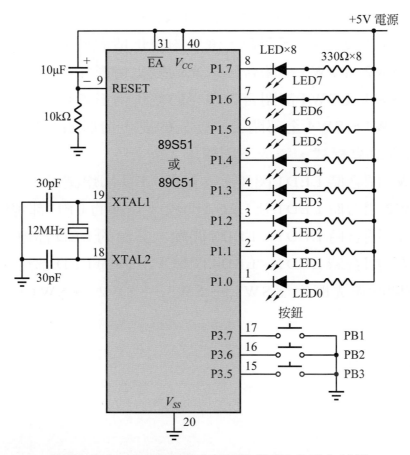

圖 10-2-1 由 P3 所接之按鈕改變 P1 的動作狀態

三、動作情形

本實習是用小型按鈕PB1～PB3決定P1的輸出狀態，其動作情形為：

1. 按一下 PB1，則：

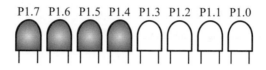

2.按一下 PB2，則：

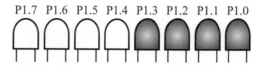

3.按一下 PB3，則：

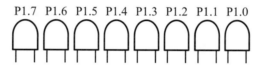

4.按鈕的優先次序是 PB1 → PB2 → PB3。

四、流程圖

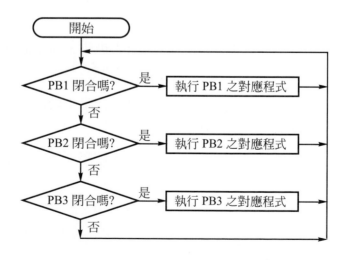

五、程式

【範例 E1002】

```
; =========================
; ==      測試按鈕之狀態      ==
; =========================


        ORG     0000H


LOOP:   JNB     P3.7,CASE1      ;┐ 哪個按鈕被壓下，就跳
        JNB     P3.6,CASE2      ;├ 去執行相對應之輸出程
        JNB     P3.5,CASE3      ;┘ 式
        AJMP    LOOP


; =========================
; ==      執行對應之輸出      ==
; =========================


CASE1:  MOV     P1,#00001111B   ;┐ PB1 被壓下時之對應程式
        AJMP    LOOP            ;┘
CASE2:  MOV     P1,#11110000B   ;┐ PB2 被壓下時之對應程式
        AJMP    LOOP            ;┘
CASE3:  MOV     P1,#11111111B   ;┐ PB3 被壓下時之對應程式
        AJMP    LOOP            ;┘
;
        END
```

六、實習步驟

1. 請接妥圖 10-2-1 之電路。圖中之按鈕可用 TACT 按鈕。
2. 程式組譯後，燒錄至 89S51 或 89C51。
3. 通電執行後，觀察下列動作情形：
   (1) 把按鈕 PB1 壓下時，哪幾個 LED 亮？
   (2) 把 PB1 放開時，哪幾個 LED 亮？
   (3) 把按鈕 PB2 壓下時，哪幾個 LED 亮？
   (4) 把 PB2 放開時，哪幾個 LED 亮？
   (5) 把按鈕 PB3 壓下時，哪幾個 LED 亮？
   (6) 把 PB3 放開時，哪幾個 LED 亮？

實習 10-3　矩陣鍵盤

一、實習目的

1. 了解矩陣鍵盤的動作原理。
2. 練習用矩陣鍵盤改變輸出狀態。

二、相關知識

　　在一般的自動控制中，由於所接的按鈕、近接開關、光電開關、磁簧開關、溫度開關、……等之接點並不很多，因此大多如圖 10-3-1 所示，每個按鈕或開關佔用輸入埠的一隻接腳。但是在需要用鍵盤來輸入資料的場合，若按鍵的數量很多，採用圖 10-3-1 之接法，會佔用太多輸入埠的接腳，所以必須改用矩陣鍵盤。

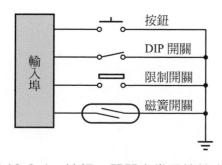

圖 10-3-1　按鈕、開關之常用接線方法

矩陣鍵盤如圖 10-3-2 所示，4 × 4 = 16 個按鍵的鍵盤，只需用 4 + 4 = 8 隻接腳。依此類推，12 × 12 = 144 個按鍵的鍵盤，只需 12 + 12 = 24 隻接腳。按鍵的數量愈多，愈能看出矩陣鍵盤的經濟性。

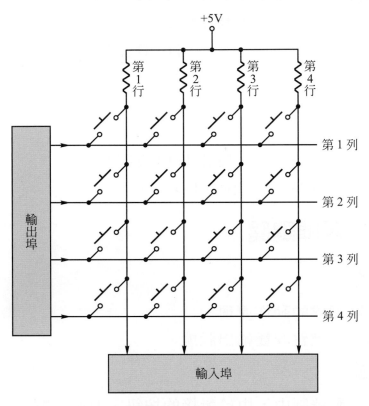

圖 10-3-2　矩陣鍵盤之一例 (4 × 4 = 16 鍵)

今以圖 10-3-2 所示之 4 × 4 矩陣鍵盤說明如何測知哪個按鍵被按下：

1.　檢測第 1 列是否有按鍵被壓下：

⑴　首先，由輸出埠輸出 0111，使第 1 列為 0。如圖 10-3-3 所示。

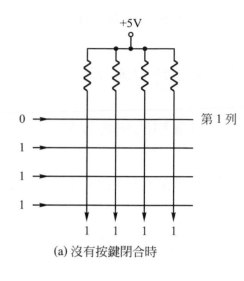

(a) 沒有按鍵閉合時

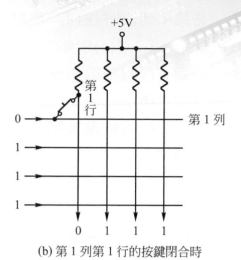

(b) 第 1 列第 1 行的按鍵閉合時

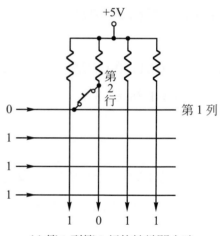

(c) 第 1 列第 2 行的按鍵閉合時

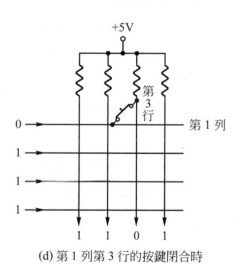

(d) 第 1 列第 3 行的按鍵閉合時

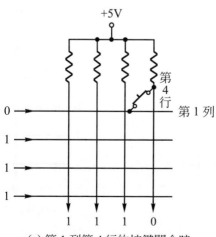

(e) 第 1 列第 4 行的按鍵閉合時

圖 10-3-3　檢測第 1 列是否有按鍵閉合

(2) 若第 1 列沒有任何鍵被壓下,則輸入埠讀到的值會等於 1111, 如圖 10-3-3(a)所示。

(3) 若第 1 行的按鍵被壓下,則輸入埠讀到的值會等於 0111,如圖 10-3-3(b)所示。

(4) 若第 2 行的按鍵被壓下,則輸入埠讀到的值會等於 1011,如圖 10-3-3(c)所示。

(5) 若第 3 行的按鍵被壓下,則輸入埠讀到的值會等於 1101,如圖 10-3-3(d)所示。

(6) 若第 4 行的按鍵被壓下,則輸入埠讀到的值會等於 1110,如圖 10-3-3(e)所示。

(7) 綜合上述說明,可知只要測試看看哪隻輸入腳為 0,就可以知道是哪一個按鍵被壓下。

(8) 習慣上,第 1 列第 1 行的按鍵被編上 00H 的位置碼。第 1 列第 2 行的按鍵被編上 01H 的位置碼。第 1 列第 3 行的按鍵被編上 02H 的位置碼。依此類推。

2. **檢測第 2 列是否有按鍵被壓下:**

(1) 首先,由輸出埠輸出 1011,使第 2 列成為 0。如圖 10-3-4 所示。

(2) 檢測的方法與第 1 列的檢測方法相似,詳見圖 10-3-4。

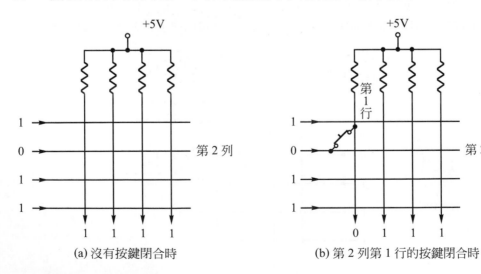

(a) 沒有按鍵閉合時　　　　　　(b) 第 2 列第 1 行的按鍵閉合時

圖 10-3-4　檢測第 2 列是否有按鍵閉合

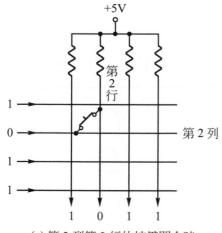

(c) 第 2 列第 2 行的按鍵閉合時

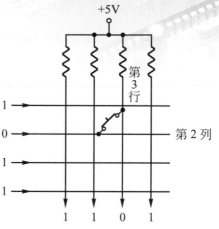

(d) 第 2 列第 3 行的按鍵閉合時

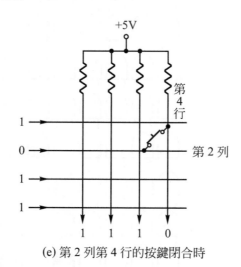

(e) 第 2 列第 4 行的按鍵閉合時

圖 10-3-4　檢測第 2 列是否有按鍵閉合(續)

3. 檢測其它各列是否有按鍵被壓下：

(1) 檢測的方法與第 1 列及第 2 列相似。只是輸出埠的輸出值需加以改變。

(2) 上述輸出埠的輸出值稱為掃描碼，每次只能有一個位元為 0。由於矩陣鍵盤的檢測是以掃描的方式逐列逐行檢測，所以又被稱為掃描式鍵盤。

三、動作情形

1. 製作一個 4 行 4 列共 16 鍵的鍵盤。

2. 若有按鍵被壓下,則將其位置碼顯示在 LED。如下所示:

	P1.7	P1.6	P1.5	P1.4	P1.3	P1.2	P1.1	P1.0
0 鍵閉合時顯示:	○	○	○	○	○	○	○	○
1 鍵閉合時顯示:	○	○	○	○	○	○	○	●
2 鍵閉合時顯示:	○	○	○	○	○	○	●	○
3 鍵閉合時顯示:	○	○	○	○	○	○	●	●
4 鍵閉合時顯示:	○	○	○	○	○	●	○	○
5 鍵閉合時顯示:	○	○	○	○	○	●	○	●
6 鍵閉合時顯示:	○	○	○	○	○	●	●	○
7 鍵閉合時顯示:	○	○	○	○	○	●	●	●
8 鍵閉合時顯示:	○	○	○	○	●	○	○	○
9 鍵閉合時顯示:	○	○	○	○	●	○	○	●
A 鍵閉合時顯示:	○	○	○	○	●	○	●	○
B 鍵閉合時顯示:	○	○	○	○	●	○	●	●
C 鍵閉合時顯示:	○	○	○	○	●	●	○	○
D 鍵閉合時顯示:	○	○	○	○	●	●	○	●
E 鍵閉合時顯示:	○	○	○	○	●	●	●	○
F 鍵閉合時顯示:	○	○	○	○	●	●	●	●

四、電路圖

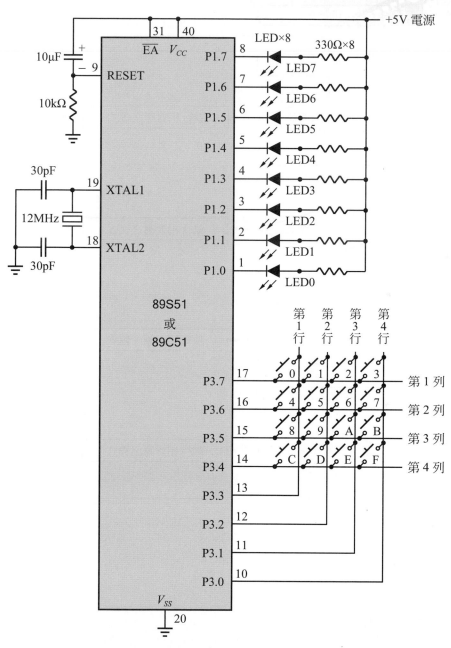

圖 10-3-5　用矩陣鍵盤改變 P1 的輸出狀態

五、流程圖

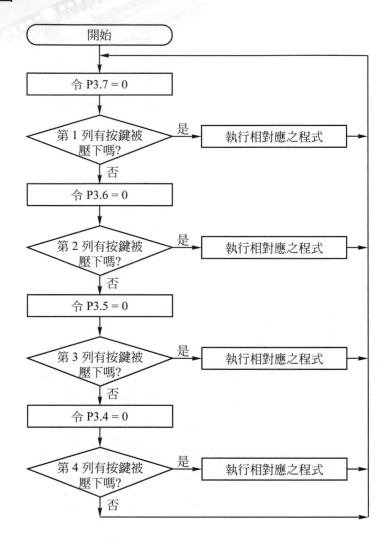

六、程式

【範例 E1003】

```
; ===========================
; ==      檢測鍵盤之狀態       ==
; ===========================
        ORG       0000H
;檢測第 1 列是否有按鍵閉合
LOOP:   MOV       P3,#01111111B    ;令 P3.7 = 0
```

```
        JNB     P3.3,KEY0           ;0 鍵有閉合嗎？
        JNB     P3.2,KEY1           ;1 鍵有閉合嗎？
        JNB     P3.1,KEY2           ;2 鍵有閉合嗎？
        JNB     P3.0,KEY3           ;3 鍵有閉合嗎？
;檢測第 2 列是否有按鍵閉合
        MOV     P3,#10111111B       ;令 P3.6 ＝ 0
        JNB     P3.3,KEY4           ;4 鍵有閉合嗎？
        JNB     P3.2,KEY5           ;5 鍵有閉合嗎？
        JNB     P3.1,KEY6           ;6 鍵有閉合嗎？
        JNB     P3.0,KEY7           ;7 鍵有閉合嗎？
;檢測第 3 列是否有按鍵閉合
        MOV     P3,#11011111B       ;令 P3.5 ＝ 0
        JNB     P3.3,KEY8           ;8 鍵有閉合嗎？
        JNB     P3.2,KEY9           ;9 鍵有閉合嗎？
        JNB     P3.1,KEYA           ;A 鍵有閉合嗎？
        JNB     P3.0,KEYB           ;B 鍵有閉合嗎？
;檢測第 4 列是否有按鍵閉合
        MOV     P3,#11101111B       ;令 P3.4 ＝ 0
        JNB     P3.3,KEYC           ;C 鍵有閉合嗎？
        JNB     P3.2,KEYD           ;D 鍵有閉合嗎？
        JNB     P3.1,KEYE           ;E 鍵有閉合嗎？
        JNB     P3.0,KEYF           ;F 鍵有閉合嗎？
        AJMP    LOOP                ;重複檢測鍵盤


; =========================
; ==      執行相對應之程式      ==
; =========================
KEY0:   MOV     P1,#11111111B       ;¬ 0 鍵被壓下時之對應程式
```

```
          AJMP      LOOP              ;┘
KEY1:     MOV       P1,#11111110B     ;┐ 1 鍵被壓下時之對應程式
          AJMP      LOOP              ;┘
KEY2:     MOV       P1,#11111101B     ;┐ 2 鍵被壓下時之對應程式
          AJMP      LOOP              ;┘
KEY3:     MOV       P1,#11111100B     ;┐ 3 鍵被壓下時之對應程式
          AJMP      LOOP              ;┘
KEY4:     MOV       P1,#11111011B     ;┐ 4 鍵被壓下時之對應程式
          AJMP      LOOP              ;┘
KEY5:     MOV       P1,#11111010B     ;┐ 5 鍵被壓下時之對應程式
          AJMP      LOOP              ;┘
KEY6:     MOV       P1,#11111001B     ;┐ 6 鍵被壓下時之對應程式
          AJMP      LOOP              ;┘
KEY7:     MOV       P1,#11111000B     ;┐ 7 鍵被壓下時之對應程式
          AJMP      LOOP              ;┘
KEY8:     MOV       P1,#11110111B     ;┐ 8 鍵被壓下時之對應程式
          AJMP      LOOP              ;┘
KEY9:     MOV       P1,#11110110B     ;┐ 9 鍵被壓下時之對應程式
          AJMP      LOOP              ;┘
KEYA:     MOV       P1,#11110101B     ;┐ A 鍵被壓下時之對應程式
          AJMP      LOOP              ;┘
KEYB:     MOV       P1,#11110100B     ;┐ B 鍵被壓下時之對應程式
          AJMP      LOOP              ;┘
KEYC:     MOV       P1,#11110011B     ;┐ C 鍵被壓下時之對應程式
          AJMP      LOOP              ;┘
KEYD:     MOV       P1,#11110010B     ;┐ D 鍵被壓下時之對應程式
          AJMP      LOOP              ;┘
KEYE:     MOV       P1,#11110001B     ;┐ E 鍵被壓下時之對應程式
```

```
        AJMP    LOOP            ;┘
KEYF:   MOV     P1,#11110000B   ;┐ F 鍵被壓下時之對應程式
        AJMP    LOOP            ;┘
;

        END
```

七、實習步驟

1. 請接妥圖 10-3-5 之電路。圖中的 16 個按鍵，可使用 16 個廉價的 TACT 按鈕，也可以用市售 16 鍵小鍵盤。

2. 程式組譯後，燒錄至 89S51 或 89C51。

3. 通電執行後，觀察下列動作情形：
   (1) 按一下 0 鍵，則燈光的輸出情形如何？
   (2) 按一下 1 鍵，則燈光的輸出情形如何？
   (3) 按一下 2 鍵，則燈光的輸出情形如何？
   (4) 按一下 3 鍵，則燈光的輸出情形如何？
   (5) 按一下 4 鍵，則燈光的輸出情形如何？
   (6) 按一下 5 鍵，則燈光的輸出情形如何？
   (7) 按一下 6 鍵，則燈光的輸出情形如何？
   (8) 按一下 7 鍵，則燈光的輸出情形如何？
   (9) 按一下 8 鍵，則燈光的輸出情形如何？
   (10) 按一下 9 鍵，則燈光的輸出情形如何？
   (11) 按一下 A 鍵，則燈光的輸出情形如何？
   (12) 按一下 B 鍵，則燈光的輸出情形如何？
   (13) 按一下 C 鍵，則燈光的輸出情形如何？
   (14) 按一下 D 鍵，則燈光的輸出情形如何？
   (15) 按一下 E 鍵，則燈光的輸出情形如何？
   (16) 按一下 F 鍵，則燈光的輸出情形如何？

Chapter 11

計時器之基礎實習

實習 11-1　使用計時器做走馬燈

一、實習目的

1.　了解計時器的設定方法。
2.　了解溢位旗標 TF 的用法。

二、動作情形

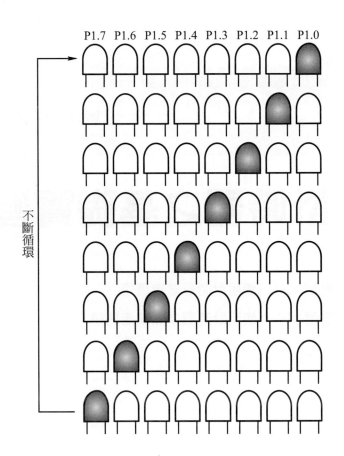

三、電路圖

與實習 9-1 的圖 9-1-1 完全一樣。(請見 9-4 頁)

四、流程圖

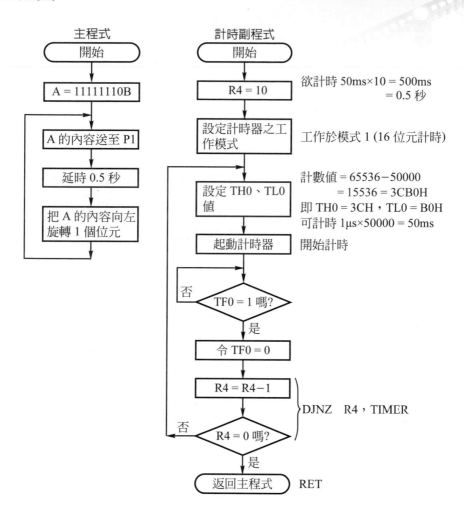

主程式

開始

A = 11111110B

A 的內容送至 P1

延時 0.5 秒

把 A 的內容向左旋轉 1 個位元

計時副程式

開始

R4 = 10　欲計時 50ms×10 = 500ms = 0.5 秒

設定計時器之工作模式　工作於模式 1 (16 位元計時)

設定 TH0、TL0 值　計數值 = 65536−50000 = 15536 = 3CB0H 即 TH0 = 3CH，TL0 = B0H 可計時 1μs×50000 = 50ms

起動計時器　開始計時

TF0 = 1 嗎？ 否

令 TF0 = 0　是

R4 = R4−1

R4 = 0 嗎？　否　DJNZ　R4，TIMER

返回主程式　RET　是

五、程式

【範例 E1101】

```
;  ============================
;  ==        主  程  式      ==
;  ============================
        ORG     0000H
        MOV     A,#11111110B    ;開始時，欲令最右邊的 LED 亮
LOOP:   MOV     P1,A            ;把 A 的內容送至 P1
```

```
          ACALL     DELAY              ;延時 0.5 秒
          RL        A                  ;把 A 的內容向左旋轉 1 個位元
          AJMP      LOOP


; ============================
; ==          計時副程式          ==
; ============================
DELAY:    MOV       R4,#10             ;欲延時 50ms × 10 ＝ 500ms ＝ 0.5 秒
          MOV       TMOD,#00000001B    ;設定計時器 0 工作於模式 1(即 16 位元
                                       ;計時器)
TIMER:    MOV       TH0,#3CH           ;┐ 設定計數值,以便計時 50ms
          MOV       TL0,#0B0H          ;┘
          SETB      TR0                ;起動計時器 0
WAIT:     JB        TF0,OK             ;┐ 等待 TF0 ＝ 1(即等待時間 50ms
          AJMP      WAIT               ;┘ 到)


OK:       CLR       TF0                ;清除 TF0,使 TF0 ＝ 0
          DJNZ      R4,TIMER           ;若時間 0.5 秒未到,則繼續計時
          RET                          ;時間 0.5 秒到,返回主程式
;

          END
```

六、相關知識

1.　在前面的實習中,我們是利用讓程式繞圈子做虛功的方式達成延時的目的。在本實習則要利用 MCS-51 內部的計時器來達成延時的目的。

2.　本實習是令計時／計數器 0 工作於模式 1 而成為 16 位元之計時器:

(1)　由圖 3-9-1 可知需令 TMOD ＝ 00000001B。

(2) 當使用 12MHz 之石英晶體時，由圖 3-9-5 可知計時器的計時頻率為 $12MHz \div 12 = 1MHz$，亦即計時單位為 $1\mu s$。換句話說，計時器被起動後，每隔 $1\mu s$ 計數值就會加 1，如圖 11-1-1 所示。

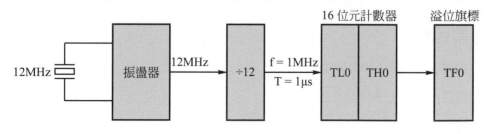

圖 11-1-1　計時器 0 工作於模式 1 之動作情形

(3) 每當計數值由 0FFFFH 再加 1 而變成 0000 時，會令溢位旗標 TF0 = 1，此旗標可用 **JB　TF0, 位址** 指令來測試。

(4) 我們想要令計時器每隔 50ms 就使 TF0 = 1，但是 $50ms \div 1\mu s = 50000$，所以必須將計數值設定為 $65536 - 50000 = 15536 = 3CB0H$，換句話說，需令 TH0 = 3CH，TL0 = B0H。

3. 因為我們想延時 0.5 秒，所以用暫存器 R4 來幫忙計時，每當 TF0 = 1 時，就把 R4 值減 1，直到 R4 = 0 為止。如令 R4 = 10，則可以延時 $50ms \times 10 = 500ms = 0.5$ 秒。

4. 由圖 3-9-4 或圖 3-9-5 均可得知：欲起動計時器 0，必須令 TR0 = 1。

5. 注意！每當 TF0 = 1 時，計數值 TH0、TL0 均等於 00，故**每當 TF0 = 1 時，就必須重新設定計數值，並將 TF0 清除為 0**。

七、實習步驟

1. 請接妥 9-4 頁的圖 9-1-1 之電路。

2. 程式組譯後，燒錄至 89S51 或 89C51。

3. 通電執行後，觀察動作情形。

4. 請練習修改程式，使LED的點亮情形變成「每隔2秒」向左移動一位。

實習 11-2 使用計時中斷做走馬燈

一、實習目的

1. 了解計時中斷的應用方法。
2. 熟悉中斷服務程式的寫法。

二、動作情形

與實習 11-1 完全一樣。(請見 11-2 頁)

三、電路圖

與實習 9-1 的圖 9-1-1 完全一樣。(請見 9-4 頁)

四、流程圖

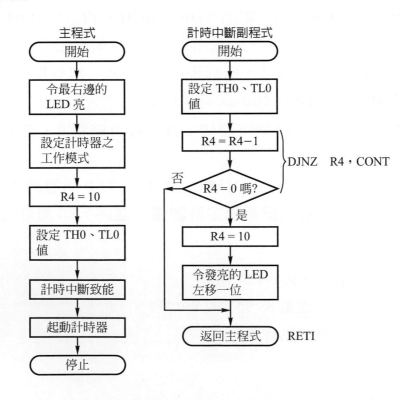

五、程式

【範例 E1102】

```
        ORG     0000H
        AJMP    MAIN                ;主程式必須避開位址 000BH
; ============================
; ==    計時中斷服務程式    ==
; ============================
        ORG     000BH               ;計時器 0 的中斷服務程式,起始位址一
                                    ;定在 000BH
        MOV     TH0,#3CH            ;┐ 重新設定計數值
        MOV     TL0,#0B0H           ;┘
        DJNZ    R4,CONT            ;若 R4-1≠0,表示時間 0.5 秒未到,
                                    ;跳至 CONT
        MOV     R4,#10             ;重新設定 R4 值
        RL      A                   ;┐ 把 LED 左移一位
        MOV     P1,A                ;┘
CONT:   RETI                        ;返回主程式


; ============================
; ==       主  程  式       ==
; ============================
MAIN:   MOV     A,#11111110B       ;┐ 開始時,令最右邊的 LED 亮
        MOV     P1,A                ;┘
;
        MOV     R4,#10             ;令 R4 = 10,以便延時 50ms × 10 =
                                    ;500ms = 0.5 秒
        MOV     TMOD,#00000001B    ;設定計時器 0 工作於模式 1(即 16 位元
                                    ;計時器)
```

```
        MOV     TH0,#3CH            ;┐ 設定計數值，以便計時 50ms
        MOV     TL0,#0B0H           ;┘
        SETB    EA                  ;┐ 計時器 0，中斷致能
        SETB    ET0                 ;┘
        SETB    TR0                 ;起動計時器 0
;
PAUSE:  AJMP    PAUSE               ;暫停於本位址，等待中斷信號
;
        END
```

六、相關知識

1.　由圖 3-12-1 或圖 3-12-2 可得知，在程式中若令 ET0 ＝ 1 並令 EA ＝ 1，則每當 TF0 ＝ 1 時，計時器 0 就會對 CPU 發出中斷信號，使 CPU 暫停目前的工作而跳去位址 000BH 執行程式(稱為中斷服務程式或中斷副程式)。由於計時器 0 的中斷服務程式一定要從位址 000BH 開始存放，所以在程式的開頭用 AJMP　MAIN 指令使主程式避開計時中斷服務程式所需的位址。

2.　因為每當 CPU 接受計時器 0 的中斷請求而跳去位址 000BH 執行中斷服務程式時，都會自動將 TF0 清除為 0 (請見圖 3-9-4 之說明)，所以在中斷服務程式中不必下達 CLR　TF0 的指令。

3.　在石英晶體為 12MHz，且令計數值＝ 65536 － 50000 ＝ 15536 ＝ 3CB0H(即令 TH0 ＝ 3CH，TL0 ＝ B0H)時，計時器每隔 $1\mu s \times 50000$ ＝ $50000\mu s$ ＝ 50ms 就會發出一次中斷信號，**在計時器 0 中斷服務程式的開頭必須重新設定計數值(即 TH0、TL0)**，然後才判斷 R4 是否已減至 0，是的話令發亮的 LED 左移一位，否則發亮 LED 之位置不變。一般副程式是用 RET 結尾，而**中斷服務程式必須以 RETI 結尾**，請留意。

4.　功能較強的組譯器(例如光碟內所附之中文視窗版組譯器 AJON51)

可以自動截取高位元組或低位元組,所以程式中之指令

```
MOV    TH0,#3CH
MOV    TL0,#0B0H
```

可以改寫成

```
MOV    TH0,#>(65536-50000)
MOV    TL0,#<(65536-50000)
```

七、實習步驟

1. 請接妥 9-4 頁的圖 9-1-1 之電路。
2. 程式組譯後,燒錄至 89S51 或 89C51。
3. 通電執行後,觀察動作情形。
4. 請練習修改程式,使 LED 的點亮情形成為「每隔 2 秒」向左移動一位。

Chapter 12

計數器之基礎實習

實習 12-1　用計數器改變輸出狀態

實習 12-2　用計數器中斷改變輸出狀態

實習 12-1　用計數器改變輸出狀態

一、實習目的

1. 練習計數器的基本用法。
2. 了解消除接點反彈跳的方法。

二、動作情形

本實習，開始時燈全亮，以後每當計數器計數 5 個脈波，輸出狀態即反轉，請參考下圖：

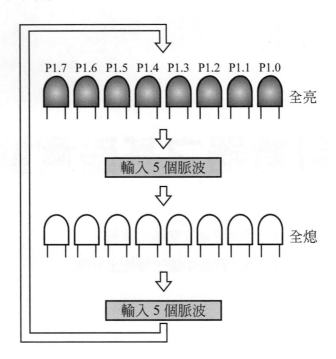

三、電路圖

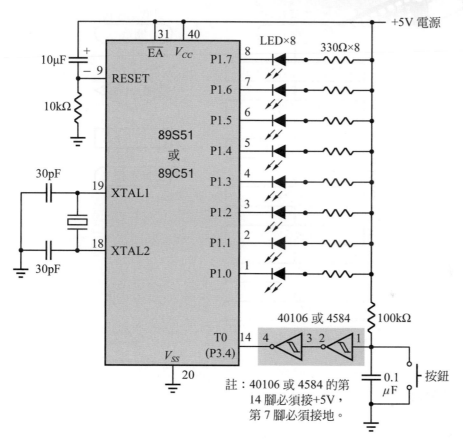

+5V 電源

10μF

9 RESET

10kΩ

89S51
或
89C51

30pF

19 XTAL1

18 XTAL2

30pF

31 40

EA V_{CC}

P1.7 8
P1.6 7
P1.5 6
P1.4 5
P1.3 4
P1.2 3
P1.1 2
P1.0 1

LED×8   330Ω×8

T0 14
(P3.4)

V_{SS}

20

40106 或 4584

4 3 2 1

100kΩ

0.1
μF

按鈕

註：40106 或 4584 的第
14 腳必須接+5V，
第 7 腳必須接地。

圖 12-1-1　計數器之基本實驗電路

四、流程圖

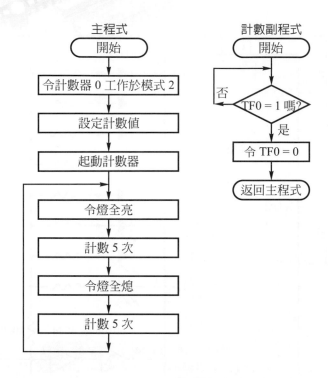

主程式

開始

令計數器 0 工作於模式 2

設定計數值

起動計數器

令燈全亮

計數 5 次

令燈全熄

計數 5 次

計數副程式

開始

TF0 = 1 嗎?　否

是

令 TF0 = 0

返回主程式

五、程式

【範例 E1201】

```
          ORG       0000H
;設定計數器之工作狀態
          SETB      P3.4                 ;令接腳 P3.4(即接腳 T0)為輸入腳
          MOV       TMOD,#00000110B      ;設定計數器 0 工作於模式 2(即具有自
                                         ;動再載入功能的 8 位元計數器)
          MOV       TH0,#256-5           ;┐設定計數值,以便計數 5 次
          MOV       TL0,#256-5           ;┘
          SETB      TR0                  ;起動計數器 0
;改變 LED 的明滅狀態
LOOP:     MOV       P1,#00000000B        ;令 LED 全部亮
          ACALL     COUNTER              ;等待輸入 5 個脈波
```

```
        MOV      P1,#11111111B      ;令 LED 全部熄滅
        ACALL    COUNTER            ;等待輸入 5 個脈波
        AJMP     LOOP               ;重複執行程式
;等待計數 5 次完畢
COUNTER:JB       TF0,OK             ;┐ 等待 TF0＝1(即計數 5 次完畢)
        AJMP     COUNTER            ;┘
OK:     CLR      TF0                ;清除 TF0，使 TF0＝0
        RET                         ;返回主程式
;
        END
```

六、相關知識

1. 接點反彈跳

(1) 所有的機械式開關，在其接點由打開變成閉合或由閉合變成打開時，實際上接點都是經過接合 → 離開 → 再接合 → 再離開 → ……終至靜止狀態，這種現象稱為接點反彈跳(bounce)。

(2) 由於接點反彈跳的關係，每按一次按鈕，實際上卻會輸出好幾個脈波，如圖 12-1-2 所示。**接點反彈跳會使依脈波數而動作的電路(例如：計數器)產生誤動作**，因此我們必須採用圖 12-1-3 所示之脈波產生器來消除接點反彈跳，每按一下按鈕只輸出一個脈波。

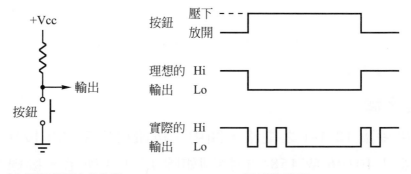

(a) 簡單型脈波產生器　　　　　(b) 動作波形

圖 12-1-2　機械式開關會產生接點反彈跳的現象

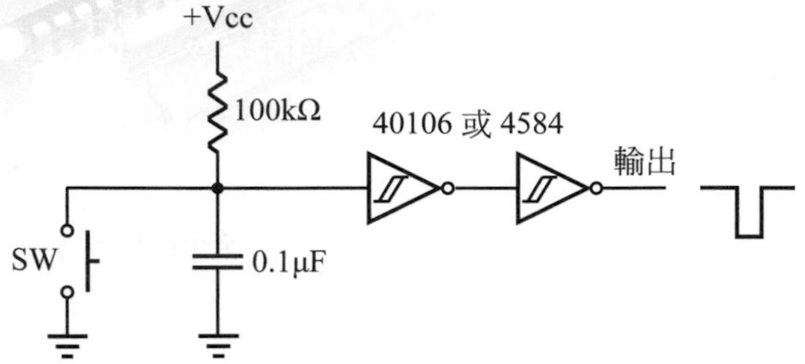

圖 12-1-3　用史密特閘製成的脈波產生器

註：SW 可以是按鈕或開關的接點

2.　**計數器**

(1)　本實習是令 MCS-51 內部的計數器 0 工作於模式 2 而成為**具有自動再載入功能的 8 位元計數器**。在計數器 0 起動後，每當接腳 T0 輸入一個脈波，在**負緣**(即電位由 1 變成 0)時計數器 TL0 的值就會加1。在 TL0 的值由 0FFH 被加 1 而成為 00H 時，會令溢位旗標TF0＝1，我們可用指令**JB　TF0, 位址** 加以測試。

(2)　計數器 0 工作於模式 2 的設定方法為：

①　由圖 3-9-1 可知需令 TMOD＝00000110B。

②　本實習要每計數 5 個脈波就令 TF0＝1，所以必須將計數值設定為 256-5。換句話說，需令 TL0＝TH0＝256-5，以便每計數 5 就再自動把 TH0 載入 TL0 而重新再計數。

③　由圖 3-9-4 或圖 3-9-7 可得知：欲起動計數器 0，必須令TR0＝1。

④　計數脈波要由接腳P3.4(即T0)輸入，所以必須先用指令**SETB P3.4** 使接腳 P3.4(即 T0)成為輸入腳。

七、實習步驟

1.　請接妥圖 12-1-1 之電路。圖中之按鈕可用 TACT 按鈕。

注意！40106 或 4584 的接腳如圖 12-1-4 所示。接線時不要忘了把第 14 腳接＋5V，把第 7 腳接地。

2.　程式組譯後，燒錄至89S51 或 89C51，然後通電執行之。

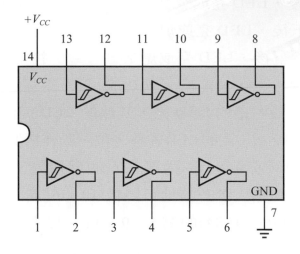

圖 12-1-4 40106 及 4584 的接腳圖

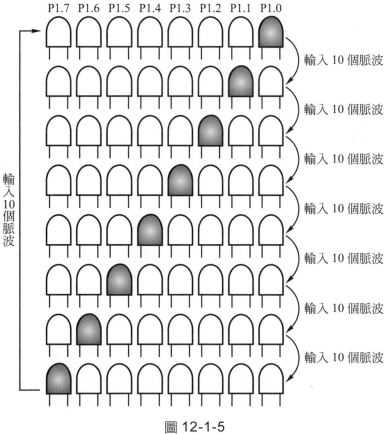

圖 12-1-5

3. 程式執行後，LED 亮或熄？　　　　　　　答：_____

4. 按鈕按 5 下後，LED 亮或熄？　　　　　　答：_____

5. 按鈕再按 5 下後，LED 亮或熄？　　　　　答：_____

6. 請練習修改程式，使達成下列功能：

   (1) 剛開始，最右邊的 LED 亮，其餘的 LED 熄滅。

   (2) 每壓按鈕 10 下，亮的 LED 左移一位，動作情形如圖 12-1-5 所示。

7. 備註：40106(或 4584)的內部有 6 個反相器，如今只用了兩個反相器，未用的輸入腳若接地可降低 40106(或 4584)的耗電，所以您可把 40106(或 4584)的第 5、9、11、13 腳都接地。

實習 12-2　用計數中斷改變輸出狀態

一、實習目的

1. 了解計數中斷的應用方法。

2. 熟悉中斷服務程式的寫法。

二、動作情形

與實習 12-1 完全一樣。(每當計數器計數 5 個脈波，輸出狀態即反轉。請見 12-2 頁。)

三、電路圖

與實習 12-1 的圖 12-1-1 完全一樣。(請見 12-3 頁)

四、流程圖

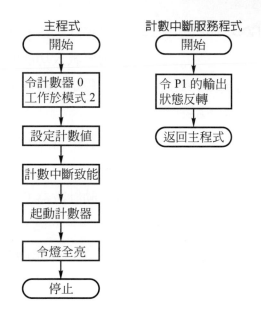

主程式

開始

↓

令計數器 0
工作於模式 2

↓

設定計數值

↓

計數中斷致能

↓

起動計數器

↓

令燈全亮

↓

停止

計數中斷服務程式

開始

↓

令 P1 的輸出
狀態反轉

↓

返回主程式

五、程式

【範例 E1202】

```
        ORG     0000H
        AJMP    MAIN            ;主程式必須避開位址 000BH
; ============================
; ==      計數中斷服務程式      ==
; ============================
        ORG     000BH           ;計數器 0 的中斷服務程式，起始位址
                                ;一定在 000BH
        CPL     A               ;┐ 把 P1 的狀態反轉
        MOV     P1,A            ;┘
        RETI                    ;返回主程式
; ============================
; ==         主 程 式          ==
; ============================
```

```
;
MAIN:     SETB     P3.4                    ;令接腳 P3.4(即接腳 T0)為輸入腳
          MOV      TMOD,#00000110B ;設定計數器 0 工作於模式 2(即具有自
                                           ;動再載入功能的 8 位元計數器)
          MOV      TH0,#256-5              ;┐ 設定計數值,以便計數 5 次
          MOV      TL0,#256-5              ;┘
          SETB     EA                      ;┐ 計數器 0,中斷致能
          SETB     ET0                     ;┘
          SETB     TR0                     ;起動計數器 0
;
          MOV      A,#00000000B            ;┐ 令 LED 全部亮
          MOV      P1,A                    ;┘
;
PAUSE:    AJMP     PAUSE                   ;暫停於本位址,等待中斷信號
;
          END
```

六、相關知識

1. 由圖 3-12-1 或圖 3-12-2 可得知,在程式中若令 ET0 = 1 並令 EA = 1,則在起動計數器 0 後,每當 TF0 = 1 時,計數器 0 就會對 CPU 發出中斷信號,使 CPU 暫停目前的工作而跳去位址 000BH 執行程式(稱為中斷服務程式或中斷副程式)。由於計數器 0 的中斷服務程式一定要從位址 000BH 開始存放,所以在程式的開頭用 **AJMP　MAIN** 指令使主程式避開計數中斷服務程式所需的位址。

2. 因為每當 CPU 接受計數器 0 的中斷請求而跳去位址 000BH 執行中斷服務程式時,都會自動將 TF0 清除為 0 (請見圖 3-9-4 之說明),所以在中斷服務程式中不必下達 **CLR　TF0** 的指令。

3. 程式中之指令 PAUSE: AJMP　PAUSE 可以簡寫為 AJMP　$。

4. 若要令 CPU 回到主程式,則**中斷服務程式必須以 RETI 結尾**。

七、實習步驟

1. 請接妥 12-3 頁的圖 12-1-1 之電路。

2. 程式組譯後,燒錄至 89S51 或 89C51,然後通電執行之。

3. 請不斷按按鈕。

4. 是否每按 5 下按鈕,LED 的明滅狀態就反轉?　　答:_____

Chapter 13

外部中斷之基礎實習

實習 13-1 接到外部中斷信號時改變輸出狀態

實習 13-1 接到外部中斷信號時改變輸出狀態

一、實習目的

了解外部中斷信號的作用。

二、動作情形

1. 平時：

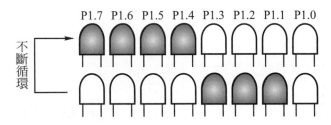

2. 接到外部中斷信號 $\overline{INT0}$ 時：

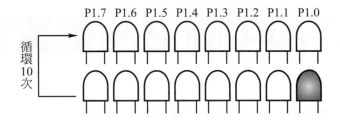

三、相關知識

1. 由圖 3-12-1 可知：程式中若令 IT0 = 1，並令 EX0 = 1 及 EA = 1，則當接腳 $\overline{INT0}$ 的電位由高態變成低態時，CPU 會放下目前的工作而跳去位址 0003H 執行程式(稱為中斷服務程式)。

2. 外部中斷 0 ($\overline{INT0}$)的服務程式一定要從位址 0003H 開始存放，所以在程式的開頭(位址 0000H)必須用 **AJMP MAIN** 指令使主程式避開中斷服務程式所需之位址。

3. 外部中斷信號 ($\overline{INT0}$ 或 $\overline{INT1}$) 一般皆用來處理緊急情況。

4. 若要令 CPU 回到主程式，則**中斷服務程式需用 RETI 結尾**。

5. 主程式內若有重要的資料不允許在中斷服務程式內被更改，則在中斷服務程式的開頭要先用PUSH指令將其保存在堆疊器，在中斷服務程式的結尾才用POP指令從堆疊器取回原來的資料。

　　圖 13-1-1 之範例，主程式的R5、R6、R7之內容，不會因為中斷服務程式而變動。請注意！因為堆疊器的特性是「**先入後出**」，所以PUSH的順序若為 R5 → R6 → R7，則POP的順序必須是 R7 → R6 → R5。(備註：使用 PUSH 指令與 POP 指令時，累積器 A 應寫為 ACC，暫存器應寫其位址(請參考圖 3-5-2)，例如暫存器庫 0 的R0 應寫為 00，R1 寫為 01，R2 寫為 02，R3 寫為 03，R4 寫為 04，R5 寫為 05，R6 寫為 06，R7 寫為 07，否則組譯時會出現錯誤訊息。)

```
ORG     0003H   ;外部中斷 0 服務程式的起始位址

PUSH    05      ;把 R5 的內容保存在堆疊器
PUSH    06      ;把 R6 的內容保存在堆疊器
PUSH    07      ;把 R7 的內容保存在堆疊器

┌──────────────────┐
│   真正的中斷服務程式   │
└──────────────────┘

POP     07      ;從堆疊器取回 R7 的原來內容
POP     06      ;從堆疊器取回 R6 的原來內容
POP     05      ;從堆疊器取回 R5 的原來內容

RETI            ;返回主程式
```

圖 13-1-1　副程式的範例

6. 由圖 2-3-1 可知：**接腳 INT0 就是接腳 P3.2**。

四、電路圖

　　請見下一頁的圖 13-1-2。

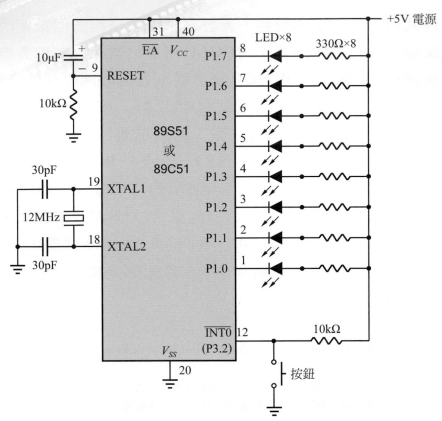

圖 13-1-2 外部中斷之基本接線

五、流程圖

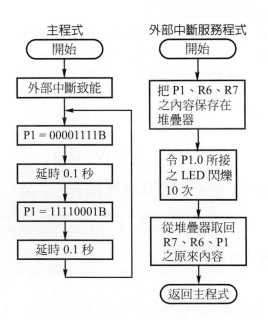

六、程式

【範例 E1301】

```
        ORG       0000H
        AJMP      MAIN            ;主程式必須避開位址 0003H


;==========================
;==     外部中斷服務程式      ==
;==========================

        ORG       0003H           ;外部中斷 0 的服務程式,起始位址一定
                                  ;在 0003H


;把重要的資料保存在堆疊器內
        PUSH      P1              ;把 P1 的內容保存在堆疊器內
        PUSH      06              ;把 R6 的內容保存在堆疊器內
        PUSH      07              ;把 R7 的內容保存在堆疊器內


;令 P1.0 所接之 LED 閃爍 10 次
        MOV       R5,#10
ALARM:  MOV       P1,#11111111B
        ACALL     DELAY
        MOV       P1,#11111110B
        ACALL     DELAY
        DJNZ      R5,ALARM


;從堆疊器取回原來的資料
        POP       07              ;從堆疊器取回 R7 的原來內容
        POP       06              ;從堆疊器取回 R6 的原來內容
        POP       P1              ;從堆疊器取回 P1 的原來內容


;返回主程式
        RETI                      ;返回主程式
```

```
;============================
;==       主  程  式        ==
;============================
;外部中斷 0(INT0)致能
MAIN:    SETB    P3.2          ;令 P3.2(即 INT0)接腳為輸入腳
         SETB    IT0           ;設定為負緣觸發型中斷
         SETB    EX0           ;┐ 外部中斷 0 致能
         SETB    EA            ;┘
;令燈光不斷閃爍
LOOP:    MOV     P1,#00001111B
         ACALL   DELAY
         MOV     P1,#11110001B
         ACALL   DELAY
         AJMP    LOOP


;============================
;==       延時副程式        ==
;============================
;每呼叫本副程式一次,可延時 0.1 秒
DELAY:   MOV     R6,#250
DL1:     MOV     R7,#200
DL2:     DJNZ    R7,DL2
         DJNZ    R6,DL1
         RET
;
         END
```

七、實習步驟

1. 請接妥圖 13-1-2 之電路。圖中之按鈕可採用 TACT 按鈕。
2. 程式組譯後,燒錄至 89S51 或 89C51,然後通電執行之。
3. 燈光之變化情形如何?　　　　　　　　　　答:＿＿＿＿＿＿＿
4. 按一下 INT0 按鈕,則燈光有何不同?　　　答:＿＿＿＿＿＿＿
5. 燈光會恢復為第 3 步驟之變化情形嗎?　　　答:＿＿＿＿＿＿＿

Chapter 14

串列埠之基礎實習

實習 14-1　用串列埠來擴充輸出埠

一、實習目的

1. 了解 MCS-51 串列埠工作於模式 0 的設定方法。
2. 了解利用串列傳輸擴充輸出埠的方法。

二、相關知識

1. 當我們要將資料傳送到較遠的地方時，串列傳輸可幫我們節省大量的電線。本實習將利用 MCS-51 的串列埠配合一個編號 74164 的 IC 做資料的傳送。

2. MCS-51 的串列埠被設定在模式 0 時，我們只要執行 **MOV SBUF, A** 指令，把資料寫入 SBUF 內，即可將累積器 A 的內容依照 bit 0 至 bit 7 之順序發射出去。詳見 3-11-1 節之說明。

3. 由圖 3-11-1 可知：令 SM0 = 0，SM1 = 0，即可令串列埠工作於模式 0。

4. 每當 1 Byte = 8 bit 的資料發射完畢時，會自動令發射中斷旗標 TI = 1，告訴我們可以再發射新資料了。

5. 茲將 74164 說明於下：
   (1) 功能：
   ① 是 8 位元的串入並出移位暫存器。
   ② 主要用途是將所輸入之串列資料轉換成 8 位元的並列資料輸出。
   (2) 接腳：請見圖 14-1-1。

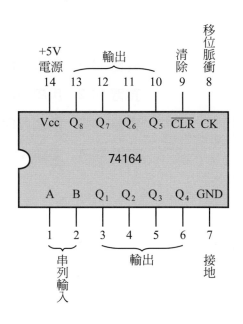

圖 14-1-1　74164 之頂視圖

(3)　真值表：請見表 14-1-1。

表 14-1-1　74164 之真值表

清除	移位脈衝	輸入		輸　　　出							
$\overline{CLR}$	CK	A	B	Q1	Q2	Q3	Q4	Q5	Q6	Q7	Q8
0	✕	✕	✕	0	0	0	0	0	0	0	0
1	0	✕	✕	保持原狀							
1	↑	1	1	1	Q1	Q2	Q3	Q4	Q5	Q6	Q7
1	↑	0	✕	0	Q1	Q2	Q3	Q4	Q5	Q6	Q7
1	↑	✕	0	0	Q1	Q2	Q3	Q4	Q5	Q6	Q7
備註	↑＝由 0 變成 1，即正緣。 0 = LOW ＝低態。 1 = HIGH ＝高態。										

(4)　用法：

①　若令 $\overline{CLR}$ 接腳為 0，則會使所有的輸出($Q_1 \sim Q_8$)都為 0。

②　假如令 $\overline{CLR} = 1$，則每個移位脈衝 CK 的正緣都會使資料向右移一位。即 A・B → Q_1，Q_1 → Q_2，Q_2 → Q_3，Q_3 → Q_4，Q_4 → Q_5，Q_5 → Q_6，Q_6 → Q_7，Q_7 → Q_8。

註：上述 A・B 表示 A　AND　B，換句話說，74164 的資料輸入端內部有一個 AND gate 將輸入資料 A 與 B 作邏輯 AND。

三、電路圖

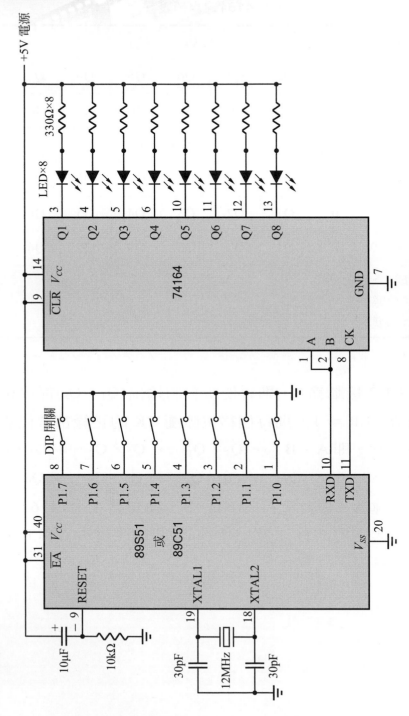

圖 14-1-2　用串列傳輸擴充輸出埠

四、動作情形

　　89S51 或 89C51 的 P1 所接 DIP 開關的狀態，由 74164 上的 LED 顯示出來。開關 ON 的，對應的 LED 亮。開關 OFF 者，對應的 LED 熄滅。

五、流程圖

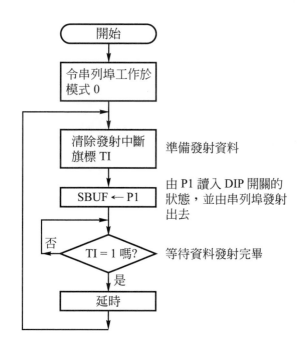

六、程式

【範例 E1401】

```
; ===========================
; ==      主  程  式      ==
; ===========================
        ORG     0000H           ;設定程式的起始位址為 0000H
        ORL     P1,#11111111B   ;設定 P1 為輸入埠
        CLR     SM0             ;┐設定串列埠為模式 0
        CLR     SM1             ;┘
LOOP:   CLR     TI              ;清除發射中斷旗標(令 TI = 0)
        MOV     SBUF,P1         ;將 P1 的資料發射出去
```

```
WAIT:    JNB      TI,WAIT          ;等待資料發射完畢(即等待 TI = 1)
         ACALL    DELAY            ;延時
         AJMP     LOOP             ;重複執行程式
; =============================
; ==        延時副程式        ==
; =============================
;延時 0.1 秒
DELAY:   MOV      R6,#250
DL1:     MOV      R7,#200
DL2:     DJNZ     R7,DL2
         DJNZ     R6,DL1
         RET
;
         END
```

七、實習步驟

1. 請接妥圖 14-1-2 之電路。

2. 程式組譯後，燒錄至 89S51 或 89C51，然後通電執行之。

3. 改變 P1 上所接 DIP 開關的 ON、OFF 狀態，LED 能做相對應之顯示嗎？   答：_____

4. 請練習修改程式，使 LED 的動作情形如圖 14-1-3 所示。

   註：此時不需用到 P1 上所接之 DIP 開關。

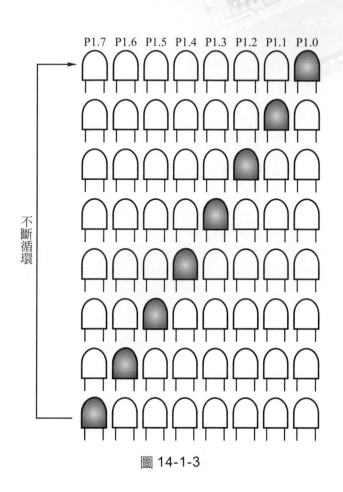

圖 14-1-3

 實習 14-2 用串列埠單向傳送資料

一、實習目的

了解令 MCS-51 的串列埠工作於模式 1 單向傳送資料的用法。

二、電路圖

1. 用串列埠單向傳送資料之基本電路如圖 14-2-1 所示。

2. 假如您只有一個 89S51 或 89C51 或只有一部開發工具,可用 14-15 頁的圖 14-2-2 做實習。

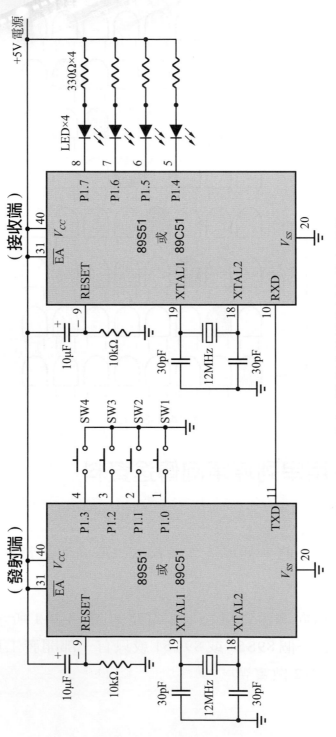

圖 14-2-1 用串列埠單向傳送資料之基本電路

三、動作情形

1.　按一下SW1則：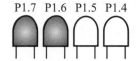　P1.7～P1.6亮

2.　按一下SW2則：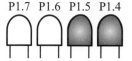　P1.5～P1.4亮

3.　按一下SW3則：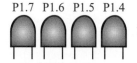　全部亮

4.　按一下SW4則：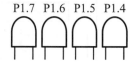　全部熄滅

5.　若數個按鈕同時壓下，優先次序是SW1 → SW2 → SW3 → SW4。

四、相關知識

1.　規劃鮑率

　(1)　欲令計時器1工作於模式2，則由圖3-9-1可知需令 TMOD = 00100000B。

　(2)　由3-11-5節得知串列埠工作於模式1及模式3時，計數器1的計數值

$$TH1 = 256 - \frac{2^{SMOD} \times 石英晶體的頻率}{384 \times 鮑率}$$

實習時採用SMOD = 0，鮑率 = 1200，石英晶體 = 12MHz，則

$$TH1 = 256 - \frac{12 \times 10^6}{384 \times 1200} = 256 - 26 = 230$$

　(3)　當 TR1 被設定為1時，計時器1即開始工作。

2.　發射端及接收端必須採用相同的鮑率。

3. 欲令 MCS-51 的串列埠工作於模式 1，由圖 3-11-1 可知：

發射時需令　　　SCON = 0100 0000B

接收時需令　　　SCON = 0111 0000B

(註：發射兼接收時需令 SCON = 0111 0000B)

4. 每當 8 位元的資料發射完畢時，會自動令 TI = 1。

5. 每當接收到 8 位元的資料時，會自動令 RI = 1。

五、發射端之流程圖

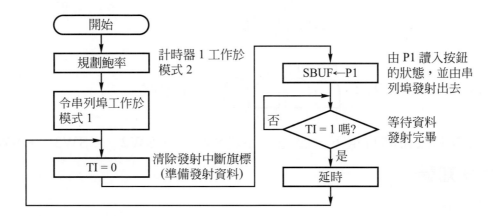

六、發射端之程式

【範例 E1402】

```
; ===========================
; ==      規 劃 鮑 率      ==
; ===========================
        ORG     0000H
        MOV     TMOD,#00100000B ;令計時器 1 工作於模式 2
        MOV     TH1,#230        ;┐ 設定計數值
        MOV     TL1,#230        ;┘
        SETB    TR1             ;起動計時器 1
```

```
; ============================
; ==        發 射 資 料        ==
; ============================
        MOV     SCON,#01000000B    ;設定串列埠為模式 1
LOOP:   CLR     TI                 ;清除發射中斷旗標(令 TI＝0)
        MOV     SBUF,P1            ;將 P1 的資料發射出去
WAIT:   JNB     TI,WAIT            ;等待資料發射完畢(等待 TI＝1)
        ACALL   DELAY              ;延時
        AJMP    LOOP               ;不斷發射 P1 的最新資料
; ============================
; ==        延時副程式          ==
; ============================
;延時 0.1 秒
DELAY:  MOV     R6,#250
DL1:    MOV     R7,#200
DL2:    DJNZ    R7,DL2
        DJNZ    R6,DL1
        RET
;
        END
```

七、接收端之流程圖

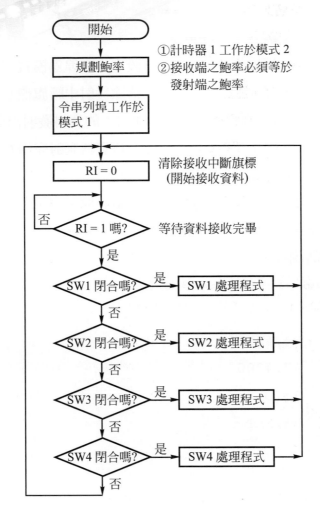

八、接收端之程式

【範例 E1403】

```
; ============================
; ==        規  劃  鮑  率      ==
; ============================
        ORG      0000H
        MOV      TMOD,#00100000B  ;令計時器 1 工作於模式 2
```

```
        MOV     TH1,#230          ;┐ 設定計數值
        MOV     TL1,#230          ;┘
        SETB    TR1               ;起動計時器 1
```

```
; ============================
; ==      接 收 資 料      ==
; ============================
        MOV     SCON,#01110000B   ;設定串列埠為模式 1
LOOP:   CLR     RI                ;開始接收資料(令 RI = 0)
WAIT:   JNB     RI,WAIT           ;等待資料接收完畢
                                  ;(即等待 RI = 1)
```

```
; ============================
; ==      測試開關之狀態      ==
; ============================
        MOV     A,SBUF            ;把接收到的資料存入 A 內
        JNB     ACC.0,CASE0       ;┐ 依開關 SW1～SW4 的
        JNB     ACC.1,CASE1       ;│ 狀態，跳去執行相對應
        JNB     ACC.2,CASE2       ;│ 的輸出程式
        JNB     ACC.3,CASE3       ;┘
        AJMP    LOOP
```

```
; ============================
; ==      執行對應之輸出      ==
; ============================
CASE0:  MOV     P1,#00111111B     ;┐ SW1 閉合時之對應程式
        AJMP    LOOP              ;┘
CASE1:  MOV     P1,#11001111B     ;┐ SW2 閉合時之對應程式
        AJMP    LOOP              ;┘
CASE2:  MOV     P1,#00001111B     ;┐ SW3 閉合時之對應程式
        AJMP    LOOP              ;┘
```

```
CASE3:  MOV     P1,#11111111B      ;┐ SW4 閉合時之對應程式
        AJMP    LOOP               ;┘
;
        END
```

九、實習步驟

1. **假如您有兩個 89S51 或 89C51，請如下實習**

   (1) 請接妥圖 14-2-1 之電路。

   (2) 範例 E1402 之程式組譯後，燒錄至發射端之 89S51 或 89C51。

   (3) 範例 E1403 之程式組譯後，燒錄至接收端之 89S51 或 89C51。

   (4) 請通電執行之。

   (5) 按一下 SW1 後，LED 之明滅情形如何？　　答：＿＿＿＿＿

   (6) 按一下 SW2 後，LED 之明滅情形如何？　　答：＿＿＿＿＿

   (7) 按一下 SW3 後，LED 之明滅情形如何？　　答：＿＿＿＿＿

   (8) 按一下 SW4 後，LED 之明滅情形如何？　　答：＿＿＿＿＿

2. **假如您只有一個 89S51 或只有一個 89C51，請如下實習**

   (1) 請接妥 14-15 頁的圖 14-2-2 之電路。

   (2) 請把 14-15 頁的範例 E1404 組譯後，燒錄至 89S51 或 89C51。

   　　　註：範例 E1404 是由範例 E1402 及範例 E1403 組合而成。

   (3) 請通電執行之。

   (4) 按一下 SW1 後，LED 之明滅情形如何？　　答：＿＿＿＿＿

   (5) 按一下 SW2 後，LED 之明滅情形如何？　　答：＿＿＿＿＿

   (6) 按一下 SW3 後，LED 之明滅情形如何？　　答：＿＿＿＿＿

   (7) 按一下 SW4 後，LED 之明滅情形如何？　　答：＿＿＿＿＿

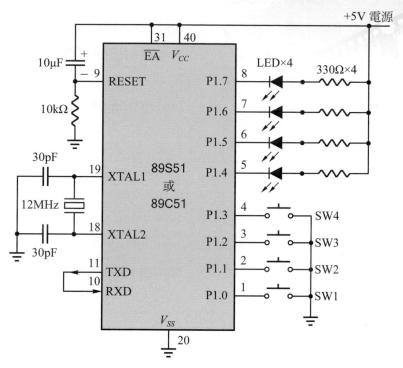

圖 14-2-2 只使用一個 89S51 或 89C51 做串列埠資料之傳送練習

【範例 E1404】

```
; ==============================
; ==       規 劃 鮑 率        ==
; ==============================
        ORG     0000H
        MOV     TMOD,#00100000B ;令計時器 1 工作於模式 2
        MOV     TH1,#230        ;┐設定計數值
        MOV     TL1,#230        ;┘
        SETB    TR1             ;起動計時器 1


; ==============================
; ==       發 射 資 料        ==
; ==============================
```

```
        MOV     SCON,#01110000B        ;設定串列埠為模式 1
LOOP:   CLR     RI                     ;清除接收中斷旗標(開始接收資料)
        CLR     TI                     ;清除發射中斷旗標(準備發射資料)
        MOV     SBUF,P1                ;將 P1 的資料發射出去
WAIT1:  JNB     TI,WAIT1               ;等待資料發射完畢


; ============================
; ==       接 收 資 料       ==
; ============================


WAIT2:  JNB     RI,WAIT2               ;等待資料接收完畢


; ============================
; ==      測試開關之狀態      ==
; ============================
        MOV     A,SBUF                 ;把接收到的資料存入 A 內
        JNB     ACC.0,CASE0            ;┐ 依開關 SW1~SW4 的
        JNB     ACC.1,CASE1            ;│ 狀態,跳去執行相對應
        JNB     ACC.2,CASE2            ;│ 的輸出程式
        JNB     ACC.3,CASE3            ;┘
        AJMP    LOOP
; ============================
; ==      執行對應之輸出      ==
; ============================
CASE0:  MOV     P1,#00111111B          ;┐ SW1 閉合時之對應程式
        AJMP    LOOP                   ;┘
CASE1:  MOV     P1,#11001111B          ;┐ SW2 閉合時之對應程式
        AJMP    LOOP                   ;┘
```

```
CASE2:   MOV      P1,#00001111B    ;┐ SW3 閉合時之對應程式
         AJMP     LOOP             ;┘
CASE3:   MOV      P1,#11111111B    ;┐ SW4 閉合時之對應程式
         AJMP     LOOP             ;┘
;
         END
```

 ## 實習 14-3　兩個 MCS-51 互相傳送資料

一、實習目的

1. 了解兩個 MCS-51 工作於模式 1 互相傳送資料的方法。
2. 了解串列埠中斷的應用方法。

二、電路圖

1. 兩個 MCS-51 用串列埠互相傳送資料之基本電路，如圖 14-3-1 所示。
2. 實習時為節省時間，負載 1 與負載 2 是以 LED 串聯 330Ω 電阻器模擬。若要實際接上負載，則需接上 SSR 或繼電器，請參考圖 5-4-7 或圖 5-4-8。

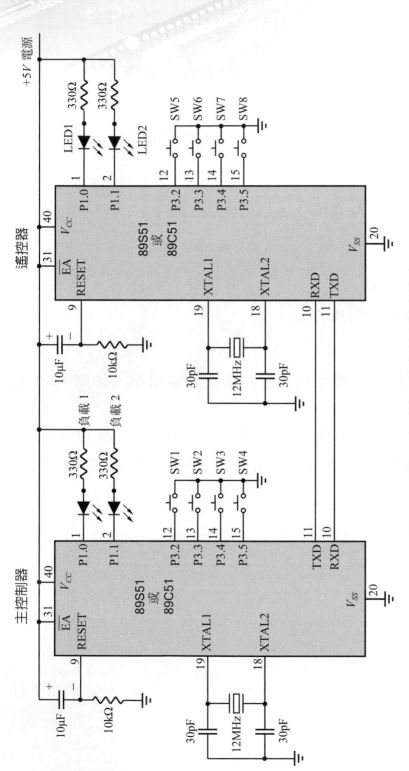

圖 14-3-1 用串列埠互傳資料之基本電路

註：實習時，為節省時間，負載 1 與負載 2 是以 LED 串聯 330Ω電阻器模擬。若要實際接上負載，則需接上 SSR 或繼電器。請參考圖 5-4-7 與圖 5-4-8 之說明。

三、動作情形

1. 在二樓的客房有一個**主控制器**，其功能為：
   (1) 按鈕 SW1 可令負載 1(例如：吊扇)通電。
   (2) 按鈕 SW2 可令負載 1 斷電。
   (3) 按鈕 SW3 可令負載 2(例如：電燈)通電。
   (4) 按鈕 SW4 可令負載 2 斷電。

2. 在一樓客廳有一個**遙控器**，其功能為：
   (1) 按鈕 SW5 可令客房的負載 1 通電。
   (2) 按鈕 SW6 可令客房的負載 1 斷電。
   (3) 按鈕 SW7 可令客房的負載 2 通電。
   (4) 按鈕 SW8 可令客房的負載 2 斷電。
   (5) 指示燈 LED1 可以顯示負載 1 的通電情形。
       (負載 1 通電時 LED1 亮，負載 1 斷電時 LED1 熄。)
   (6) 指示燈 LED2 可以顯示負載 2 的通電情形。
       (負載 2 通電時 LED2 亮，負載 2 斷電時 LED2 熄。)

四、相關知識

1. 當兩個 MCS-51 在互相傳送資料時，己方可掌控何時該發射資料，但卻無法得知對方會在什麼時候送來資料，所以接收資料採用中斷的方法比較方便。

2. 由圖 3-12-1 可知：若在程式中令 ES = 1 而且 EA = 1，則當資料發射完畢(即 TI = 1)或資料接收完畢(即 RI = 1)時，CPU 會放下目前的工作而跳去位址 0023H 執行程式(稱為串列埠中斷服務程式)。

3. 串列埠中斷服務程式一定要從位址 0023H 開始存放，所以在程式的開頭(位址 0000H)必須用 AJMP MAIN 指令使主程式避開串列埠中斷服務程式所需之位址。

4. 串列埠無論是發射中斷旗標 TI = 1 或接收中斷旗標 RI = 1，都會產生中斷請求而跳去相同的位址(0023H)執行中斷服務程式，所以我們必須在中斷服務程式中用指令來判斷產生中斷請求的到底

是 TI 還是 RI，然後才執行相對應的程式。

5. 在串列埠中斷服務程式中，我們必須自己用指令把引起中斷的旗標(TI 或 RI)清除為 0。

6. 中斷服務程式必須以指令 RETI 結尾，CPU 才會回到主程式的中斷處繼續執行程式。

五、主控制器之流程圖

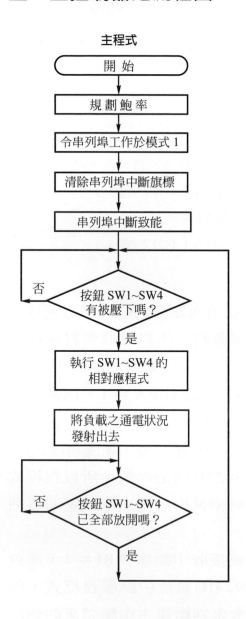

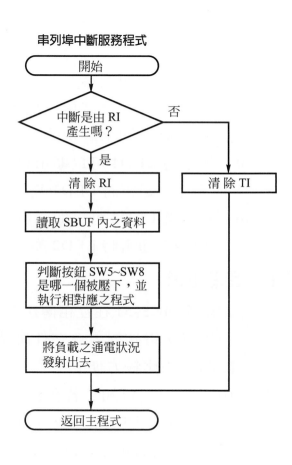

六、主控制器之程式

【範例 E1405】

```
        ORG     0000H
        AJMP    MAIN              ;主程式必須避開位址 0023H
;=============================
;==      串列埠中斷服務程式      ==
;=============================
        ORG     0023H             ;串列埠中斷服務程式，起始位址
                                  ;一定在 0023H
;若串列埠有接收到資料，則執行按鈕 SW5～SW8 之相對應程式
        JNB     RI,NON            ;若未收到資料，則返回主程式
        CLR     RI                ;清除接收中斷旗標
RECEV:  MOV     A,SBUF            ;┐
        JNB     ACC.2,CASE5       ; │
        JNB     ACC.3,CASE6       ; ├判斷哪一個按鈕被壓下，
        JNB     ACC.4,CASE7       ; │ 並執行相對應之程式
        JNB     ACC.5,CASE8       ;┘
        AJMP    OK
;按鈕 SW5 的相對應程式
CASE5:  CLR     P1.0              ;令負載 1 通電
        MOV     SBUF,P1           ;將負載之通電狀況發射出去
        AJMP    OK
;按鈕 SW6 的相對應程式
CASE6:  SETB    P1.0              ;令負載 1 斷電
        MOV     SBUF,P1           ;將負載之通電狀況發射出去
        AJMP    OK
;按鈕 SW7 的相對應程式
CASE7:  CLR     P1.1              ;令負載 2 通電
```

```
            MOV       SBUF,P1              ;將負載之通電狀況發射出去
            AJMP      OK
;按鈕 SW8 的相對應程式
CASE8:      SETB      P1.1                 ;令負載 2 斷電
            MOV       SBUF,P1              ;將負載之通電狀況發射出去
            AJMP      OK

NON:        CLR       TI                   ;清除發射中斷旗標
OK:         RETI                           ;返回主程式
;==============================
;==          主  程  式          ==
;==============================
;規劃鮑率
MAIN:       MOV       TMOD,#00100000B     ;令計時器 1 工作於模式 2
            MOV       TH1,#230             ;┐ 設定計數值
            MOV       TL1,#230             ;┘
            SETB      TR1                  ;起動計時器 1
;設定串列埠之工作模式
            MOV       SCON,#01110000B     ;設定串列埠為模式 1
            CLR       RI                   ;令 RI ＝ 0 (開始接收資料)
            CLR       TI                   ;令 TI ＝ 0 (準備發射資料)
            SETB      ES                   ;┐ 串列埠中斷致能
            SETB      EA                   ;┘
;等待按鈕 SW1～SW4 被壓下，並執行相對應之程式
LOOP:       JNB       P3.2,CASE1
            JNB       P3.3,CASE2
            JNB       P3.4,CASE3
            JNB       P3.5,CASE4
```

```
            AJMP      LOOP
;按鈕 SW1 的相對應程式
CASE1:    CLR       P1.0                    ;令負載 1 通電
            AJMP      TRANS
;按鈕 SW2 的相對應程式
CASE2:    SETB      P1.0                    ;令負載 1 斷電
            AJMP      TRANS
;按鈕 SW3 的相對應程式
CASE3:    CLR       P1.1                    ;令負載 2 通電
            AJMP      TRANS
;按鈕 SW4 的相對應程式
CASE4:    SETB      P1.1                    ;令負載 2 斷電
;將負載之通電狀況發射出去
TRANS:    MOV       SBUF,P1
;等待按鈕 SW1～SW4 全部放開
WAIT:     CALL      DELAY
            MOV       A,P3
            CJNE      A,#11111111B,WAIT
            AJMP      LOOP
;延時 0.1 秒
DELAY:    MOV       R6,#250
DL1:      MOV       R7,#200
DL2:      DJNZ      R7,DL2
            DJNZ      R6,DL1
            RET
;
            END
```

七、遙控器之流程圖

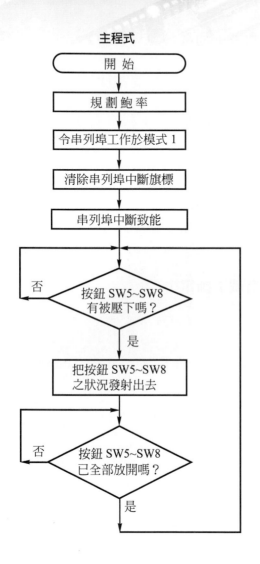

主程式

開 始
↓
規劃鮑率
↓
令串列埠工作於模式 1
↓
清除串列埠中斷旗標
↓
串列埠中斷致能
↓
按鈕 SW5~SW8 有被壓下嗎？ — 否
↓ 是
把按鈕 SW5~SW8 之狀況發射出去
↓
按鈕 SW5~SW8 已全部放開嗎？ — 否
↓ 是

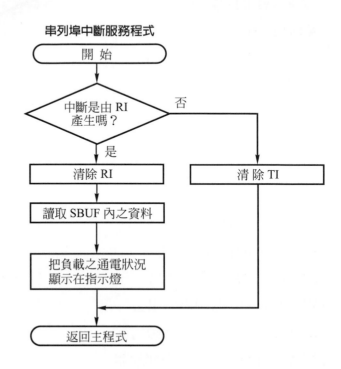

串列埠中斷服務程式

開 始
↓
中斷是由 RI 產生嗎？ — 否
↓ 是
清除 RI   清除 TI
↓
讀取 SBUF 內之資料
↓
把負載之通電狀況 顯示在指示燈
↓
返回主程式

八、遙控器之程式

【範例 E1406】

```
        ORG     0000H
        AJMP    MAIN                ;主程式必須避開位址 0023H
;=============================
;==     串列埠中斷服務程式      ==
;=============================
        ORG     0023H               ;串列埠中斷服務程式，起始位址
                                    ;一定在 0023H
        JNB     RI,NON              ;若未收到資料，則返回主程式
        CLR     RI                  ;清除接收中斷旗標
        MOV     P1,SBUF             ;把通電狀況顯示在指示燈
        AJMP    OK
NON:    CLR     TI                  ;清除發射中斷旗標
OK:     RETI                        ;返回主程式
;=============================
;==          主  程  式        ==
;=============================
;規劃鮑率
MAIN:   MOV     TMOD,#00100000B     ;令計時器 1 工作於模式 2
        MOV     TH1,#230            ;┐設定計數值
        MOV     TL1,#230            ;┘
        SETB    TR1                 ;起動計時器 1
;設定串列埠之工作模式
        MOV     SCON,#01110000B     ;設定串列埠為模式 1
        CLR     RI                  ;令 RI＝0(開始接收資料)
        CLR     TI                  ;令 TI＝0(準備發射資料)
```

```
            SETB      ES              ;┐ 串列埠中斷致能
            SETB      EA              ;┘
;等待按鈕 SW5～SW8 被壓下
LOOP:       JNB       P3.2,TRANS
            JNB       P3.3,TRANS
            JNB       P3.4,TRANS
            JNB       P3.5,TRANS
            AJMP      LOOP
;把按鈕 SW5～SW8 之狀況發射出去
TRANS:      MOV       SBUF,P3
;等待按鈕 SW5～SW8 全部放開
WAIT:       CALL      DELAY
            MOV       A,P3
            CJNE      A,#11111111B,WAIT
            AJMP      LOOP
;延時 0.1 秒
DELAY:      MOV       R6,#250
DL1:        MOV       R7,#200
DL2:        DJNZ      R7,DL2
            DJNZ      R6,DL1
            RET
;
            END
```

九、實習步驟

1. 請接妥圖 14-3-1 之電路。圖中之按鈕 SW1～SW8 可採用 TACT 按鈕。
2. 範例 E1405 之程式組譯後燒錄至主控制器之 89S51 或 89C51。
3. 範例 E1406 之程式組譯後燒錄至遙控器之 89S51 或 89C51。

4. 請通電執行之。

5. 按一下 SW1 後，LED 之明滅情形如何？　　　答：＿＿＿＿＿
　 按一下 SW2 後，LED 之明滅情形如何？　　　答：＿＿＿＿＿

6. 按一下 SW3 後，LED 之明滅情形如何？　　　答：＿＿＿＿＿
　 按一下 SW4 後，LED 之明滅情形如何？　　　答：＿＿＿＿＿

7. 按一下 SW5 後，LED 之明滅情形如何？　　　答：＿＿＿＿＿
　 按一下 SW6 後，LED 之明滅情形如何？　　　答：＿＿＿＿＿

8. 按一下 SW7 後，LED 之明滅情形如何？　　　答：＿＿＿＿＿
　 按一下 SW8 後，LED 之明滅情形如何？　　　答：＿＿＿＿＿

9. 按一下 SW1 後，LED 之明滅情形如何？　　　答：＿＿＿＿＿
　 按一下 SW6 後，LED 之明滅情形如何？　　　答：＿＿＿＿＿

10. 按一下 SW3 後，LED 之明滅情形如何？　　　答：＿＿＿＿＿
　　 按一下 SW8 後，LED 之明滅情形如何？　　　答：＿＿＿＿＿

11. 按一下 SW5 後，LED 之明滅情形如何？　　　答：＿＿＿＿＿
　　 按一下 SW2 後，LED 之明滅情形如何？　　　答：＿＿＿＿＿

12. 按一下 SW7 後，LED 之明滅情形如何？　　　答：＿＿＿＿＿
　　 按一下 SW4 後，LED 之明滅情形如何？　　　答：＿＿＿＿＿

實習 14-4　多個 MCS-51 互相傳送資料

一、實習目的

1. 了解 MCS-51 的串列埠工作於模式 3 的用法。
2. 了解多個 MCS-51 互相通訊的方法。

二、電路圖

1. 一個主 MCS-51 與兩個副 MCS-51 互相通訊之基本電路如圖 14-4-1 所示。
2. 1 號副機之位址碼為 01。
3. 2 號副機之位址碼為 02。

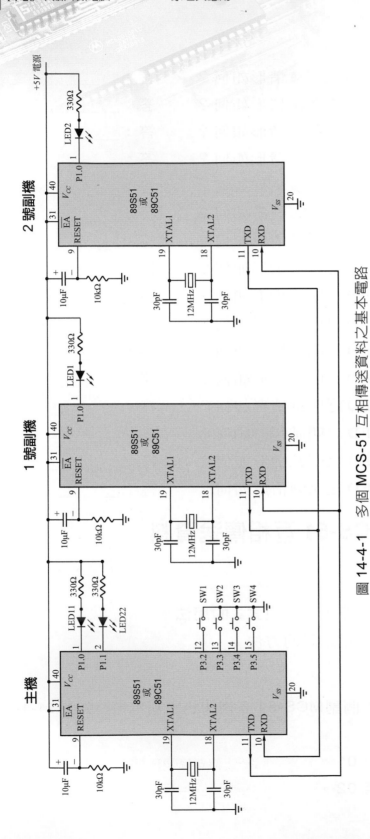

圖 14-4-1 多個 MCS-51 互相傳送資料之基本電路

三、動作情形

1. 按鈕 SW1 可令負載 LED1 通電。
2. 按鈕 SW2 可令負載 LED1 斷電。
3. 按鈕 SW3 可令負載 LED2 通電。
4. 按鈕 SW4 可令負載 LED2 斷電。
5. 指示燈 LED11 可以顯示 LED1 的通電情形。

    (LED1 亮時 LED11 亮，LED1 熄時 LED11 熄。)
6. 指示燈 LED22 可以顯示 LED2 的通電情形。

    (LED2 亮時 LED22 亮，LED2 熄時 LED22 熄。)

四、相關知識

1. MCS-51 的串列埠工作於模式 2 或模式 3，都具有多處理機通訊功能，可使一群 MCS-51 互相傳送資料。詳情請參考 3-11-6 節(第 3-51 頁至 3-54 頁)之說明。
2. 一群 MCS-51 中，只有一個是主機，其餘各 MCS-51 均為副機，副機的位址碼(即編號)可以是 00H～FFH，因此最多可以有 256 個副機。
3. 為避免各副機互相干擾，所以開機後，所有的副機都處於**接收**狀態，被主機呼叫到的副機才可以**發射**資料。
4. MCS-51 利用接收端旳 SM2 與發射端的 TB8 即可判斷所接收到的到底是位址碼或資料，請見表 14-4-1。

表 14-4-1　SM2 與 TB8 的用法

接收端	發射端	動　作　情　形
SM2 = 1	TB8 = 1	接收端可以接收到資料。人們將此時所接收到的資料定義為**位址碼**。
	TB8 = 0	接收端無法收到資料。
SM2 = 0	TB8 = 1	接收端可以接收到資料。
	TB8 = 0	接收端可以接收到**資料**。

五、主機之流程圖

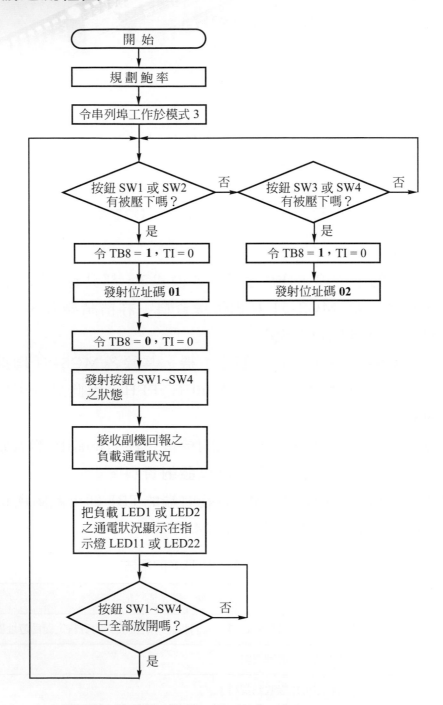

開始

規劃鮑率

令串列埠工作於模式 3

按鈕 SW1 或 SW2 有被壓下嗎？ ── 否 ──> 按鈕 SW3 或 SW4 有被壓下嗎？ ── 否 ──>

是

令 TB8 = 1，TI = 0

發射位址碼 01

是

令 TB8 = 1，TI = 0

發射位址碼 02

令 TB8 = 0，TI = 0

發射按鈕 SW1~SW4 之狀態

接收副機回報之負載通電狀況

把負載 LED1 或 LED2 之通電狀況顯示在指示燈 LED11 或 LED22

按鈕 SW1~SW4 已全部放開嗎？ ── 否 ──>

是

六、主機之程式

【範例 E1407】

```
;================================
;==          規 劃 鮑 率        ==
;================================
            ORG     0000H
            MOV     TMOD,#00100000B  ;令計時器 1 工作於模式 2
            MOV     TH1,#230         ;┐ 設定計數值
            MOV     TL1,#230         ;┘
            SETB    TR1              ;起動計時器 1
;================================
;==       設定串列埠之工作模式    ==
;================================
            MOV     SCON,#11010000B  ;設定串列埠為模式 3
;================================
;==        等待任一按鈕被壓下      ==
;================================
LOOP:       JNB     P3.2,CASE1       ;┐ 若按鈕 SW1 或 SW2 有被壓下,
            JNB     P3.3,CASE1       ;┘ 則與 1 號副機通訊
            JNB     P3.4,CASE2       ;┐ 若按鈕 SW3 或 SW4 有被壓下,
            JNB     P3.5,CASE2       ;┘ 則與 2 號副機通訊
            AJMP    LOOP
;================================
;==          與 1 號副機通訊       ==
;================================
```

```
CASE1:   SETB    TB8            ;┐
         CLR     TI             ;│
         MOV     SBUF,#01       ;├發射位址碼 01
         JNB     TI,$           ;│
         CALL    DELAY          ;┘


         CLR     TB8            ;┐
         CLR     TI             ;├發射按鈕之狀況
         MOV     SBUF,P3        ;│
         JNB     TI,$           ;┘


         CLR     RI             ;┐
         CALL    DELAY          ;├接收副機回報之負載 LED1 通電狀況
         MOV     A,SBUF         ;┘
         MOV     C,ACC.0        ;┐ 把 LED1 之通電狀況
         MOV     P1.0,C         ;┘ 顯示在 LED11
         CALL    WAIT           ;等待按鈕放開
         AJMP    LOOP

;==============================
;==        與 2 號副機通訊        ==
;==============================
CASE2:   SETB    TB8            ;┐
         CLR     TI             ;│
         MOV     SBUF,#02       ;├發射位址碼 02
         JNB     TI,$           ;│
         CALL    DELAY          ;┘
```

```
        CLR      TB8                 ;┐
        CLR      TI                  ;├發射按鈕之狀況
        MOV      SBUF,P3             ; │
        JNB      TI,$                ;┘

        CLR      RI                  ;┐
        CALL     DELAY               ;├接收副機回報之負載LED2通電狀況
        MOV      A,SBUF              ;┘
        MOV      C,ACC.0             ;┐ 把 LED2 之通電狀況顯示在 LED22
        MOV      P1.1,C              ;┘
        CALL     WAIT                ;等待按鈕放開
        AJMP     LOOP
;==============================
;==        等待按鈕全部放開        ==
;==============================
WAIT:   CALL     DELAY
        MOV      A,P3
        CJNE     A,#11111111B,WAIT
        RET
;==============================
;==         延時副程式          ==
;==============================
DELAY:  MOV      R6,#25
DL1:    MOV      R7,#200
DL2:    DJNZ     R7,DL2
        DJNZ     R6,DL1
        RET
;
        END
```

七、1號副機之流程圖

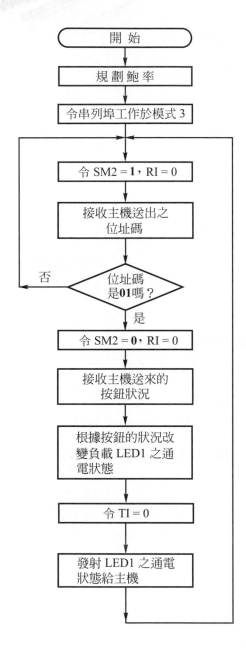

八、1 號副機之程式

【範例 E1408】

```
;==============================
;==        規 劃 鮑 率        ==
;==============================
        ORG     0000H
        MOV     TMOD,#00100000B   ;令計時器 1 工作於模式 2
        MOV     TH1,#230          ;┐ 設定計數值
        MOV     TL1,#230          ;┘
        SETB    TR1               ;起動計時器 1
;==============================
;==    設定串列埠之工作模式    ==
;==============================
        MOV     SCON,#11010000B   ;設定串列埠為模式 3
;==============================
;==      接受主機之訊息        ==
;==============================
LOOP:   SETB    SM2               ;┐
        CLR     RI                ;├接收主機送出之位址碼
        JNB     RI,$              ;┘
        MOV     A,SBUF            ;┐ 判斷位址碼是否為 01
        CJNE    A,#01,LOOP        ;┘

        CLR     SM2               ;┐
        CLR     RI                ;├接收主機送來的按鈕狀況
        JNB     RI,$              ;│
        MOV     A,SBUF            ;┘
```

```
        JNB     ACC.2,ON        ;若有壓按鈕 SW1 則執行程式 ON
        JNB     ACC.3,OFF       ;若有壓按鈕 SW2 則執行程式 OFF
        AJMP    LOOP
;==============================
;==     令負載通電,並回報        ==
;==============================
ON:     CLR     P1.0            ;令 LED1 通電
        CLR     TI              ;┐
        MOV     SBUF,P1         ;├回報 LED1 之通電狀況給主機
        JNB     TI,$            ;┘
        AJMP    LOOP
;==============================
;==     令負載斷電,並回報        ==
;==============================
OFF:    SETB    P1.0            ;令 LED1 斷電
        CLR     TI              ;┐
        MOV     SBUF,P1         ;├回報 LED1 之通電狀況給主機
        JNB     TI,$            ;┘
        AJMP    LOOP
;
        END
```

九、2號副機之流程圖

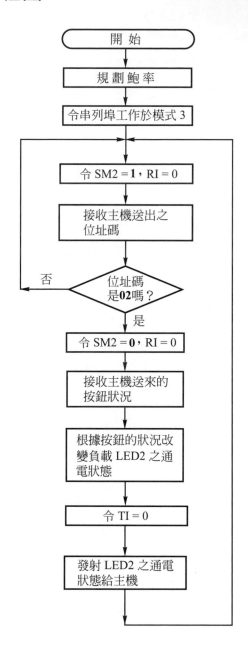

十、2 號副機之程式

【範例 E1409】

```
;==============================
;==        規  劃  鮑  率        ==
;==============================
        ORG     0000H
        MOV     TMOD,#00100000B   ;令計時器 1 工於模式 2
        MOV     TH1,#230          ;┐ 設定計數值
        MOV     TL1,#230          ;┘
        SETB    TR1               ;起動計時器 1
;==============================
;==    設定串列埠之工作模式    ==
;==============================
        MOV     SCON,#11010000B   ;設定串列埠為模式 3
;==============================
;==      接受主機之訊息        ==
;==============================
LOOP:   SETB    SM2               ;┐
        CLR     RI                ;├接收主機送出之位址碼
        JNB     RI,$              ;┘
        MOV     A,SBUF            ;┐ 判斷位址碼是否為 02
        CJNE    A,#02,LOOP        ;┘

        CLR     SM2               ;┐
        CLR     RI                ;├接收主機送來的按鈕狀況
        JNB     RI,$              ;│
        MOV     A,SBUF            ;┘
        JNB     ACC.4,ON          ;若有壓按鈕 SW3 則執行程式 ON
```

```
            JNB       ACC.5,OFF              ;若有壓按鈕 SW4 則執行程式 OFF
            AJMP      LOOP
;===============================
;==        令負載通電，並回報        ==
;===============================
ON:         CLR       P1.0                   ;令 LED2 通電
            CLR       TI                     ;┐
            MOV       SBUF,P1                ;├回報 LED2 之通電狀況給主機
            JNB       TI,$                   ;┘
            AJMP      LOOP
;===============================
;==        令負載斷電，並回報        ==
;===============================
OFF:        SETB      P1.0                   ;令 LED2 斷電
            CLR       TI                     ;┐
            MOV       SBUF,P1                ;├回報 LED2 之通電狀況給主機
            JNB       TI,$                   ;┘
            AJMP      LOOP
;
            END
```

十一、實習步驟

1. 請接妥圖 14-4-1 之電路。

2. 範例 E1407 之程式組譯後，燒錄至**主機**之 89S51 或 89C51。

3. 範例 E1408 之程式組譯後，燒錄至 **1 號副機**之 89S51 或 89C51。

4. 範例 E1409 之程式組譯後，燒錄至 **2 號副機**之 89S51 或 89C51。

5. 請通電執行之。

6. 按一下 SW1 後，LED1　亮或熄？　　　答：_____

   LED11 亮或熄？　　　答：_____

7. 按一下 SW2 後，LED1 亮或熄？ 答：＿＿＿＿＿＿

 LED11亮或熄？ 答：＿＿＿＿＿＿

8. 按一下 SW3 後，LED2 亮或熄？ 答：＿＿＿＿＿＿

 LED22亮或熄？ 答：＿＿＿＿＿＿

9. 按一下 SW4 後，LED2 亮或熄？ 答：＿＿＿＿＿＿

 LED22亮或熄？ 答：＿＿＿＿＿＿

10. 請以任意順序按 SW1～SW4 各按鈕，觀察燈光之點滅情形。

3 篇

基礎電機控制實習

Chapter 15

電動機之起動與停止

一、實習目的

1. 了解以微電腦產生自保持功能的方法。
2. 了解以微電腦控制電動機之介面電路。

二、電工圖

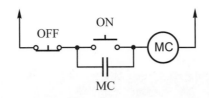

圖 15-1　電動機起動與停止之電工圖

說明：

1. 圖中的 (MC) 是電磁接觸器。

2. 通電時 (MC) 斷電。

3. 壓下 ON 按鈕時 (MC) 通電，放開 ON 按鈕時 (MC) 保持通電。

4. 壓下 OFF 按鈕時 (MC) 斷電，放開 OFF 按鈕時 (MC) 保持斷電。

三、微電腦控制接線圖

如圖 15-2 所示。

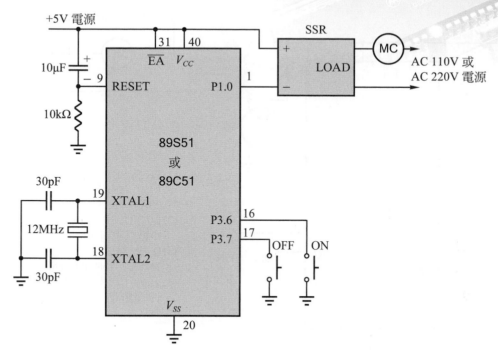

圖 15-2　電動機起動與停止之微電腦接線圖

四、相關知識

1. 微電腦的輸出埠沒有直接驅動高壓負載的能力，所以在圖 15-2 中使用了固態電驛 SSR。

2. 除了如圖 15-2 所示用固態電驛 SSR 驅動負載之外，您也可以如圖 15-3 所示用繼電器驅動負載。

3. 實習時若為節省時間，可用 LED 代替負載，如圖 15-4 所示。LED 亮表示負載通電，LED 熄滅表示負載斷電。

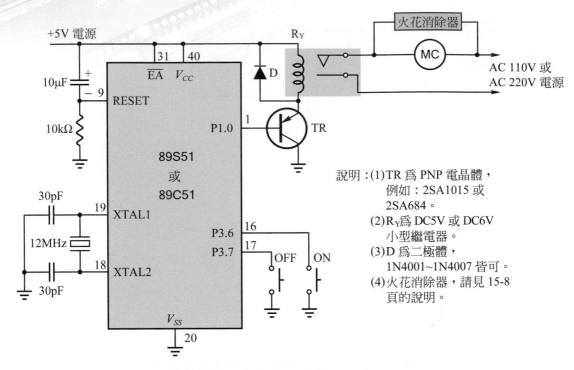

說明：(1)TR 為 PNP 電晶體，
　　　　例如：2SA1015 或
　　　　2SA684。
　　　(2)R_Y為 DC5V 或 DC6V
　　　　小型繼電器。
　　　(3)D 為二極體，
　　　　1N4001～1N4007 皆可。
　　　(4)火花消除器，請見 15-8
　　　　頁的說明。

圖 15-3　用繼電器驅動負載之接線圖

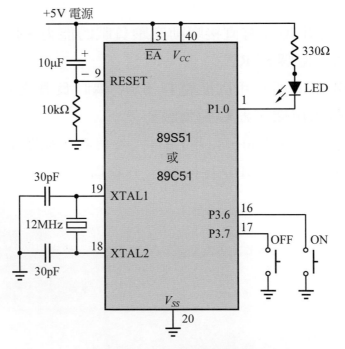

圖 15-4　用 LED 代替負載做模擬實驗之接線圖

4.　在傳統的電機控制中，OFF按鈕必須採用常閉接點，其他按鈕則使用常開接點，在一些特殊的場合甚至必須採用雙層按鈕才可以，而在微電腦控制中則一律採用**常開**接點接在輸入埠即可，這也是微電腦控制的優點之一。

五、流程圖

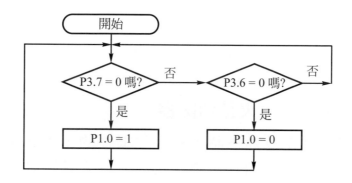

六、程式

【範例 E1501】

```
        ORG       0000H

        ORL       P1,#11111111B    ;令 P1.0 ＝ 1，使負載斷電
        ORL       P3,#11111111B    ;設定 P3 為輸入埠
LOOP:   JNB       P3.7,OFF         ;測試 OFF 按鈕是否被壓下
        JNB       P3.6,ON          ;測試 ON 按鈕是否被壓下
        AJMP      Loop             ;重複執行程式
OFF:    SETB      P1.0             ;令負載斷電
        AJMP      LOOP             ;重複執行程式
ON:     CLR       P1.0             ;令負載通電
        AJMP      Loop             ;重複執行程式

        END
```

七、實習步驟

1. 請接妥圖 15-2 之電路。若為節省時間，可用 LED 代替負載，如圖 15-4 所示接線，LED 亮表示負載通電，LED 熄滅表示負載斷電。**注意！所用按鈕皆為常開接點。**

2. 程式組譯後，燒錄至 89S51 或 89C51，然後通電執行之。

3. 按下 ON 按鈕時，負載是否通電？　　　　答：＿＿＿＿＿＿

4. 放開 ON 按鈕時，負載是否還通電？　　　答：＿＿＿＿＿＿

5. 按下 OFF 按鈕時，負載是否斷電？　　　　答：＿＿＿＿＿＿

6. 放開 OFF 按鈕時，負載是否還斷電？　　　答：＿＿＿＿＿＿

八、相關知識補充——火花消除器

電感性負載在通電及斷電時，會產生很強的干擾雜訊，因此要避免控制電路受到干擾，就必須在電感性負載並聯**火花消除器**。

火花消除器的內部結構如圖 15-5 所示，是使用電容器與電阻器串聯而成。表 15-1 是市面上常見的火花消除器之規格表，可供選購時之參考。

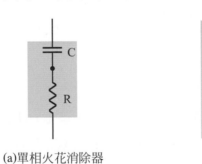

(a)單相火花消除器　　　　　　　(b)三相火花消除器

圖 15-5　火花消除器的結構圖

表 15-1　火花消除器之常見規格

單相	AC 250V	0.1μF	120Ω
	AC 250V	0.22μF	120Ω
	AC 250V	0.22μF	47Ω
	AC 250V	0.47μF	47Ω
	AC 500V	0.1 μF	120Ω
	AC 500V	0.22μF	47Ω
	AC 500V	0.47μF	27Ω
三相	AC 250V	0.47μF	47Ω
	AC 500V	0.22μF	47Ω
	AC 500V	0.47μF	27Ω

Chapter 16

電動機之正逆轉控制

一、實習目的

了解以微電腦控制電動機正逆轉之方法。

二、電工圖

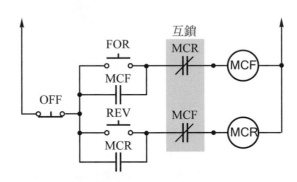

圖 16-1 電動機正逆轉控制之電工圖

說明：

1. 按 FOR 按鈕時，(MCF) 通電，電動機正轉。

2. 按 REV 按鈕時，(MCR) 通電，電動機逆轉。

3. 電動機在正轉中，按 REV 按鈕無效，必須先按 OFF 按鈕。

4. 電動機在逆轉中，按 FOR 按鈕無效，必須先按 OFF 按鈕。

5. 在任何時候，壓下 OFF 按鈕，可令 (MCF) (MCR) 都斷電。

三、微電腦控制接線圖

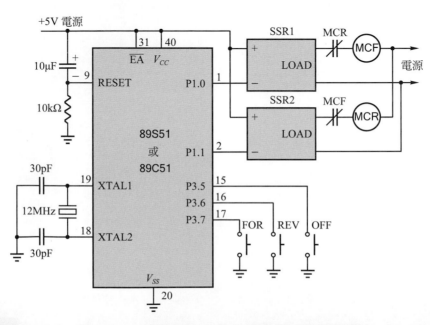

圖 16-2 電動機正逆轉之微電腦控制接線圖

四、流程圖

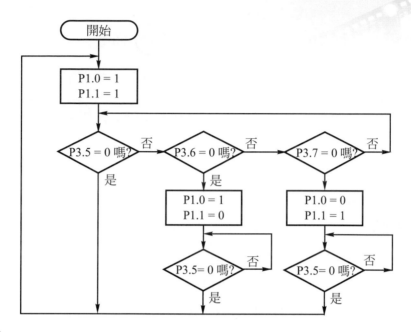

五、程式

【範例 E1601】

```
          ORG      0000H
```

;令 (MCF) (MCR) 都斷電

```
OFF:      ORL      P1,#11111111B     ;令 P1.0 ＝ 1，P1.1 ＝ 1
          ORL      P3,#11111111B     ;設定 P3 為輸入埠
```

;等待壓下按鈕

```
Loop:     JNB      P3.5,OFF          ;測試是否有按 OFF 按鈕
          JNB      P3.6,REV          ;測試是否有按 REV 按鈕
          JNB      P3.7,FOR          ;測試是否有按 FOR 按鈕
          AJMP     Loop              ;重複測試按鈕的狀態
REV:      CLR      P1.1              ;令 (MCR) 通電
          JB       P3.5,$            ;等待壓下 OFF 按鈕
```

	AJMP	OFF	;跳至 OFF，令 (MCF) (MCR) 都斷電
FOR:	CLR	P1.0	;令 (MCF) 通電
	JB	P3.5, $	;等待壓下 OFF 按鈕
	AJMP	OFF	;跳至 OFF，令 (MCF) (MCR) 都斷電
	END		

六、實習步驟

1. 請接妥圖 16-2 之電路。

   (實習時若爲節省時間，可用 LED 串聯 330Ω 之電阻器代替 SSR，做模擬實習。請參考圖 16-3。)

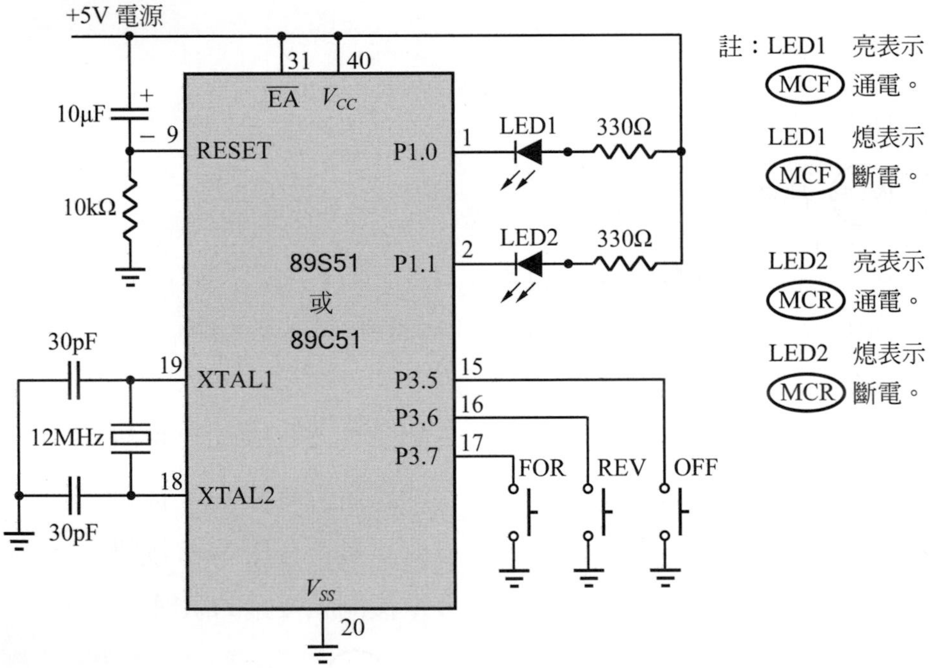

圖 16-3　電動機正逆轉之模擬實習電路

2. 程式組譯後，燒錄至 89S51 或 89C51，然後通電執行之。

3. 按下 FOR 按鈕時，ⓂⒸⒻ 或 ⓂⒸⓇ 通電？　　　答：＿＿＿＿＿＿

4. 按下 REV 按鈕時，ⓂⒸⒻ 或 ⓂⒸⓇ 通電？　　　答：＿＿＿＿＿＿

5. 按下 OFF 按鈕時，ⓂⒸⒻ 及 ⓂⒸⓇ 都斷電嗎？　　答：＿＿＿＿＿＿

6. 按下 REV 按鈕時，ⓂⒸⒻ 或 ⓂⒸⓇ 通電？　　　答：＿＿＿＿＿＿

7. 按下 FOR 按鈕時，ⓂⒸⒻ 或 ⓂⒸⓇ 通電？　　　答：＿＿＿＿＿＿

8. 按下 OFF 按鈕時，ⓂⒸⒻ 及 ⓂⒸⓇ 都斷電嗎？　　答：＿＿＿＿＿＿

七、相關知識

1. 當機器的慣性比較大時，電動機不可以由正轉直接改為逆轉，也不可以由逆轉直接改成正轉，否則電動機的軸很容易受損，因此想要改變轉向時，一定要先按 OFF 按鈕使電動機的轉速降低或停止後才按 FOR 或 REV 按鈕改變轉向。

2. ⓂⒸⒻ 串聯 MCR 的常閉接點，ⓂⒸⓇ 串聯 MCF 的常閉接點，這種連接稱為**互鎖**，是必要的。其目的是萬一有某一個電磁接觸器因為故障而卡住(跳不起來)時，不讓另一個電磁接觸器吸下去，以免因兩個電磁接觸器的主接點都閉合而造成電源被短路的現象。

Chapter 17

三相感應電動機之 Y-△ 自動 起動

一、實習目的

了解以微電腦控制三相感應電動機 Y-△ 自動起動之技巧。

二、電工圖

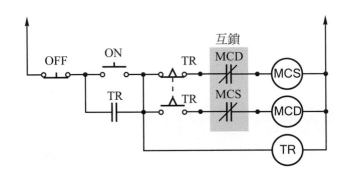

圖 17-1　三相感應電動機 Y-△ 自動起動之電工圖

說明：

1.　按 ON 按鈕則 (MCS) 通電，而且限時電驛 (TR) 開始計時，約 5〜15

秒後，限時電驛令 (MCS) 斷電 (MCD) 通電。

2.　任何時候，只要壓下 OFF 按鈕即可令 (MCS) (MCD) (TR) 均斷電。

三、微電腦控制接線圖

如圖 17-2 所示。

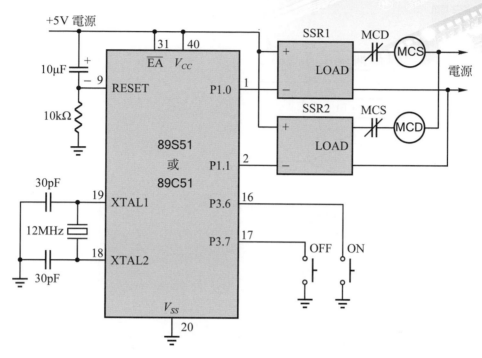

圖 17-2　三相感應電動機 Y-△自動起動之微電腦控制接線圖

四、相關知識

1. 在微電腦中，限時電驛是用軟體處理，所以在圖 17-2 中看不到有 (TR) 的接線。

2. (MCS) 串聯 MCD 的常閉接點，(MCD) 串聯 MCS 的常閉接點，這種連接稱為**互鎖**，是必要的。其目的是萬一有某一個電磁接觸器因為故障而卡住(跳不起來)時，不讓另一個電磁接觸器吸下去，以免因兩個電磁接觸器的主接點都閉合而造成電源被短路的現象。

3. 程式的設計技巧是：在計時中必須隨時測試有否壓下 OFF 按鈕。

五、流程圖

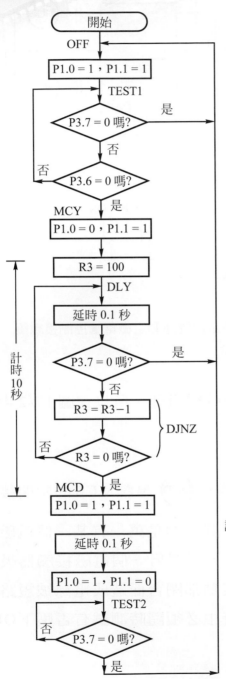

說明：(MCS) 斷電後，隔 0.1 秒
才令 (MCD) 通電，是為了
減少接點所產生的火花。

六、程式

【範例 E1701】

```
; ===========================
; ==        主   程   式        ==
; ===========================
            ORG      0000H
OFF:        ORL      P1,#11111111B    ;令 (MCS) (MCD) 都斷電

            ORL      P3,#11111111B    ;設定 P3 為輸入埠
TEST1:      JNB      P3.7,OFF         ;測試是否有壓下 OFF 按鈕
            JNB      P3.6,MCY         ;測試是否有壓下 ON 按鈕
            AJMP     TEST1            ;重複執行程式
;Y 起動

MCY:        CLR      P1.0             ;令 (MCS) 通電

            MOV      R3,#100          ;←——————延時 0.1 秒 × 100 = 10 秒
DLY:        ACALL    DELAY            ;←——————————————┐
            JNB      P3.7,OFF   ;測試是否有壓下 OFF 按鈕    │
            DJNZ     R3,DLY           ;←——————————————┘
;△運轉

MCD:        SETB     P1.0             ;令 (MCS) 斷電

            ACALL    DELAY            ;延時 0.1 秒

            CLR      P1.1             ;令 (MCD) 通電
;等待壓下 OFF 按鈕
TEST2:      JNB      P3.7,OFF
            AJMP     TEST2
```

```
; ==============================
; ==      延時 0.1 秒副程式      ==
; ==============================
DELAY:  MOV     R6,#250
DL1:    MOV     R7,#200
DL2:    DJNZ    R7,DL2
        DJNZ    R6,DL1
        RET
;
        END
```

七、實習步驟

1. 請接妥圖 17-2 之電路。

   (實習時,若為節省時間,可用 LED 串聯 330Ω 之電阻器代替 SSR,做模擬實習。請參考圖 17-3。)

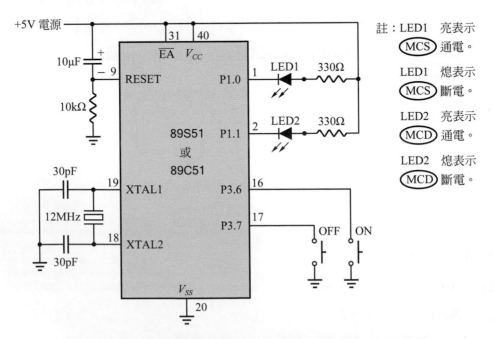

圖 17-3 三相感應電動機 Y-△ 自動起動之模擬實習電路

2.　程式組譯後，燒錄至 89S51 或 89C51，然後通電執行之。

3.　壓下 ON 按鈕時，(MCS) 是否通電？　　　　　　答：＿＿＿＿＿

4.　幾秒後 (MCS) 斷電 (MCD) 通電？　　　　　　答：＿＿＿＿＿秒

5.　壓下 OFF 按鈕是否令 (MCS) 及 (MCD) 都斷電？　　答：＿＿＿＿＿

Chapter 18

順序控制

一、實習目的

了解以微電腦從事順序控制之要領。

二、電工圖

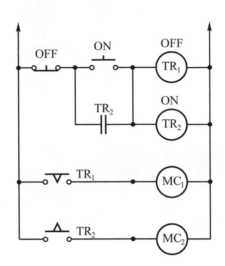

圖 18-1　順序控制之電工圖

說明：

1.　圖中的 TR_1 為 OFF delay Relay，TR_2 為 ON delay Relay，MC_1、MC_2 為電磁接觸器。

2.　壓下 ON 按鈕時，TR_1、TR_2、MC_1 均通電，TR_2 開始計時。

3.　時間到，MC_2 通電。

4.　壓下 OFF 按鈕時 TR_1、TR_2、MC_2 均斷電，TR_1 開始計時。

5.　時間到，MC_1 斷電。

6. 簡而言之，本電路之動作情形為：壓下ON按鈕時 (MC₁) 立即通電，一段時間後 (MC₂) 才跟著通電；壓下OFF按鈕時 (MC₂) 立即斷電，一段時間後 (MC₁) 才跟著斷電。

三、微電腦控制接線圖

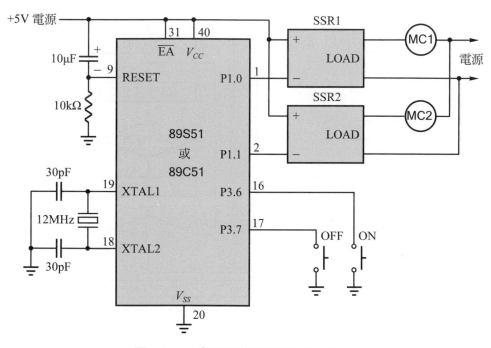

圖 18-2   微電腦順序控制之電路圖

四、相關知識

1. 在微電腦控制中，限時電驛都是用軟體處理，所以在圖 18-2 中不需 (TR₁) 及 (TR₂) 的接線。

2. 程式設計的技巧是在 ON delay 計時中必須隨時測試有否壓下「OFF」按鈕，在OFF delay計時中必須隨時測試有否壓下「ON」按鈕。

五、流程圖

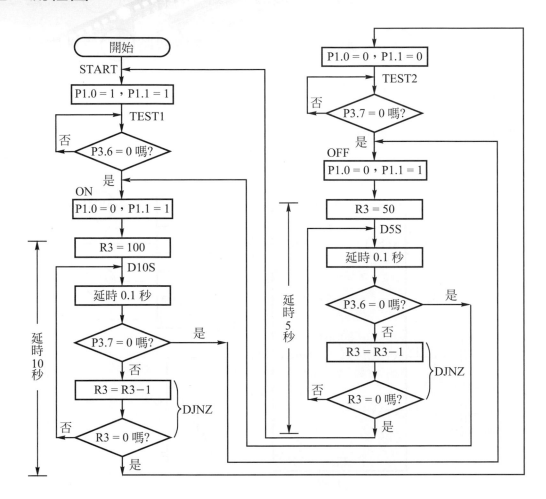

六、程式

【範例 E1801】

```
; ===========================
; ==      主  程  式      ==
; ===========================
        ORG      0000H
```

;令 (MC₁) (MC₂) 都斷電

```
START:   ORL     P1,#11111111B
;等待壓下 ON 按鈕
         ORL     P3,#11111111B       ;設定 P3 為輸入埠
TEST1:   JB      P3.6,$              ;等待壓下 ON 按鈕
```

;令 (MC₁) 通電

```
ON:      CLR     P1.0
```

;延時 0.1 秒 × 100 = 10 秒

```
         MOV     R3,#100             ;←──────────────┐
D10S:    ACALL   DELAY               ;←──────────────┼─延時 10 秒
         JNB     P3.7,OFF    ;測試是否有壓下 OFF 按鈕  │
         DJNZ    R3,D10S             ;←──────────────┘
```

;令 (MC₂) 也通電

```
         CLR     P1.1
```

;等待壓下 OFF 按鈕

```
TEST2:   JB      P3.7,$
```

;令 (MC₂) 斷電

```
OFF:     SETB    P1.1
```

;延時 0.1 秒 × 50 = 5 秒

```
         MOV     R3,#50              ;←──────────────┐
D5S:     ACALL   DELAY               ;←──────────────┼─延時 5 秒
         JNB     P3.6,ON    ;測試是否有壓下 ON 按鈕    │
         DJNZ    R3,D5S              ;←──────────────┘
```

;令 (MC₁) 也斷電

```
         AJMP    START
```

```
;   ============================
;   ==        延時 0.1 秒副程式       ==
;   ============================
DELAY:  MOV     R6,#250
DL1:    MOV     R7,#200
DL2:    DJNZ    R7,DL2
        DJNZ    R6,DL1
        RET
;
        END
```

七、實習步驟

1. 請接妥圖 18-2 之電路。

    (實習時，若為節省時間，可用LED串聯330Ω之電阻器代替SSR，
    做模擬實習。請參考圖 18-3 。)

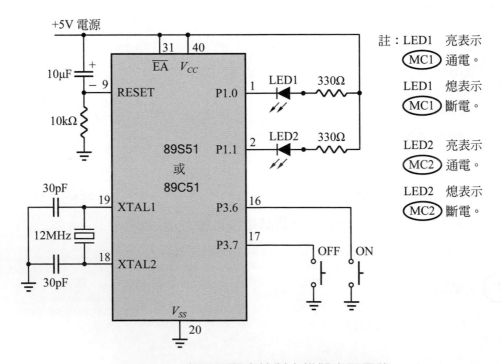

圖 18-3　微電腦順序控制之模擬實習電路

2. 程式組譯後，燒錄至 89S51 或 89C51，然後通電執行之。

3. 壓一下 ON 按鈕。

4. 是否 (MC₁) 立即通電，10 秒後 (MC₂) 才通電？　　　　答：＿＿＿＿＿

5. 壓一下 OFF 按鈕。

6. 是否 (MC₂) 立即斷電，5 秒後 (MC₁) 才斷電？　　　　答：＿＿＿＿＿

Chapter 19

電動門

一、實習目的

了解以微電腦控制電動門之要領。

二、電工圖

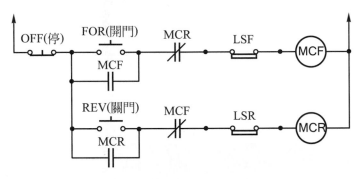

圖 19-1 電動門之控制電路

說明：

1. 有許多學校或工廠的大門採用電動門，電動門用具有減速齒輪的電動機驅動，只要控制電動機之正逆轉即可開門或關門，操作上甚為方便。

2. 圖中的兩個限制開關分別裝在大門兩側的牆壁上，LSF 用來檢知門是否已全開，LSR 用來檢知門是否已全關。

3. 當壓下 FOR 按鈕時，(MCF) 通電使電動機正轉，經減速齒輪使大門緩緩打開。大門全開時會撞上 LSF，而令 LSF 的接點打開，因此 (MCF) 斷電，電動機停止轉動。

4. 若壓下 REV 按鈕，(MCR) 通電使電動機逆轉，經減速齒輪使大門緩緩關閉。大門全關時會撞上 LSR，而令 LSR 的接點打開，因此 (MCR) 斷電，電動機停止轉動。

5. 在開門或關門的過程中，若要令門停在半開狀態，則壓下 OFF 按鈕即可令電動機停止轉動。

三、微電腦控制接線圖

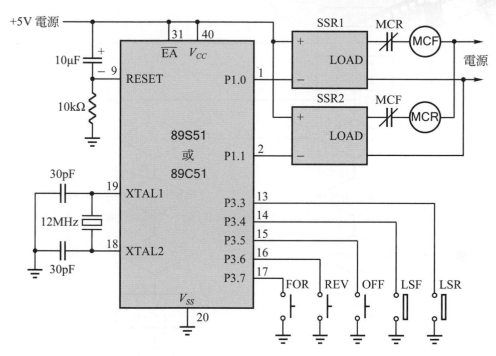

圖 19-2　自動門之微電腦控制接線圖

四、流程圖

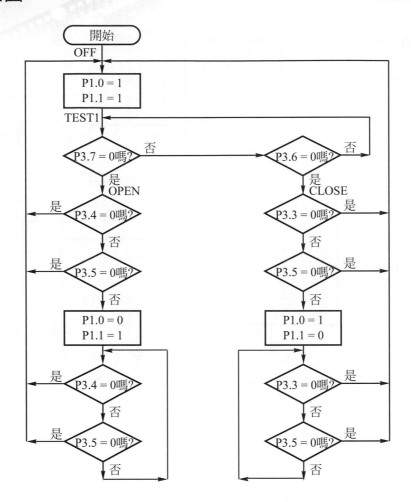

五、程式

【範例 E1901】

```
        ORG     0000H
; ============================
; ==   令 (MCF) (MCR) 都斷電   ==
; ============================
OFF:    ORL     P1,#11111111B   ;令 P1.0 = 1，P1.1 = 1
        ORL     P3,#11111111B   ;設定 P3 為輸入埠
```

```
; ============================
; ==    等待壓下 FOR 或 REV 按鈕    ==
; ============================
TEST1:   JNB      P3.7,OPEN       ;測試是否有按 FOR(開門)按鈕
         JNB      P3.6,CLOSE      ;測試是否有按 REV(關門)按鈕
         AJMP     TEST1           ;重複測試按鈕的狀態
; ============================
; ==            開  門           ==
; ============================
OPEN:    JNB      P3.4,OFF        ;若 LSF 閉合，則停止
         JNB      P3.5,OFF        ;若 OFF 按鈕閉合，則停止
         CLR      P1.0            ;令 (MCF) 通電
;等待 LSR 或 OFF 按鈕閉合
TEST2:   JNB      P3.4,OFF
         JNB      P3.5,OFF
         AJMP     TEST2
; ============================
; ==            關  門           ==
; ============================
CLOSE:   JNB      P3.3,OFF        ;若 LSR 閉合，則停止
         JNB      P3.5,OFF        ;若 OFF 按鈕閉合，則停止
         CLR      P1.1            ;令 (MCR) 通電
;等待 LSF 或 OFF 按鈕閉合
TEST3:   JNB      P3.3,OFF
         JNB      P3.5,OFF
         AJMP     TEST3
;
         END
```

六、實習步驟

1. 請接妥圖 19-2 之電路。注意！按鈕及限制開關都採用**常開**接點。
    (實習時，若為節省時間，可用 LED 串聯 330Ω 之電阻器代替 SSR，
    做模擬實習。請參考圖 19-3。)

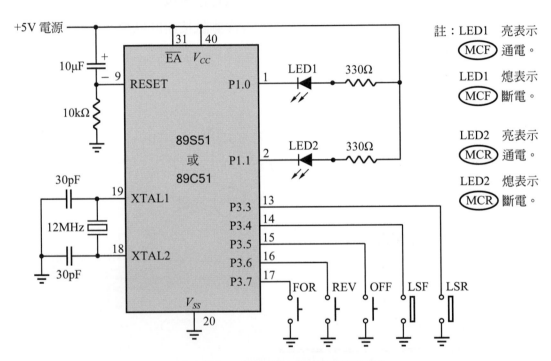

圖 19-3　自動門之模擬實習電路

2. 程式組譯後，燒錄至 89S51 或 89C51，然後通電執行之。

3. 壓一下 FOR 按鈕，(MCF) 通電嗎？　　　　　　　答：＿＿＿＿＿＿

4. 壓一下 LSF 限制開關，(MCF) 斷電嗎？　　　　　答：＿＿＿＿＿＿

5. 壓一下 REV 按鈕，(MCR) 通電嗎？　　　　　　　答：＿＿＿＿＿＿

6. 壓一下 LSR 限制開關，(MCR) 斷電嗎？　　　　　答：＿＿＿＿＿＿

7.　壓一下 FOR 按鈕，(MCF) 通電嗎？　　　　　答：_____

8.　壓一下 OFF 按鈕，(MCF) 斷電嗎？　　　　　答：_____

9.　壓一下 REV 按鈕，(MCR) 通電嗎？　　　　　答：_____

10.　壓一下 OFF 按鈕，(MCR) 斷電嗎？　　　　　答：_____

Chapter 20

單按鈕控制電動機之起動與停止

一、實習目的

了解如何用軟體的技巧消除接點反彈跳所引起的誤動作。

二、相關知識

在第 12 章我們已經知道所有的機械式開關都會產生接點反彈跳的現象，而且也知道使用脈波產生器就可以消除接點反彈跳。在接點的啓閉不是很快(每秒啓閉 100 次以下)的場合，爲了簡化電路起見，我們可以改用軟體的技巧，以程式避開接點反彈跳所引起的誤動作。由於接點反彈跳的時間不會超過 10ms，因此**微電腦若每隔 10ms 以上才測試接點的狀態一次，即可避開接點反彈跳，而不會產生誤動作**，如圖 20-1 所示。

茲將圖 20-1 的動作情形詳細說明於下，以供參考：

1. 當微電腦第①次測試時，得知按鈕是壓下。
2. 隔 10ms 後微電腦做第②次測試時，得知按鈕仍然是壓著。
3. 再隔 10ms 後微電腦做第③次測試時，得知按鈕仍然是壓著。
4. 再隔 10ms 後微電腦做第④次測試時，得知按鈕已放開。
5. 再隔 10ms 後微電腦做第⑤次測試時，得知按鈕仍然是放開。
6. 再隔 10ms 後微電腦做第⑥次測試時，得知按鈕仍然是放開。
7. 再隔 10ms 後微電腦做第⑦次測試時，得知按鈕又被壓下。
8. 再隔 10ms 後微電腦做第⑧次測試時，得知按鈕仍然被壓著。
9. 再隔 10ms 後微電腦做第⑨次測試時，得知按鈕仍然被壓著。
10. 再隔 10ms 後微電腦做第⑩次測試時，得知按鈕已放開。
11. 綜合以上說明可知微電腦所測得之狀態，與按鈕實際被按的**次數**完全相符。每當按鈕被按一下，微電腦就可測知按鈕被按了一下。若按鈕被按了兩下，微電腦就可測知按鈕被按了兩下。
12. 微電腦每次測試的間隔時間以 10ms 以上較恰當。

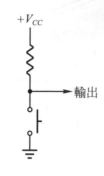

(a) 簡單型脈波產生器

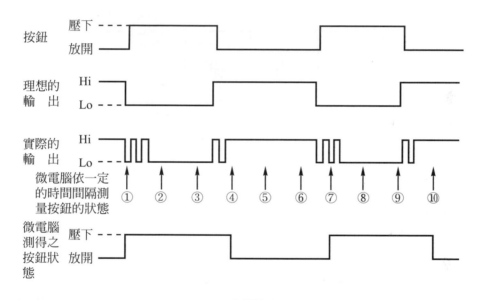

(b) 動作情形

圖 20-1　微電腦用軟體技巧避開接點反彈跳的方法

三、動作情形

　　一般的控制電路，多以一個 ON 按鈕令負載通電，再以另一個 OFF 按鈕令負載斷電，所以不必考慮接點反彈跳的問題。今欲設計只有一個按鈕的控制電路，當按第一下時負載通電，按第二下時負載斷電，按第三下時負載通電，按第四下時負載斷電，依此類推。

四、電工圖

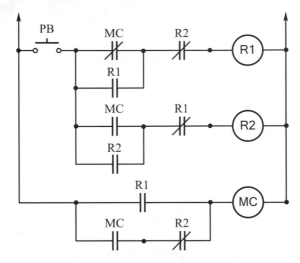

圖 20-2 單按鈕控制之電工圖

說明：

1. (R1) 及 (R2) 是電力電驛(繼電器)。(MC) 是電磁接觸器，控制負載之通電與斷電。

2. 第一次壓下 PB 按鈕時，(R1) 通電 (MC) 亦通電。

   放開 PB 按鈕時，(R1) 斷電，但 (MC) 因為自保所以繼續通電。

3. 第二次壓下 PB 按鈕時，(R2) 通電使 (MC) 斷電。

   放開 PB 按鈕時，(R2) 亦斷電。

4. 第 2.及第 3.步驟會循環動作。

5. 單按鈕控制電路在操作上甚為方便，但在電工圖的設計上卻較傷腦筋。

五、微電腦控制接線圖

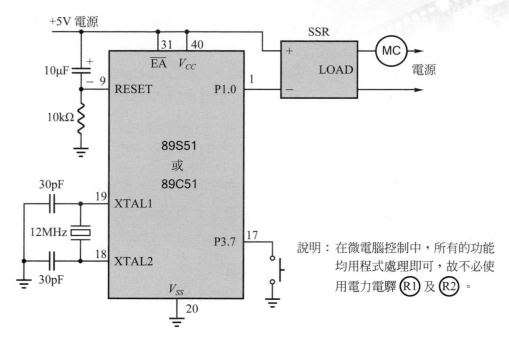

圖 20-3　單按鈕控制之微電腦接線圖

六、流程圖

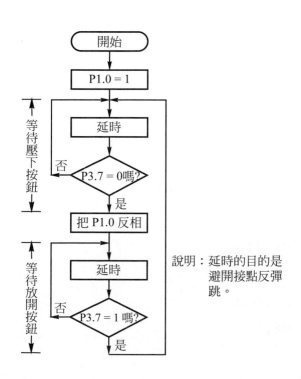

七、程式

【範例 E2001】

```
; ==========================
; ==        主  程  式      ==
; ==========================
          ORG      0000H
;設定開機狀態
OFF:      ORL      P1,#11111111B    ;令 P1.0 = 1，使負載斷電
          ORL      P3,#11111111B    ;設定 P3 為輸入埠
;等待壓下按鈕
TEST1:    ACALL    DELAY            ;延時
          JB       P3.7,TEST1       ;等待 P3.7 = 0
;把 P1.0 反相
          CPL      P1.0
;等待放開按鈕
TEST2:    ACALL    DELAY            ;延時
          JNB      P3.7,TEST2       ;等待 P3.7 = 1
          AJMP     TEST1            ;重複執行程式
; ==========================
; ==       延時副程式        ==
; ==========================
;在本程式中，延時的目的是避開接點反彈跳
;延時 40ms
DELAY:    MOV      R6,#100
DL1:      MOV      R7,#200
DL2:      DJNZ     R7,DL2
          DJNZ     R6,DL1
          RET
;
          END
```

八、實習步驟

1. 請接妥圖 20-3 之電路。

   (實習時,若為節省時間,可用LED串聯330Ω之電阻器代替SSR,做模擬實習。請參考圖 20-4。)

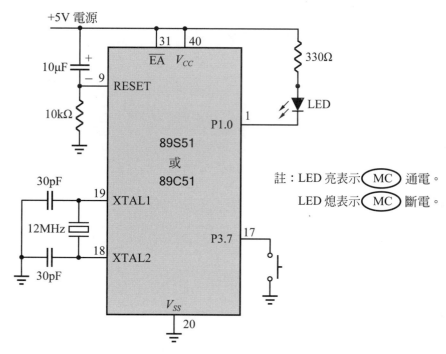

圖 20-4 單按鈕控制之模擬實習電路

2. 程式組譯後,燒錄至 89S51 或 89C51,然後通電執行之。

3. 壓下按鈕時 (MC) 是否通電? 　　　答:＿＿＿＿＿＿

4. 放開按鈕時 (MC) 是否通電? 　　　答:＿＿＿＿＿＿

5. 再壓下按鈕時 (MC) 是否通電? 　　　答:＿＿＿＿＿＿

6. 放開按鈕時 (MC) 是否通電？　　　　　　答：＿＿＿＿＿＿

7. 再壓下按鈕時 (MC) 是否通電？　　　　　　答：＿＿＿＿＿＿

8. 放開按鈕時 (MC) 是否通電？　　　　　　答：＿＿＿＿＿＿

9. 再壓下按鈕時 (MC) 是否通電？　　　　　　答：＿＿＿＿＿＿

10. 放開按鈕時 (MC) 是否通電？　　　　　　答：＿＿＿＿＿＿

4 篇

專題製作

Chapter 21

用七段顯示器顯示數字

一、實習目的

1.　了解顯示數字的方法。
2.　熟練字形碼的用法。

二、相關知識之一：數字的顯示

　　人們所熟悉的是以 0～9 所組成的十進位數字，而一般計數器的輸出卻是 1001 之類的二進碼，爲了直接看到數字，所以聰明的人們就發明了把 7 個細長的 LED 排成 "日" 字形的 "七段 LED 顯示器"(7-segment LED display)，藉著控制一部份 LED 發亮，一部份 LED 熄滅，就能夠把 0～9 顯示出來，如圖 21-1 所示。

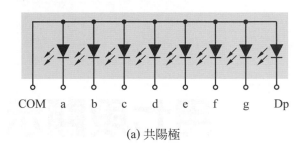

(a) 共陽極

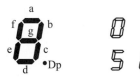

(a) 七段 LED 顯示器　　　(b) 顯示數字的方法
(Dp = 小數點)

圖 21-1

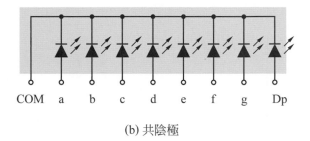

(b) 共陰極

圖 21-2　七段 LED 顯示器

註：包括小數點，一共有 8 個 LED。

　　七段 LED 顯示器有 "共陽極" 及 "共陰極" 兩種，如圖 21-2 所示，我們可依需要而選用適當的型式。無論是共陽極或共陰極，每個 LED 只要加上 1.5V 左右的順向電壓及 10～20mA 的順向電流，就可獲得充份的亮度。因此在電源電壓爲 5V 時，每個 LED 都要串聯一個 150Ω～390Ω 之電阻器，以免 LED 燒燬。

三、動作情形

　　令七段LED顯示器不斷的依序顯示 0 → 1 → 2 → 3 → 4 → 5 → 6 → 7 → 8 → 9 → 0 → 1 → 2 → ……之數字。

四、電路圖

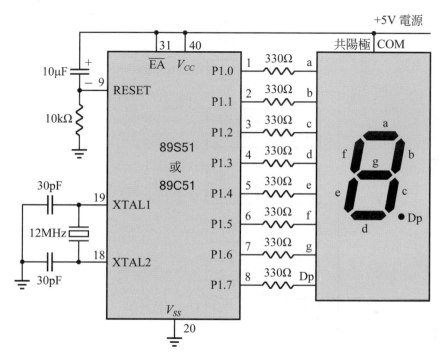

圖 21-3　數字之基本顯示方法

五、相關知識之二：字形碼

　　本實習所用之七段LED顯示器是**共陽極**的型式，所以要某一段LED 發亮，相對應的輸出就必須是 "0"，要某一段 LED 熄滅，相對應的輸出就必須是 "1"。例如我們要顯示 9 時，P1 就必須輸出：

	P1.7	P1.6	P1.5	P1.4	P1.3	P1.2	P1.1	P1.0
	Dp	g	f	e	d	c	b	a
	1	0	0	1	0	0	0	0

像 10010000 這種控制顯示器的某些 LED 發亮某些 LED 熄滅之資料，就稱為**字形碼**。**常用的字形碼請參考 21-10 頁的表 21-1。**

使用適當的字形碼，不但可顯示阿拉伯數字，也可顯示英文字母或特殊符號或小數點。

六、流程圖

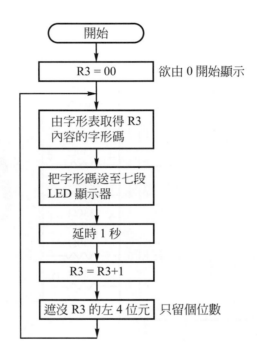

開始

R3 = 00　　欲由 0 開始顯示

由字形表取得 R3 內容的字形碼

把字形碼送至七段 LED 顯示器

延時 1 秒

R3 = R3+1

遮沒 R3 的左 4 位元　只留個位數

七、程式

【範例 E2101】

```
; ===========================
; ==      主  程  式     ==
; ===========================
        ORG     0000H
;清除 R3
        MOV     R3,#00H          ;欲以 R3 做計數器，先清除為 0
;取得與 R3 的內容相對應之字形碼
LOOP:   MOV     DPTR,#TABLE      ;DPTR＝字形表之起始位址
```

```
        MOV     A,R3            ;A＝欲顯示之數字
        MOVC    A,@A+DPTR       ;A＝字形碼
;顯示數字
        MOV     P1,A            ;把字形碼送至七段 LED 顯示器
        ACALL   D1S             ;延時 1 秒
;把 R3 的內容加 1
        MOV     A,R3
        ADD     A,#1            ;┐十進位加法，把 A 的內容加 1
        DA      A               ;┘
        ANL     A,#0FH          ;遮沒左 4 位元
        MOV     R3,A
;不斷重複執行程式
        AJMP    LOOP
; ========================
; ==     延時 1 秒副程式     ==
; ========================
D1S:    MOV     R5,#10
DL0:    MOV     R6,#250
DL1:    MOV     R7,#200
DL2:    DJNZ    R7,DL2
        DJNZ    R6,DL1
        DJNZ    R5,DL0
        RET
; ========================
; ==     字  形  表      ==
; ========================
TABLE:  DB      11000000B       ; 0
        DB      11111001B       ; 1
        DB      10100100B       ; 2
        DB      10110000B       ; 3
```

```
DB          10011001B          ; 4
DB          10010010B          ; 5
DB          10000010B          ; 6
DB          11111000B          ; 7
DB          10000000B          ; 8
DB          10010000B          ; 9
;
            END
```

八、實習步驟

1. 請接妥圖 21-3 之電路。七段 LED 顯示器為**共陽極**者。

2. 程式組譯後，燒錄至 89S51 或 89C51，然後通電執行之。

3. 七段 LED 顯示器是否依序顯示 0 → 1 → 2 → 3 → 4 → 5 → 6 → 7 → 8 → 9 → 0 → 1 → ……呢？　　　　　　　答：_____

九、習題

1. 若將圖 21-3 加上一個 4 行 4 列的矩陣鍵盤，成為圖 21-4，請寫一個程式，將被壓下按鍵之位置碼顯示在七段 LED 顯示器。(提示：可參考實習 10-3 的範例 E1003。) 動作情形如下所示：

0 鍵閉合時顯示：0	8 鍵閉合時顯示：8
1 鍵閉合時顯示：1	9 鍵閉合時顯示：9
2 鍵閉合時顯示：2	A 鍵閉合時顯示：A
3 鍵閉合時顯示：3	B 鍵閉合時顯示：b
4 鍵閉合時顯示：4	C 鍵閉合時顯示：C
5 鍵閉合時顯示：5	D 鍵閉合時顯示：d
6 鍵閉合時顯示：6	E 鍵閉合時顯示：E
7 鍵閉合時顯示：7	F 鍵閉合時顯示：F

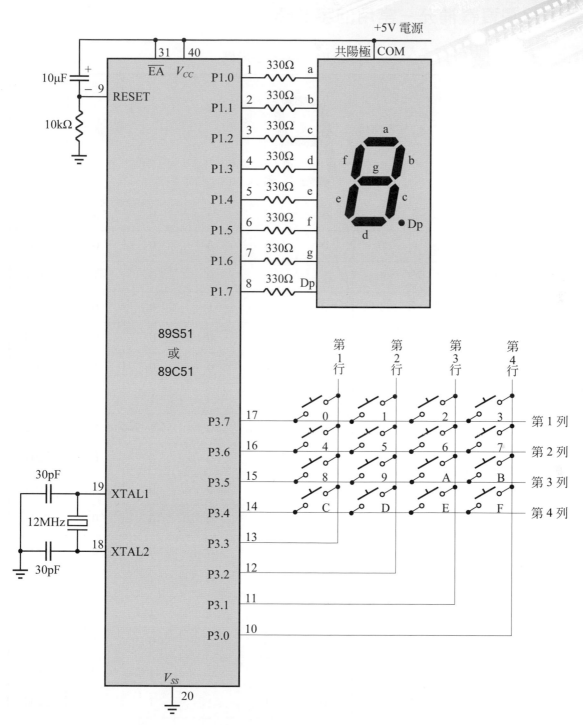

圖 21-4　用七段 LED 顯示器，顯示被壓按鍵之位置碼

十、相關資料補充－常用的字形碼

表 21-1　常用的字形碼

欲顯示之字形	D_P	g	f	e	d	c	b	a	字形碼
0	1	1	0	0	0	0	0	0	C0H
1	1	1	1	1	1	0	0	1	F9H
2	1	0	1	0	0	1	0	0	A4H
3	1	0	1	1	0	0	0	0	B0H
4	1	0	0	1	1	0	0	1	99H
5	1	0	0	1	0	0	1	0	92H
6	1	0	0	0	0	0	1	0	82H
7	1	1	1	1	1	0	0	0	F8H
8	1	0	0	0	0	0	0	0	80H
9	1	0	0	1	0	0	0	0	90H
A	1	0	0	0	1	0	0	0	88H
B	1	0	0	0	0	0	1	1	83H
C	1	1	0	0	0	1	1	0	C6H
D	1	0	1	0	0	0	0	1	A1H
E	1	0	0	0	0	1	1	0	86H
F	1	0	0	0	1	1	1	0	8EH
熄滅	1	1	1	1	1	1	1	1	FFH

兩位數計數器

一、實習目的

1. 練習用解碼器驅動七段 LED 顯示器。
2. 熟練用軟體避開接點反彈跳的方法。

二、相關知識

1. 七段顯示器的驅動方法

在第 21 章我們已學會使用字形碼在七段顯示器上顯示所需要的字元。使用字形碼的優點是除了可顯示阿拉伯數字 0～9 之外，也可用七段顯示器來顯示英文字母、特殊符號或小數點，缺點是自己要在程式中準備一個字形表。

在只需單純顯示阿拉伯數字 0～9 的場合，我們也可以採用市售解碼器 IC 來驅動七段顯示器。使用解碼器的優點是能簡化程式，缺點是無法顯示英文字母、特殊符號或小數點。

2. BCD 至七段解碼器

BCD 碼只有 4 位元(例如 1001)，而顯示器卻有七段，因此廠商就製造了把 BCD 碼輸入，輸出端就可直接點亮七段 LED 顯示器的 IC，如圖 22-1 所示，這種 IC 稱為 **BCD 至七段解碼**

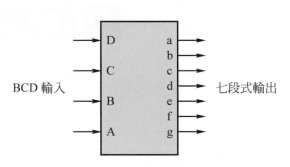

圖 22-1　BCD 至七段解碼器之示意圖

器(BCD to 7-segment decoder)。目前最常被人們使用的七段解碼器有 SN7447(配合共陽極 LED 顯示器用)及 CD4511B(配合共陰極 LED 顯示器用)兩種。

3. 7447 的用法

SN7447 的七隻輸出腳(a～g)都是開集極(open collector)，因此需配合**共陽極**LED 顯示器使用。其接腳圖及與顯示器之接線圖如圖 22-2 所示。7447 的真值表請見圖 22-3。茲將各接腳之功能說明於下：

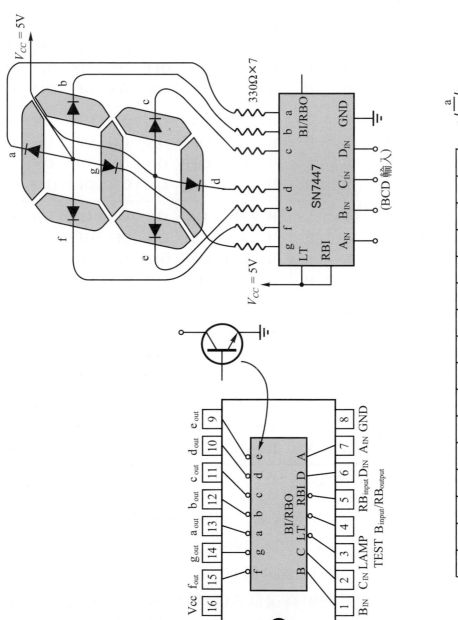

圖 22-2　7447 的接線圖及使用例

功能	輸入						BI/RBO	各段之熄亮						
	LT	RBI	D	C	B	A		a	b	c	d	e	f	g
0	H	H	L	L	L	L	H	ON	ON	ON	ON	ON	ON	OFF
1	H	X	L	L	L	H	H	OFF	ON	ON	OFF	OFF	OFF	OFF
2	H	X	L	L	H	L	H	ON	ON	OFF	ON	ON	OFF	ON
3	H	X	L	L	H	H	H	ON	ON	ON	ON	OFF	OFF	ON
4	H	X	L	H	L	L	H	OFF	ON	ON	OFF	OFF	ON	ON
5	H	X	L	H	L	H	H	ON	OFF	ON	ON	OFF	ON	ON
6	H	X	L	H	H	L	H	OFF	OFF	ON	ON	ON	ON	ON
7	H	X	L	H	H	H	H	ON	ON	ON	OFF	OFF	OFF	OFF
8	H	X	H	L	L	L	H	ON	ON	ON	ON	ON	ON	ON
9	H	X	H	L	L	H	H	ON	ON	ON	OFF	ON	ON	ON
10	H	X	H	L	H	L	H	OFF	OFF	OFF	ON	ON	OFF	ON
11	H	X	H	L	H	H	H	OFF	OFF	ON	ON	OFF	OFF	ON
12	H	X	H	H	L	L	H	OFF	ON	OFF	OFF	OFF	ON	ON
13	H	X	H	H	L	H	H	ON	OFF	OFF	ON	OFF	ON	ON
14	H	X	H	H	H	L	H	OFF	OFF	OFF	ON	ON	ON	ON
15	H	X	H	H	H	H	H	OFF	OFF	OFF	OFF	OFF	OFF	OFF
BI	X	X	X	X	X	X	L	OFF	OFF	OFF	OFF	OFF	OFF	OFF
RBI	H	L	L	L	L	L	L	OFF	OFF	OFF	OFF	OFF	OFF	OFF
LT	L	X	X	X	X	X	H	ON	ON	ON	ON	ON	ON	ON

圖 22-3　7447 的真值表

(1) a、b、c、d、e、f、g 七隻輸出腳接至**共陽極** LED 顯示器。每一隻腳皆需串聯一個 150Ω～390Ω 之電阻器。

(2) BI 腳(blanking input：第 4 腳)在正常使用時應保持於高態(邏輯 1；開路)，如果把 BI 腳接低態(邏輯 0)則 LED 顯示器會熄滅。

(3) LT 腳(lamp-test；第 3 腳)在正常工作時應為高態。若把 LT 腳接地(邏輯 0)則 LED 全部發亮(顯示 8)，可用來檢查七段顯示器是否正常。

(4) RBI 腳(ripple blanking input；第 5 腳)被接至低態時，將不顯示 "零"。換句話說，若 RBI 被接地，則當輸入的 BCD 碼為 0000 時，顯示器將熄滅，這是用來遮沒無效零之用，例如五位數的計數器，若計數至 00837，則 LED 只顯示 837。當無效零的遮沒作用產生時 RBO 腳(ripple-blanking output；與 BI 同為第 4 腳)會變成低電位，可做為輸出腳推動其他輸入端。

　　當計數器為多位數時，將最高位之 RBI(第 5 腳)接地，並把 BI/RBO(第 4 腳)接到次一位之 RBI(第 5 腳)但個位數之 RBI 空接，則無效零會全部被遮沒，只有個位數的零會顯示，以免所有的顯示器全部熄滅。

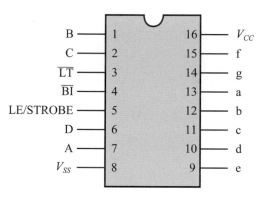

圖 22-4　CD4511B 接腳圖

4. 4511 的用法

　　CD4511B 的接腳如圖 22-4 所示。需配合**共陰極** LED 顯示器使用。其真值表請見圖 22-5。茲說明如下：

(1) 當 $\overline{BI}$ 為 0 時，a、b、c、d、e、f、g 各腳均輸出 0，故顯示器熄滅。$\overline{BI}$ 為 1 時才能正常工作。

(2) 當 $\overline{LT}=0$ 時，a、b、c、d、e、f、g 各腳均輸出 1，所以顯示器的七個 LED 全亮，可以檢查顯示器是否正常。$\overline{LT}=1$ 時 CD4511 才能正常工作。

(3) 當 LE＝1 時，新的(BCD)資料無法送進解碼器，故解碼器的輸出為舊資料。LE＝0 時，新的(BCD)資料才能送入解碼器並顯示出來。

(4) 使用時，在電源為 5V 時，a、b、c、d、e、f、g 每一隻腳皆需串聯一個 150Ω～390Ω 之電阻器。

輸　入							輸　　出							顯示
LE	$\overline{BI}$	$\overline{LT}$	D	C	B	A	a	b	c	d	e	f	g	
0	1	1	0	0	0	0	1	1	1	1	1	1	0	*0*
0	1	1	0	0	0	1	0	1	1	0	0	0	0	*1*
0	1	1	0	0	1	0	1	1	0	1	1	0	1	*2*
0	1	1	0	0	1	1	1	1	1	1	0	0	1	*3*
0	1	1	0	1	0	0	0	1	1	0	0	1	1	*4*
0	1	1	0	1	0	1	1	0	1	1	0	1	1	*5*
0	1	1	0	1	1	0	0	0	1	1	1	1	1	*6*
0	1	1	0	1	1	1	1	1	1	0	0	0	0	*7*
0	1	1	1	0	0	0	1	1	1	1	1	1	1	*8*
0	1	1	1	0	0	1	1	1	1	0	0	1	1	*9*
0	1	1	1	0	1	0	0	0	0	0	0	0	0	熄滅
0	1	1	1	0	1	1	0	0	0	0	0	0	0	熄滅
0	1	1	1	1	0	0	0	0	0	0	0	0	0	熄滅
0	1	1	1	1	0	1	0	0	0	0	0	0	0	熄滅
0	1	1	1	1	1	0	0	0	0	0	0	0	0	熄滅
0	1	1	1	1	1	1	0	0	0	0	0	0	0	熄滅
×	×	0	×	×	×	×	1	1	1	1	1	1	1	*8*
×	0	1	×	×	×	×	0	0	0	0	0	0	0	熄滅
1	1	1	×	×	×	×	舊資料							舊資料

圖 22-5　CD4511B 的真值表

三、動作情形

本實習要做一個兩位數的 10 進位計數器,可從 00 計數至 99。每當按鈕按一下即令計數器加 1。計數情形為 00 → 01 → 02 → ‥‥‥ → 09 → 10 → 11 → ‥‥‥ → 99 → 00 → 01 → ‥‥‥。

四、電路圖

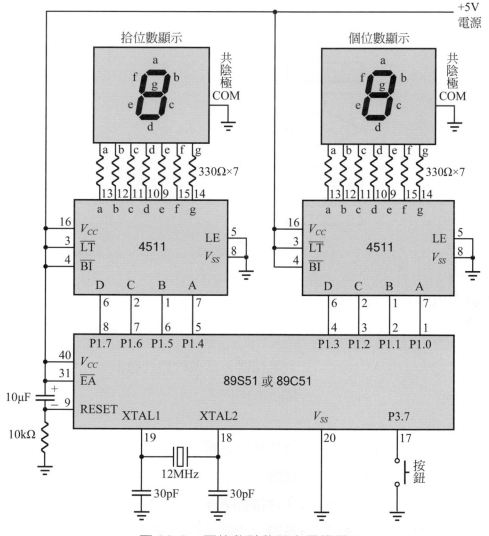

圖 22-6 兩位數計數器之電路圖

註:若您想用 7447 配合共陽極七段 LED 顯示器來顯示數字,請改用圖 22-7 之電路。

五、流程圖

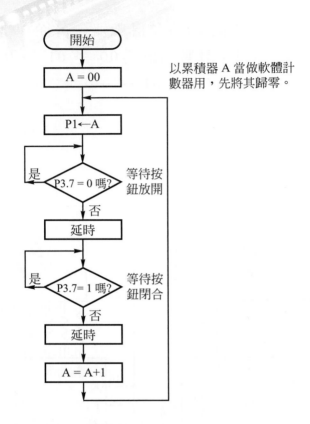

以累積器 A 當做軟體計
數器用,先將其歸零。

六、程式

【範例 E2201】

```
        ORG     0000H
        CLR     A           ;以累積器 A 當做軟體計數器,先把 A 清除為 0
LOOP:   MOV     P1,A        ;顯示 A 的內容

        JNB     P3.7,$      ;等待按鈕放開
        ACALL   DELAY       ;延時
        JB      P3.7,$      ;等待按鈕閉合
        ACALL   DELAY       ;延時
```

```
         ADD      A,#01     ;┐ 十進位加法，把A的內容加1
         DA       A         ;┘

         AJMP     LOOP      ;重複執行程式
```

;延時 40ms 副程式。用來避開接點反彈跳
```
DELAY:   MOV      R6,#100
DL:      MOV      R7,#200
         DJNZ     R7,$
         DJNZ     R6,DL
         RET
;
         END
```

七、實習步驟

1. 請接妥圖22-6之電路。注意！兩個七段LED顯示器都是**共陰極**的。
2. 程式組譯後，燒錄至89S51或89C51，然後通電執行之。
3. 程式執行後，顯示器顯示_____。
4. 把按鈕按10下，則顯示器顯示_____。
5. 再把按鈕按90下，則顯示器顯示_____。
6. 實習完畢後，請勿拆掉電路，下個實習會用到完全相同的電路。

八、相關資料補充

　　當您想用7447配合**共陽極**七段 LED 顯示器來顯示數字時，可採用圖 22-7 之電路。

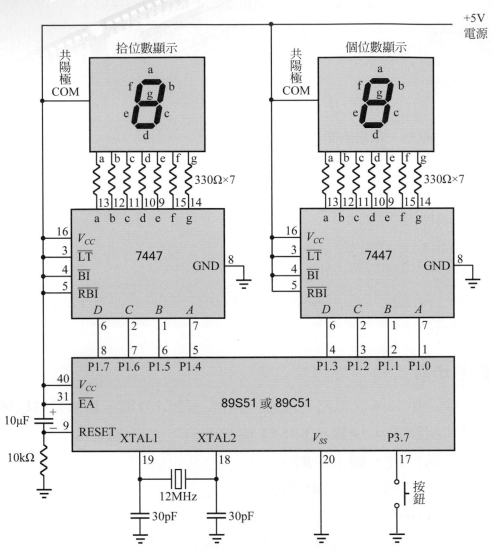

圖 22-7　兩位數計數器之電路圖

Chapter 23

兩位數計時器

一、實習目的

熟悉計時中斷的應用。

二、相關知識

在微電腦中，計時器和 CPU 是可以並行工作的，亦即平時 CPU 在執行工作時可以不去管計時器的動作情形而讓計時器自己執行計時的功能，等計時器發出計時中斷信號時CPU才暫時放下目前的工作而跳去執行計時中斷服務程式，計時中斷服務程式執行完畢後CPU又馬上回去執行原來的工作(主程式)。此種用法稱為「分時」或「多工」。

在本實習中，平時CPU一直在測試按鈕是否有被按下，等接到計時中斷信號時才去執行位址 000BH 開始的計時中斷服務程式，中斷服務程式執行完，CPU立刻回復測試按鈕是否有被按下的任務，因此能達到多工的效果。

三、動作情形

本實習要做一個兩位數的 10 進位計時器，其動作情形為：

1. 按鈕按第一下時，計時器由 00 秒開始計時。每隔 1 秒即加 1，計時範圍為 00 秒～99 秒。
2. 按鈕按第二下時，停止計時。
3. 按鈕按第三下時，計時器歸零(顯示 00 秒)。
4. 按鈕按第四下時，與按第一下的功能相同，亦即按鈕的功能為

> 由 00 秒開始計時 ⟶ 停止計時 ⟶ 歸零 ⟶

四、電路圖

與第 22 章的圖 22-6 完全一樣。(請見 22-7 頁)

五、流程圖

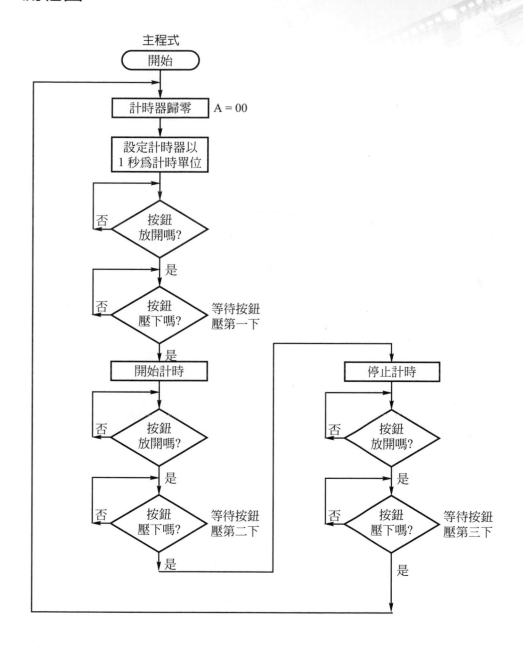

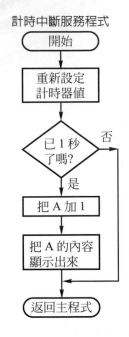

計時中斷服務程式

開始

重新設定
計時器值

已 1 秒
了嗎?　　否

是

把 A 加 1

把 A 的內容
顯示出來

返回主程式

六、程式

【範例 E2301】

```
        ORG     0000H
        AJMP    MAIN            ;避開計時中斷服務程式所需之位址
;  ============================
;  ==      計時中斷服務程式      ==
;  ============================
        ORG     000BH           ;計時器 0 的中斷服務程式,起始
;                               ;位址一定在 000BH
        MOV     TH0,#3CH        ;┐ 重新設定計數值
        MOV     TL0,#0B0H       ;┘
        DJNZ    R4,CONT         ;若 R4-1≠0,表示時間 1 秒未到,跳
                                ;至 CONT
        MOV     R4,#20          ;50ms × 20 = 1000ms = 1 秒
;
```

```
        ADD       A,#01          ;┐ 十進位加法，把 A 的內容加 1
        DA        A              ;┘
        MOV       P1,A           ;把 A 的內容顯示出來
;
CONT:   RETI                     ;返回主程式
; ============================
; ==        主  程  式       ==
; ============================
;以累積器 A 當作軟體計時器用，先將其歸零
MAIN:   MOV       A,#00          ;┐ 顯示 00
        MOV       P1,A           ;┘
;設定計時器以 1 秒爲計時單位
        MOV       R4,#20         ;令 R4 ＝ 20，以便延時 50ms ╳ 20
                                 ;＝ 1000ms ＝ 1 秒
        MOV       TMOD,#00000001B ;設定計時器 0 工作於模式 1
        MOV       TH0,#3CH       ;┐ 設定計數值，以便計時 50ms
        MOV       TL0,#0B0H      ;┘
        SETB      EA             ;┐ 計時器 0，中斷致能
        SETB      ET0            ;┘
;等待按鈕放開
        ACALL     DELAY          ;延時
        JNB       P3.7,$         ;等待按鈕放開
        ACALL     DELAY          ;延時
;等待按鈕按第一下
        JB        P3.7,$         ;等待按鈕閉合
        SETB      TR0            ;起動計時器 0
        ACALL     DELAY          ;延時
        JNB       P3.7,$         ;等待按鈕放開
```

```
        ACALL    DELAY                ;延時
;等待按鈕按第二下
        JB       P3.7,$               ;等待按鈕閉合
        CLR      TR0                  ;停止計時
        ACALL    DELAY                ;延時
        JNB      P3.7,$               ;等待按鈕放開
        ACALL    DELAY                ;延時
;等待按鈕按第三下
        JB       P3.7,$               ;等待按鈕閉合
        AJMP     MAIN                 ;重複執行程式
;延時副程式。用來避開接點反彈跳
DELAY:  MOV      R6,#100
DL:     MOV      R7,#200
        DJNZ     R7,$
        DJNZ     R6,DL
        RET
;
        END
```

七、實習步驟

1. 請接妥第 22-7 頁的圖 22-6 之電路。

2. 程式組譯後，燒錄至 89S51 或 89C51，然後通電執行之。

3. 程式執行後，顯示器顯示＿＿＿＿＿。

4. 請按一下按鈕。

5. 隔 30 秒後顯示器顯示＿＿＿＿＿。

6. 請再按一下按鈕。

7. 計時器是否已停止計時呢？　　答：＿＿＿＿＿

8. 　再按一下按鈕，則顯示器顯示_____。

9. 　計時器是否歸零呢？　　　　　　　　　　　答：_____

10. 再按一下按鈕，則計時器是否開始計時呢？　答：_____

11. 再按一下按鈕，計時器是否停止計時呢？　　答：_____

12. 再按一下按鈕，計時器是否歸零呢？　　　　答：_____

八、相關知識補充

　　您知道程式中為什麼令 TMOD ＝ 0000 0001B 嗎？知道為什麼要令 TH0 ＝ 3CH，TL0 ＝ B0H 嗎？假如您對程式還有疑惑，請趕快回頭看看第 11 章的相關知識，計時器的基本用法我們已在第 11 章學過了。

Chapter 24

多位數字之掃描顯示

實習 24-1　五位數之掃描顯示

一、實習目的

了解多個七段顯示器掃描顯示的技巧。

二、相關知識

1. 掃描顯示的技巧

我們已在第 21 章學過用字形碼直接驅動七段顯示器的方法，也在第 22 章學過用解碼器驅動七段顯示器的方法，但是，前述方法每一個輸出埠(8 隻腳)最多只能顯示兩個字，所以不適用於顯示很多個字的場合(例如要顯示 8 個字，必須用 32 隻輸出腳才夠)。在需要顯示很多個字的場合，我們可以採用掃描顯示的方法以節省輸出腳，圖 24-1-1 是 5 個顯示器的字形碼掃描電路。

由圖 24-1-1 可知七段顯示器的共陰極是由 MCS-51 的 Port 3 控制，所以欲控制哪一個顯示器發亮，只需改變送至 Port 3 的值即可。圖 24-1-2 所示即為一例，像這種有規律的變化最適宜使用旋轉指令加以控制。

想要在顯示幕顯示 12345，則需先如圖 24-1-3(a)所示由Port 1 送出 1 的字形碼 F9H，並由 Port 3 送出 11101111B 使 1 亮在最左邊的顯示器，然後如圖 24-1-3(b)所示由Port 1 送出 2 的字形碼 A4H 並由 Port 3 送出 11110111B，令 2 亮在第 2 個顯示器，依此類推。綜觀圖 24-1-3(a) → (b) → (c) → (d) → (e) → (a) → (b) → ……，可知每次只有一個顯示器在發亮，但是由於人眼有視覺暫留的現象，我們只要以極快的速度令 5 個顯示器依序輪流點亮，看起來就會覺得 5 個顯示器同時都在亮，這種顯示方法稱為掃描顯示法。

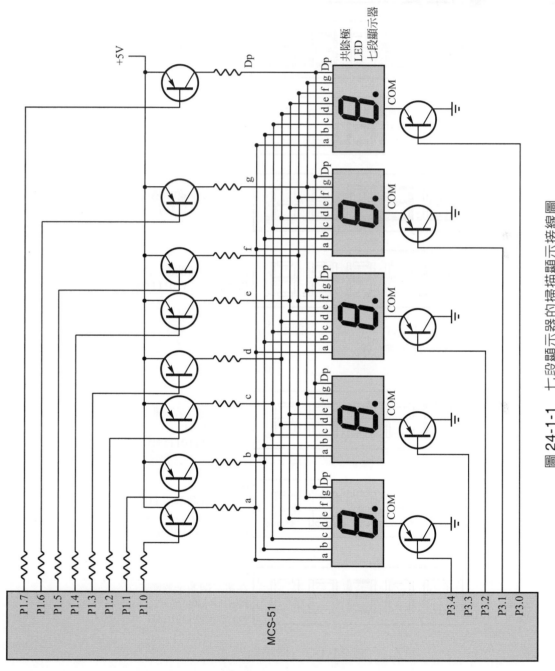

圖 24-1-1　七段顯示器的掃描顯示接線圖

欲令最右邊的顯示器發亮,需使
PORT 3 = 11111110B

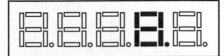
欲令第 4 個顯示器亮,需使
PORT 3 = 11111101B

欲令第 3 個顯示器亮,需使
PORT 3 = 11111011B

欲令第 2 個顯示器亮,需使
PORT 3 = 11110111B

欲令最左邊的顯示器亮,需使
PORT 3 = 11101111B

圖 24-1-2　改變 Port 3 的值即可控制所需之顯示器發亮(字形碼則由 Port 1 送出)

(a)
在第一個顯示器顯示 1
Port 1 = F9H
Port 3 = 11101111B

(b)
在第二個顯示器顯示 2
Port 1 = A4H
Port 3 = 11110111B

(c)
在第三個顯示器顯示 3
Port 1 = B0H
Port 3 = 11111011B

圖 24-1-3　掃描顯示法

(d)
在第四個顯示器顯示 4
Port 1 = 99H
Port 3 = 11111101B

(e)
在第五個顯示器顯示 5
Port 1 = 92H
Port 3 = 11111110B

圖 24-1-3　掃描顯示法(續)

　　為了簡化圖面，通常把圖 24-1-1 畫成圖 24-1-4 的形式。請您把兩圖做個對照，您必須了解圖 24-1-4 的實際接線就是圖 24-1-1。

2.　**字形碼**

　　由於在圖 24-1-1 中是使用 PNP 電晶體來驅動，所以由 Port 1 送出的字形，要亮的字劃需送出低電位使電晶體導通，不要亮的字劃就送出高電位使電晶體不導電。例如我們要顯示 3 時，Port 1 就必須輸出：

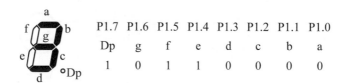

　　像 10110000 這種控制顯示器的某些 LED 發亮，某些 LED 熄滅的資料，稱為**字形碼**。常用數字之字形碼如表 24-1-1 所示。

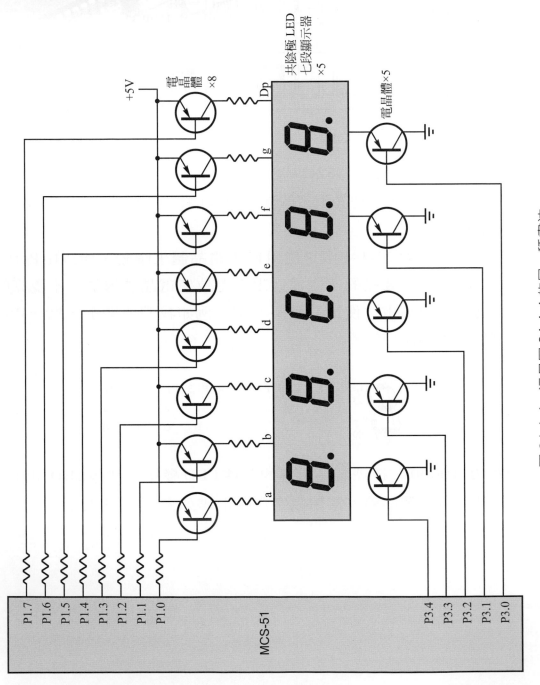

圖 24-1-4 這是圖 24-1-1 的另一種畫法

表 24-1-1 常用的字形碼

欲顯示之字形	DP	g	f	e	d	c	b	a	字形碼
0	1	1	0	0	0	0	0	0	C0H
1	1	1	1	1	1	0	0	1	F9H
2	1	0	1	0	0	1	0	0	A4H
3	1	0	1	1	0	0	0	0	B0H
4	1	0	0	1	1	0	0	1	99H
5	1	0	0	1	0	0	1	0	92H
6	1	0	0	0	0	0	1	0	82H
7	1	1	1	1	1	0	0	0	F8H
8	1	0	0	0	0	0	0	0	80H
9	1	0	0	1	0	0	0	0	90H
A	1	0	0	0	1	0	0	0	88H
B	1	0	0	0	0	0	1	1	83H
C	1	1	0	0	0	1	1	0	C6H
D	1	0	1	0	0	0	0	1	A1H
E	1	0	0	0	0	1	1	0	86H
F	1	0	0	0	1	1	1	0	8EH
熄滅	1	1	1	1	1	1	1	1	FFH

三、動作情形

在顯示幕上顯示 01234 等五個數字。

四、電路圖

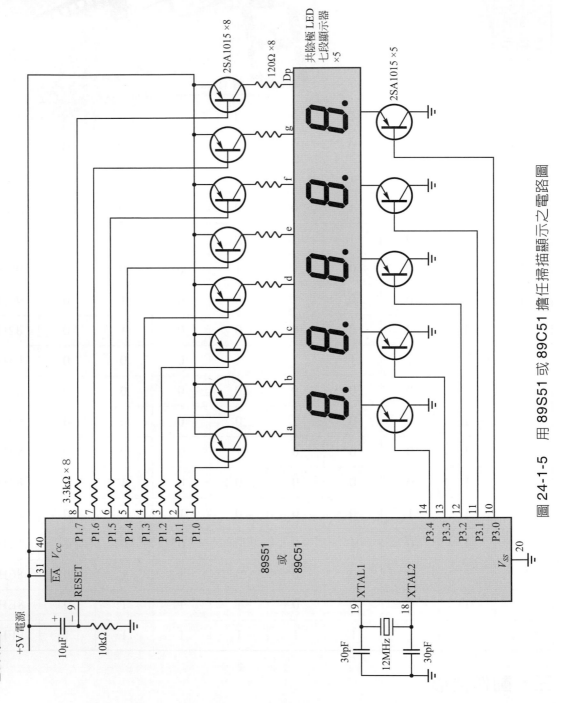

圖 24-1-5 用 89S51 或 89C51 擔任掃描顯示之電路圖

五、流程圖

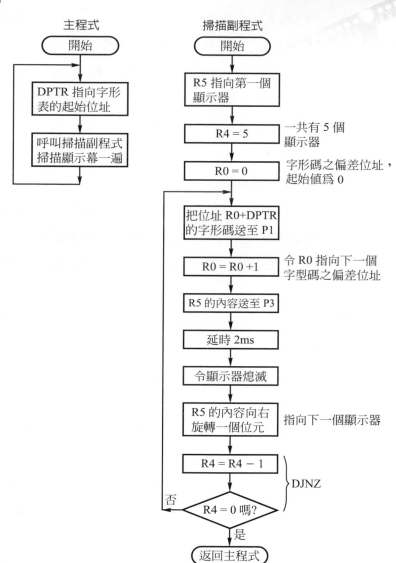

六、程式

【範例 E2401】

```
; ==========================
; ==    主  程  式    ==
; ==========================
```

```
            ORG       0000H
START:      MOV       DPTR,#TABLE      ;DPTR 指向字形表的起始位址
            ACALL     SCAN1            ;顯示一次
            AJMP      START            ;重複執行程式
```

; ============================
; ==   掃描副程式   ==
; ============================

;本 SCAN1 副程式能自左而右掃描顯示幕一次，共耗時 10ms

```
SCAN1:      MOV       R5,#11101111B    ;欲從最左邊的顯示器開始顯示
            MOV       R4,#05           ;一共有 5 個顯示器
            MOV       R0,#00           ;R0 為字形碼之偏差位址，起始值為 0

LOOP:       MOV       A,R0             ;┐ 由位址 R0＋DPTR 取得字形碼
            MOVC      A,@A+DPTR        ;┘
            MOV       P1,A             ;將字形碼送至 P1

            INC       R0               ;令 R0 指向下一個字形碼的偏差位址

            MOV       P3,R5            ;令一個顯示器的共陰極為低電位
            ACALL     DELAY            ;延時 2ms

            ORL       P3,#11111111B    ;令顯示器熄滅，以免產生殘影

            MOV       A,R5             ;┐ 把 R5 的內容向右旋轉一個位元，
            RR        A                ;│ 指向下一個顯示器的共陰極。
            MOV       R5,A             ;┘

            DJNZ      R4,LOOP          ;一共需顯示 5 個字。
```

```
        RET                              ;返回主程式
; ===========================
; ==       延時副程式       ==
; ===========================
;延時 2ms
DELAY:  MOV      R6,#5
DL1:    MOV      R7,#200
DL2:    DJNZ     R7,DL2
        DJNZ     R6,DL1
        RET
; ===========================
; ==      字  形  表       ==
; ===========================
TABLE:  DB       0C0H              ;0 的字形碼
        DB       0F9H              ;1 的字形碼
        DB       0A4H              ;2 的字形碼
        DB       0B0H              ;3 的字形碼
        DB        99H              ;4 的字形碼
;
        END
```

七、實習步驟

1. 請接妥圖 24-1-5 之電路。

2. 程式組譯後，燒錄至 89S51 或 89C51，然後通電執行之。

3. 觀察顯示幕之顯示情形。

4. 實習完畢，接線請勿拆掉，下個實習可再用。

實習 24-2 閃爍顯示

一、實習目的

了解產生閃爍效果的技巧。

二、相關知識

若顯示幕一下子顯示字形，一下子熄滅，即能達成閃爍的效果，因此安排一組需顯示的字形及一組熄滅的字形，利用交互顯示的方法即可造成閃爍的效果。

三、動作情形

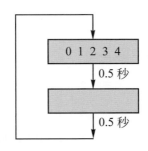

四、電路圖

與圖 24-1-5 完全一樣。(請見 24-8 頁)

五、流程圖

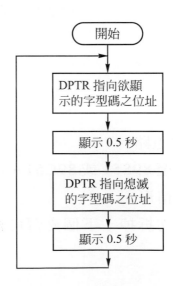

六、程式

【範例 E2402】

```
; ==========================
; ==      主  程  式      ==
; ==========================
          ORG      0000H
;
START:    MOV      R2,#50          ;欲顯示 10ms ✕ 50 ＝ 500ms ＝ 0.5 秒
LOOP1:    MOV      DPTR,#TABLE     ;DPTR 指向字形表的起始位址
          ACALL    SCAN1           ;顯示 10ms
          DJNZ     R2,LOOP1        ;重複顯示 50 次
;
          MOV      R2,#50          ;欲顯示 10ms ✕ 50 ＝ 500ms ＝ 0.5 秒
LOOP2:    MOV      DPTR,#BLANK     ;DPTR 指向熄滅的字形
          ACALL    SCAN1           ;顯示 10ms
          DJNZ     R2,LOOP2        ;重複顯示 50 次

          AJMP     START           ;重複執行程式
; ==========================
; ==      掃描副程式        ==
; ==========================
;掃描顯示幕一次，約耗時 10ms。
;本副程式與範例 E2401 完全一樣，於此不再詳述。
SCAN1:    MOV      R5,#11101111B
          MOV      R4,#05
          MOV      R0,#00
LOOP:     MOV      A,R0
```

```
            MOVC    A,+DPTR
            MOV     P1,A
            INC     R0
            MOV     P3,R5
            ACALL   DELAY
            ORL     P3,#11111111B
            MOV     A,R5
            RR      A
            MOV     R5,A
            DJNZ    R4,LOOP
            RET
; ==========================
; ==       延時副程式       ==
; ==========================
;延時 2ms
DELAY:  MOV     R6,#5
DL1:    MOV     R7,#200
DL2:    DJNZ    R7,DL2
        DJNZ    R6,DL1
        RET
; ==========================
; ==       字 形 表        ==
; ==========================
TABLE:  DB      0C0H            ;0 的字形碼
        DB      0F9H            ;1 的字形碼
        DB      0A4H            ;2 的字形碼
        DB      0B0H            ;3 的字形碼
        DB      99H             ;4 的字形碼
```

```
;
BLANK:    DB      0FFH              ;┐
          DB      0FFH              ; │
          DB      0FFH              ; ├熄滅的字形碼
          DB      0FFH              ; │
          DB      0FFH              ;┘
;
          END
```

七、實習步驟

1. 請接妥 24-8 頁的圖 24-1-5 之電路。

2. 程式組譯後，燒錄至 89S51 或 89C51，然後通電執行之。

3. 觀察顯示幕之顯示情形。

4. 請練習修改程式，使顯示幕顯示閃爍的 HELLO。

5. 實習完畢，接線請勿拆掉，下個實習可再用。

實習 24-3　移動顯示

一、實習目的

練習以移動的方式顯示字元。

二、相關知識

假如我們事先在記憶體安排如下的字形表：

位址	0050H	0051H	0052H	0053H	0054H	0055H	0056H	0057H
字形碼	FFH	FFH	FFH	FFH	FFH	88H	83H	C6H
說明	熄	熄	熄	熄	熄	A	B	C

位址	0058H	0059H	005AH	005BH	005CH	005DH	005EH	005FH
字形碼	A1H	86H	8EH	FFH	FFH	FFH	FFH	FFH
說明	D	E	F	熄	熄	熄	熄	熄

則在呼叫SCAN1副程式掃描顯示幕時，我們只要設定不同的DPTR值，顯示幕就會有不同的反應，如圖24-3-1所示。

由圖24-3-1可發現只要把DPTR逐次加1，則顯示的字形就會逐次由右向左移動。同理，若逐次把DPTR減1，則顯示的字形會逐次由左向右移動。換句話說，逐次改變DPTR的值就可造成字幕向左或向右移動的效果。

(1) 當 DPTR = 0050H 時　[　　　　　]

(2) 當 DPTR = 0051H 時　[　　　　　A]

(3) 當 DPTR = 0052H 時　[　　　A B]

(4) 當 DPTR = 0053H 時　[　　A B C]

(5) 當 DPTR = 0054H 時　[　A B C D]

(6) 當 DPTR = 0055H 時　[A B C D E]

(7) 當 DPTR = 0056H 時　[B C D E F]

(8) 當 DPTR = 0057H 時　[C D E F]

(9) 當 DPTR = 0058H 時　[D E F]

(10) 當 DPTR = 0059H 時　[E F]

(11) 當 DPTR = 005AH 時　[F]

(12) 當 DPTR = 005BH 時　[　　　　　]

圖 24-3-1　移動顯示的工作原理

三、電路圖

與圖24-1-5完全一樣。(請見24-8頁)

四、流程圖

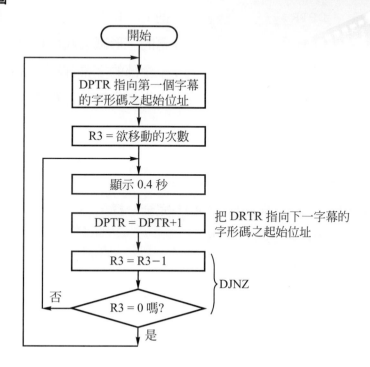

```
                    開始

            DPTR 指向第一個字幕
            的字形碼之起始位址

            R3 = 欲移動的次數

              顯示 0.4 秒

             DPTR = DPTR+1      把 DRTR 指向下一字幕的
                                字形碼之起始位址
              R3 = R3 − 1
                                ┐
                                │ DJNZ
         否    R3 = 0 嗎?        ┘

                  是
```

五、程式

【範例 E2403】

```
; ===========================
; ==        主 程 式      ==
; ===========================
        ORG     0000H
START:  MOV     DPTR,#TABLE      ;DPTR 指向第一個字幕
                                 ;的字形碼之起始位址
        MOV     R3,#OK-TABLE+1   ;R3 等於字幕需移動的次數
;
OVER:   MOV     R2,#40           ;┐
SCAN:   ACALL   SCAN1            ;│ 每一字幕顯示 10ms × 40
        DJNZ    R2,SCAN          ;┘ = 400ms = 0.4 秒
```

```
;
        INC     DPTR            ;把 DPTR 加 1，指向下一個字
                                ;幕的字形碼之起始位址
        DJNZ    R3,OVER         ;┐ 全部的字幕都顯示完後，
        AJMP    START           ;┘ 從頭重複執行程式
```

; ============================
; ==   掃描副程式   ==
; ============================

;掃描顯示幕一遍，約 10ms。與範例 E2401 完全一樣。

```
SCAN1:  MOV     R5,#11101111B
        MOV     R4,#05
        MOV     R0,#00
LOOP:   MOV     A,R0
        MOVC    A,+DPTR
        MOV     P1,A
        INC     R0
        MOV     P3,R5
        ACALL   DELAY
        ORL     P3,#11111111B
        MOV     A,R5
        RR      A
        MOV     R5,A
        DJNZ    R4,LOOP
        RET
```

; ============================
; ==   延時副程式   ==
; ============================

;延時 2ms

```
DELAY:  MOV     R6,#5
DL1:    MOV     R7,#200
DL2:    DJNZ    R7,DL2
        DJNZ    R6,DL1
        RET
```

; =============================
; ==   字 形 表   ==
; =============================

```
TABLE:  DB      0FFH            ;熄
        DB      0FFH            ;熄
        DB      0FFH            ;熄
        DB      0FFH            ;熄
        DB      0FFH            ;熄
        DB      0C0H            ;0
        DB      0F9H            ;1
        DB      0A4H            ;2
        DB      0B0H            ;3
        DB      99H             ;4
        DB      92H             ;5
        DB      82H             ;6
        DB      0F8H            ;7
        DB      080H            ;8
        DB      90H             ;9
        DB      88H             ;A
        DB      83H             ;B
        DB      0C6H            ;C
        DB      0A1H            ;D
        DB      86H             ;E
```

```
OK:         DB          8EH                     ;F
            DB          0FFH                    ;熄
            DB          0FFH                    ;熄
            DB          0FFH                    ;熄
            DB          0FFH                    ;熄
            DB          0FFH                    ;熄
;
            END
```

六、實習步驟

1. 請接妥 24-8 頁的圖 24-1-5 之電路。

2. 程式組譯後,燒錄至 89S51 或 89C51,然後通電執行之。

3. 觀察顯示幕之顯示情形。

4. 實習完畢,接線可予保留,下個實習只需再加上一個按鈕即可。

Chapter 25

五位數計數器

一、實習目的

1. 了解用暫存器擔任多位數計數器的技巧。

2. 了解消除無效零的技巧。

3. 熟練掃描顯示的方法。

4. 熟練用軟體避開接點反彈跳的方法。

二、動作情形

1. 製作一個計數器，每當接腳P3.7輸入一個低電位，計數器的內容
   就加1。

2. 本計數器為10進位計數器，可由00000計數至99999。

3. 無效零不要顯示。例如00000只顯示0，00380只顯示380，依此
   類推。

三、電路圖

如圖25-1所示。

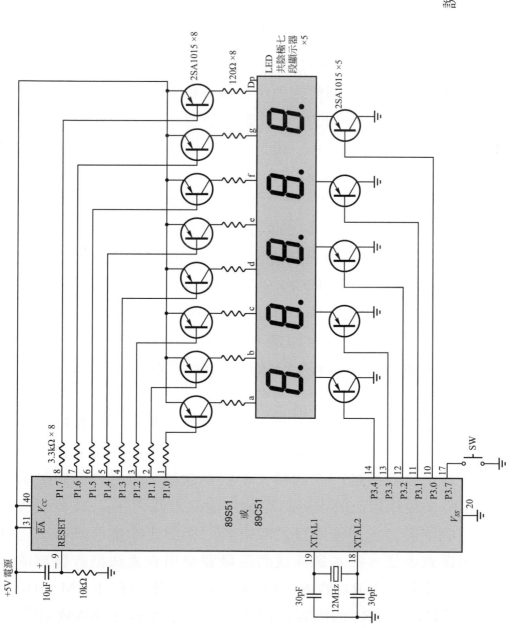

圖 25-1　五位數計數器之電路圖

說明：在做實驗時，SW
可用一般的按鈕連接
上，在實際應用時，
SW 為光電開關、
近接開關或微動開
關等。

四、相關知識

1. 如何做多位計數

雖然 MCS-51 系列單晶片微電腦的內部有(硬體)計數器可供應用,但是它是 16 進位的計數器,而且只能由 0000H 計數至 0FFFFH,所以在需要多位計數的場合,根本就英雄無用武之地。

在需要多位計數時,最簡便的方法就是把暫存器 R0~R7 拿一部份來當(軟體)計數器用。每一個暫存器可做兩位數的計數(10 進位的 00~99),本製作要做五位數的計數,所以必須用三個暫存器來當計數器用(三個暫存器可做成 6 位數的計數器,但若只顯示其中較低的五位數,即成五位數計數器)。

本製作擬採用 R1、R2、R3 當做計數器,例如 R1 = 01,R2 = 23,R3 = 45,則計數器的內容就是 012345,但我們只顯示較低的 5 位數,所以計數器的內容就是 12345。

程式剛開始執行時,我們必須先把擔任計數功能的 R1、R2、R3 的內容全部清除為零。此後,每當檢測到接腳 P3.7 的電位由高態變成低態時,就把 R3 的內容加 1,若 R3 有進位產生(即 R3 的內容由 99 被加 1 而成為 100 時,R3 就等於 00,而進位旗標 C 就等於 1)則把進位(即進位旗標 C 的內容)加至 R2,同理,若 R2 有進位產生則把進位加至 R1,如此即可完成多位計數的功能。

2. 如何顯示計數器的內容

根據第 24 章的經驗,我們只要準備好字形碼,然後呼叫掃描顯示副程式,即可在顯示幕上顯示出數字,可是在本製作中計數器的內容一直隨接腳 P3.7 的輸入信號在改變,我們如何將計數器的內容轉換成相對應的字形碼呢?您還記得我們在第 21 章是先安排了一個字形表,然後用程式取得表中相對應的字形碼嗎?這種方法叫做查表法。在本章裡我們還是要應用查表法把計數器的內容轉換成字形碼。R1 的內容轉換成字形碼後放在 RAM 中位址 30H 及 31H 內,R2 的內容轉換成字形碼後是放在 RAM 中位址

32H 及 33H 內，R3 的內容轉換成字形碼後放在 RAM 中位址 34H
及 35H 內，如圖 25-2 所示。字形碼轉換完成後，我們只要呼叫掃
描副程式把 RAM 內位址 31H～35H 的內容(字形碼)送到顯示幕
去，即可把計數器的內容顯示出來了。

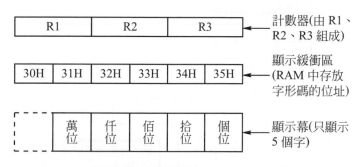

圖 25-2　計數器與字形碼的安排

3. **如何消除無效零**

什麼叫做無效零呢？簡而言之，在有效數字左邊的零就是無
效零，在有效數字右邊的零就是有效零，例如：

```
00  38  00
↓   ↓   ↓
無   有   有
效   效   效
零   數   零
     字
```

無效零拿掉後並不會改變數值的大小(例如 3800 = 003800)，所
以無效零可以拿掉。有效零拿掉後會改變數值的大小(例如
38 ≠ 3800)，所以有效零不可以拿掉。

為便於閱讀數值，所以本製作擬將無效零熄掉，不加以顯
示，用什麼方法才能辦到呢？因為 0 的字形碼是 0C0H，所以我
們只要檢測 RAM 中位址 31H～34H 的內容，凡是發現無效零的
字形碼 0C0H 就將其換成熄滅的字形碼 0FFH 即可。

五、流程圖

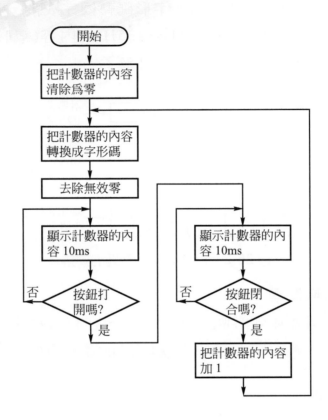

六、程式

【範例 E2501】

```
; ==========================
; ==      主  程  式      ==
; ==========================

        ORG     0000H
        ACALL   CLEAR           ;把計數器的內容清除為零
LOOP:   ACALL   CONV            ;把計數器的內容轉換成字形碼
        ACALL   KILL0           ;去除無效零
        ACALL   WAIT1           ;顯示計數器的內容，並等待按鈕打開
        ACALL   WAIT2           ;顯示計數器的內容，並等待按鈕閉合
```

```
        ACALL    ADD1                    ;把計數器的內容加 1
        AJMP     LOOP                    ;重複執行計數作用
; ========================
; ==      副  程  式      ==
; ========================
;清除計數器的內容
CLEAR:  MOV      R1,#00
        MOV      R2,#00
        MOV      R3,#00
        RET
; ========================
;把計數器的內容轉換成字形碼，並存入顯示緩衝區內

CONV:   MOV      R0,#35H                 ;R0 指向顯示緩衝區的位址
        MOV      A,R3                    ;┐ 把 R3 的內容轉換成字形碼，存入
        ACALL    CONV1                   ;┘ RAM 的位址 35H 和 34H 內

        MOV      A,R2                    ;┐ 把 R2 的內容轉換成字形碼，存入
        ACALL    CONV1                   ;┘ RAM 的位址 33H 和 32H 內

        MOV      A,R1                    ;┐ 把 R1 的內容轉換成字形碼，存入
        ACALL    CONV1                   ;┘ RAM 的位址 31H 和 30H 內
        RET                              ;返回主程式
;
CONV1:  MOV      DPTR,#TABLE             ;DPTR 指向字形碼的起始位址
        MOV      R6,A                    ;把 A 的內容保存在 R6 內

        ANL      A,#0FH                  ;┐
        MOVC     A,@A+DPTR               ;│把累積器 A 的低 4 位元轉換成字形
```

```
        MOV      @R0,A          ;⌐ 碼，並存入 R0 所指的位址內

        DEC      R0             ;R0 指向下一存放字形碼的位址

        MOV      A,R6           ;從 R6 取回 A 的原內容
        SWAP     A              ;⌐
        ANL      A,#0FH         ;│把累積器 A 的高 4 位元轉換成字形
        MOVC     A,@A+DPTR      ;│碼，並存入 R0 所指的位址內
        MOV      @R0,A          ;⌐

        DEC      R0             ;R0 指向下一存放字形碼的位址
        RET
;字形表
TABLE:  DB       0C0H           ;0 的字形碼
        DB       0F9H           ;1 的字形碼
        DB       0A4H           ;2 的字形碼
        DB       0B0H           ;3 的字形碼
        DB       99H            ;4 的字形碼
        DB       92H            ;5 的字形碼
        DB       82H            ;6 的字形碼
        DB       0F8H           ;7 的字形碼
        DB       80H            ;8 的字形碼
        DB       90H            ;9 的字形碼
        DB       88H            ;A 的字形碼
        DB       83H            ;B 的字形碼
        DB       0C6H           ;C 的字形碼
        DB       0A1H           ;D 的字形碼
        DB       86H            ;E 的字形碼
```

```
        DB      8EH                ;F 的字形碼
; ==========================
;消除無效零
KILL0:  MOV     R0,#31H            ;R0 指向欲開始檢測之位址
        MOV     R5,#04             ;欲檢測 4 個位址的內容
OVER:   CJNE    @R0,#0C0H,OK       ;若內容不等於 0C0H 則跳至 OK
KILL:   MOV     @R0,#0FFH          ;存入熄滅的字形碼 0FFH
        INC     R0                 ;R0 指向下一欲檢測之位址
        DJNZ    R5,OVER            ;一共需檢測 4 個位址
OK:     RET                        ;返回主程式
; ==========================
;等待按鈕放開
WAIT1:  ACALL   SCAN1              ;顯示計數器的內容 10ms
        JNB     P3.7,WAIT1         ;等待接腳 P3.7 = 1
        RET                        ;返回主程式
; ==========================
;等待按鈕閉合
WAIT2:  ACALL   SCAN1              ;顯示計數器的內容 10ms
        JB      P3.7,WAIT2         ;等待接腳 P3.7 = 0
        RET                        ;返回主程式
; ==========================
;用十進位加法把計數器的內容加 1
ADD1:   MOV     A,#01
        ADD     A,R3
        DA      A
        MOV     R3,A

        MOV     A,#00
```

```
        ADDC      A,R2
        DA        A
        MOV       R2,A


        MOV       A,#00
        ADDC      A,R1
        DA        A
        MOV       R1,A


        RET
```

; ==========================

;把 RAM 位址 31H～35H 內之字形碼顯示在顯示幕,約 10ms

```
SCAN1:  MOV       R5,#11101111B    ;欲從最左邊一個字開始顯示
        MOV       R4,#05           ;一共需顯示 5 個字
        MOV       R0,#31H          ;R0 指向顯示緩衝區的起始位址


LOOP1:  MOV       P1,@R0           ;把字形碼送至 P1
        INC       R0               ;R0 指向緩衝區的下一位址


        MOV       P3,R5            ;選中某一顯示器發亮
        ACALL     DELAY            ;延時 2ms


        ORL       P3,#11111111B    ;令顯示幕熄滅,以免產生殘影


        MOV       A,R5             ;┐ 把 R5 的內容向右旋轉一個位元
        RR        A                ;│,指向下一個顯示器
        MOV       R5,A             ;┘
```

```
        DJNZ        R4,LOOP1                ;一共需顯示 5 個字


        RET                                 ;返回主程式
;  ===========================
;延時 2ms
DELAY:  MOV         R6,#5
DL1:    MOV         R7,#200
DL2:    DJNZ        R7,DL2
        DJNZ        R6,DL1
        RET
;
        END
```

七、實習步驟

1. 請接妥圖 25-1 之電路。圖中之按鈕可用 TACT 按鈕。
2. 程式組譯後,燒錄至 89S51 或 89C51,然後通電執行之。
3. 程式執行後,顯示幕顯示_____。
4. 把 SW 按 5 下後,顯示幕顯示_____。
5. 再把 SW 按 5 下後,顯示幕顯示_____。
6. 再把 SW 按 90 下後,顯示幕顯示_____。

Chapter 26

電子琴

一、實習目的

1. 了解令揚聲器發出聲音的方法。
2. 熟悉按鍵輸入的處理方法。

二、相關知識

1. 產生聲音的方法

　　只要讓揚聲器(speaker)通過會產生大小變化的電流(即脈動電流或交流)，就能使揚聲器發出聲音，因此我們若以程式不斷的輸出 1 → 0 → 1 → 0 → ……就可令揚聲器發出聲音。由於 MCS-51 系列的輸出埠，輸

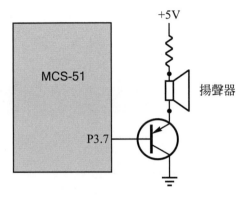

圖 26-1　產生聲音的基本接線

出電流不夠大，所以必須如圖 26-1 所示加上電晶體把電流放大後才驅動揚聲器。圖 26-2 則是產生聲音的基本流程圖，我們只要改變半週期 t 的時間即可改變輸出頻率。

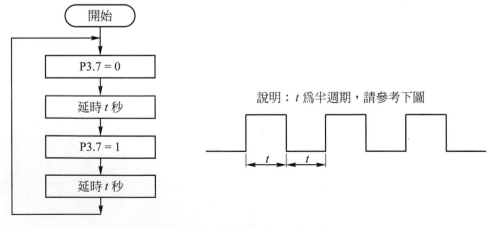

圖 26-2　產生聲音之基本流程

2. 決定程式中延時參數的方法

　　C調各音階的頻率如表 26-1 所示，根據此頻率表我們即可計算出程式中所需的延時參數。茲以中音的 DO 說明如下：

(1) DO 的頻率為 262Hz，所以

　　週期 $\quad T = \dfrac{1}{f} = \dfrac{1}{262}$ 秒 $= 3816\mu s$

　　半週期 $\quad t = \dfrac{T}{2} = 1908\mu s$

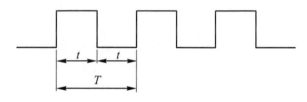

(2) 若以程式

```
        MOV    R6,#data   ;1 週 ┐ 共需耗時 3 個機械週期，即
        ACALL  DELAY      ;2 週 ┘ 1μs×3 = 3μs
          ⋮
          ⋮
DELAY:  MOV    B,R6       ;2 週 → 需耗時 2 個機械週期，即
                                    1μs×2 = 2μs
DL:     MOV    R7,#06     ;1 週 ┐ 此迴圈部份，每執行一次共需
        DJNZ   R7,$       ;2 週 ┤ 15 個機械週期，即耗時
        DJNZ   R6,DL      ;2 週 ┘ 1μs×15 = 15μs

        MOV    R6,B       ;2 週 ┐ 共需耗時 4 個機械週期，即
        RET            ;2 週 ┘ 1μs×4 = 4μs
```

來達成延時 t 秒的目的，則因 t = 1908μs，但是

```
MOV     R6,#data
ACALL   DELAY
MOV     B,R6
MOV     R6,B
RET
```

五個指令共耗時 $9\mu s$，所以DELAY副程式中，打迴圈的部份只可以是

$$1908\mu s - 9\mu s = 1899\mu s$$

(3) 迴圈的部份每執行一次耗時 $15\mu s$，故要延時 $1899\mu s$ 需重複執行 $1899\mu s \div 15\mu s = 126$ 次，亦即 R6 = 126 就可產生我們所需的 DO 音調。

(4) 其他音調所需的 R6 值，算法一樣，請自行練習計算。

備註：由上述說明可知，若令 $t =$ 半週期，$f =$ 頻率，則

因為 $R6 = \dfrac{t - 9\mu s}{15\mu s} = \dfrac{\dfrac{1}{2f} - 9\mu s}{15\mu s} = \dfrac{\dfrac{10^6}{2f} - 9}{15}$

所以 $R6 = \dfrac{\dfrac{500000}{f} - 9}{15}$

例如：DO 的頻率為 262Hz，所以相對應的

$$R6 = \frac{\dfrac{500000}{262} - 9}{15} = 126$$

(5) C 調各音階所對應之 R6 值，請參考表 26-2。

(6) 實際上，做電子琴時程式必須不斷的判斷是哪一個鍵被按下，所以程式中還有其他的指令在消耗時間，因此實際採用的R6值應比上述計算值少一點點音階才會很正確，但是要把 R6 計算的很正確使音階非常準確實在很費時間，況且判斷按鍵(按鈕)的狀態所耗之時間與週期 T 比起來實在微不足道，所以在設計程式時只採用上述計算方法計算 R6 值即可，程式在判斷是哪一個鍵被按所耗費的時間可忽略不計。

表 26-1 C 調各音階之頻率表

音階		DO	RE	MI	FA	SO	LA	SI
高音	簡符	$\dot{1}$	$\dot{2}$	$\dot{3}$	$\dot{4}$	$\dot{5}$	$\dot{6}$	$\dot{7}$
	頻率(Hz)	522	587	659	700	784	880	988
中音	簡符	1	2	3	4	5	6	7
	頻率(Hz)	262	294	330	349	392	440	494
低音	簡符	$\underset{.}{1}$	$\underset{.}{2}$	$\underset{.}{3}$	$\underset{.}{4}$	$\underset{.}{5}$	$\underset{.}{6}$	$\underset{.}{7}$
	頻率(Hz)	131	147	165	175	196	220	247

表 26-2 C 調各音階所對應之 R6 值

音階		DO	RE	MI	FA	SO	LA	SI
高音	簡符	$\dot{1}$	$\dot{2}$	$\dot{3}$	$\dot{4}$	$\dot{5}$	$\dot{6}$	$\dot{7}$
	R6	63	56	50	47	42	37	33
中音	簡符	1	2	3	4	5	6	7
	R6	126	113	100	95	85	75	67
低音	簡符	$\underset{.}{1}$	$\underset{.}{2}$	$\underset{.}{3}$	$\underset{.}{4}$	$\underset{.}{5}$	$\underset{.}{6}$	$\underset{.}{7}$
	R6	254	226	201	190	170	150	134

三、動作情形

　　製作一個電子琴，一共有 11 個按鍵，可產生

　　　　$\underset{.}{5}$　$\underset{.}{6}$　$\underset{.}{7}$　1　2　3　4　5　6　7　$\dot{1}$

等 11 個音階。

四、電路圖

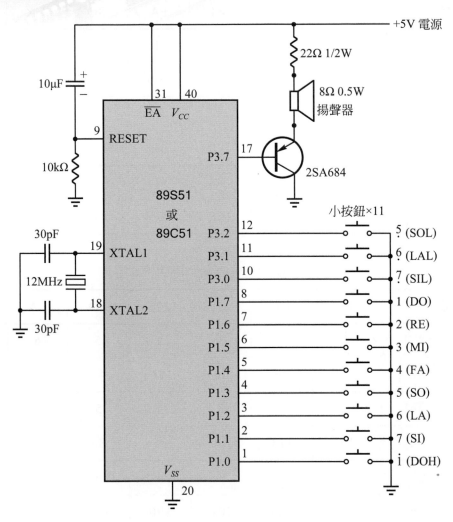

圖 26-3　微電腦電子琴

說明：

1. 8Ω 0.2W～0.5W 之揚聲器均適用於本製作，但揚聲器若附有喇叭箱(例如隨身聽用的小喇叭箱)則效果更佳。

2. 若您需要更大的音量，請改用 26-12 頁的圖 26-4。

五、流程圖

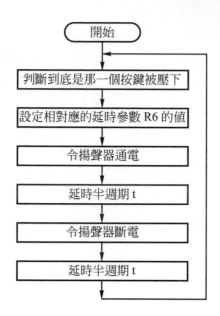

六、程式

【範例 E2601】

```
; ============================
; ==         等待任一鍵按下         ==
; ============================
        ORG     0000H
        ORL     P1,#11111111B
        ORL     P3,#11111111B
TEST:   JNB     P3.2,SOL        ;P3.2 = 0 嗎 ?
        JNB     P3.1,LAL        ;P3.1 = 0 嗎 ?
        JNB     P3.0,SIL        ;P3.0 = 0 嗎 ?
        JNB     P1.7,DO         ;P1.7 = 0 嗎 ?
        JNB     P1.6,RE         ;P1.6 = 0 嗎 ?
        JNB     P1.5,MI         ;P1.5 = 0 嗎 ?
```

```
        JNB     P1.4,FA              ;P1.4 = 0 嗎 ?
        JNB     P1.3,SO              ;P1.3 = 0 嗎 ?
        JNB     P1.2,LA              ;P1.2 = 0 嗎 ?
        JNB     P1.1,SI              ;P1.1 = 0 嗎 ?
        JNB     P1.0,DOH             ;P1.0 = 0 嗎 ?
        AJMP    TEST

; =============================
; ==    設定相對應的延時參數 R6    ==
; =============================
SOL:    MOV     R6,#170
        AJMP    OUTPUT
LAL:    MOV     R6,#150
        AJMP    OUTPUT
SIL:    MOV     R6,#134
        AJMP    OUTPUT
DO:     MOV     R6,#126
        AJMP    OUTPUT
RE:     MOV     R6,#113
        AJMP    OUTPUT
MI:     MOV     R6,#100
        AJMP    OUTPUT
FA:     MOV     R6,#95
        AJMP    OUTPUT
SO:     MOV     R6,#85
        AJMP    OUTPUT
LA:     MOV     R6,#75
        AJMP    OUTPUT
SI:     MOV     R6,#67
        AJMP    OUTPUT
DOH:    MOV     R6,#63
```

```
;   ==========================
;   ==          輸出一週          ==
;   ==========================
OUTPUT: CLR      P3.7           ;令揚聲器通電
        ACALL    DELAY          ;延時半週期 t
        SETB     P3.7           ;令揚聲器斷電
        ACALL    DELAY          ;延時半週期 t
        AJMP     TEST           ;重新測試按鍵
;   ==========================
;   ==        延時半週期 t        ==
;   ==========================
;延時 t＝15μs × R6＋9μs
DELAY:  MOV      B,R6
DL:     MOV      R7,#6
        DJNZ     R7,$
        DJNZ     R6,DL
        MOV      R6,B
        RET
;
        END
```

七、實習步驟

1. 請接妥圖 26-3 之電路。圖中之小按鈕，可採用 TACT 按鈕。
2. 程式組譯後，燒錄至 89S51 或 89C51，然後通電執行之。
3. 請試按各鍵(按鈕)確定動作正常。
4. 參考下面的樂譜演奏一曲，享受一下努力的成果吧！

小蜜蜂

克 夷 詞
王耀錕 曲

4/4

| 5 3 3 - | 4 2 2 - | 1 2 3 4 | 5 5 5 - |
嗡 嗡 嗡　　嗡 嗡 嗡　　大家 一起　　勤 做 工

| 5 3 3 - | 4 2 2 - | 1 3 5 5 | 3 - - 0 |
來 匆 匆　　去 匆 匆　　做 工 興 味　　濃

| 2 2 2 2 | 2 3 4 - | 3 3 3 3 | 3 4 5 - |
天 暖 花 好　不 做 工　　將 來 那 能　　好 過 冬

| 5 3 3 - | 4 2 2 - | 1 3 5 5 | 1 - - - ‖
嗡 嗡 嗡　　嗡 嗡 嗡　　別 學 懶 惰　　蟲

甜蜜的家庭

4/4

畢夏普 曲

| 1 2 | 3 · 4 4 5 | 5 - 3 5 5 | 4 · 3 4 2 | 3 - 0 1 2 |
我 的　家 庭 真　　可 愛，整 潔 美 滿 又 安 康　　姊 妹

| 3 · 4 4 6 | 5 - 3 5 | 4 · 3 4 2 | 1 - 0 5 5 |
兄 弟 很　和 氣，父 母　都 慈 祥　　雖 然

| i · 7 6 5 | 5 - 3 5 5 | 4 · 3 4 2 | 3 - 0 5 5 |
沒 有 好　花 園，春 蘭 秋　桂 常 飄 香　　雖 然

| i · 7 6 5 | 5 - 3 5 5 | 4 · 3 4 2 | 1 - - 0 |
沒 有 大　廳 堂 冬 天　溫 暖 夏 天　涼

| 5 - - - | 4 - 2 - | 1 - 2 - | 3 - 0 5 |
可　　愛 的　　家 庭 呀　！我

| i · 7 6 5 | 5 - 3 5 5 | 4 · 3 4 2 | 1 - - 0 ‖
不 能 離　開 你，你 的 恩 惠 比 天　長

梅 花

劉家昌　詞曲

3/4

‖: 5 - 3 | 6 - 3 | 2 0 3 1 6 | 5 - - |

梅　花　梅　花　滿　　天　　下
看　那　遍　地　開　了　梅　　花

| 6 1 6 | 5 - 6 | 3 - - ⌒ 3 - - |

愈冷它　愈　開　花
有土地　就　有　它

| 5 - 3 | 6 - 3 | 2 0 3 1 | 6 - - |

梅　花　堅　忍　象　徵　我　們
冰　雪　風　雨　它　都　不　怕

| 5 6 5 | 3 - 2 | 1 - - ⌒ 1 - - :‖

巍巍的　大　中　華
它是我　的　國　花

我是隻小小鳥

德國民歌

3/4

| 1 1 1 | 3 · 2 1 | 3 3 3 | 5 · 4 3 | 5 4 3 | 2 - 0 |

我是隻　小　小鳥　飛就飛　叫　就叫，自由逍　遙，

| 2 - 1 7 | 1 2 3 | 4 - 3 2 | 3 4 5 | 5 4 3 2 | 1 - 0 ‖

我　不知　有憂愁，我　不知　有煩惱，只是愛歡　笑

八、相關資料補充

　　當您需要較大音量之微電腦電子琴時，可採用圖 26-4 之電路。

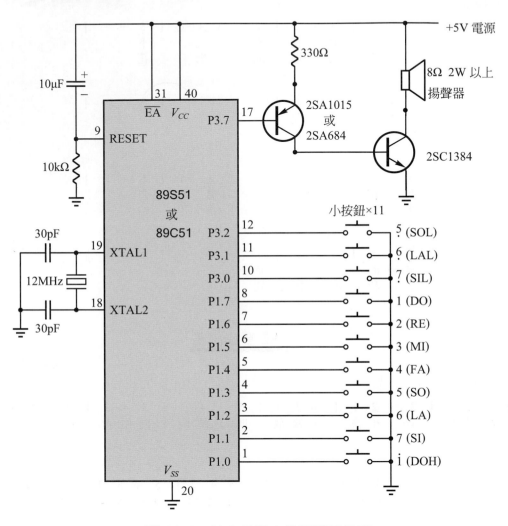

圖 26-4　較大音量之微電腦電子琴

聲音產生器

實習 27-1　忙音產生器

一、實習目的

了解產生忙音的方法。

二、相關知識

在微電腦控制中，除了用各種指示燈指示出目前的動作情形之外，有時還需用聲音提醒或警告操作人員，因此本章將依序介紹常用的忙音、鈴聲、警告聲的產生方法。

首先要介紹的是忙音。忙音是由 400Hz 的聲音叫 0.5 秒停 0.5 秒而形成的。在第 26 章我們已學會產生聲音的方法，在本章將採用相同的延時程式：

```
DELAY:  MOV     B,R6

DL:     MOV     R7,#6   ┐
        DJNZ    R7,$    ├ 此迴圈部份，每執行一次
        DJNZ    R6,DL   ┘ 需耗時 15μs

        MOV     R6,B
        RET
```

而由 R6 決定聲音的頻率。

由於上述程式的迴圈部份每執行一次需耗時 $15\mu s$，所以欲令 400Hz 的聲音叫 0.5 秒，則

$$(1) \quad \because 週期 = \frac{1}{400}秒 = 2500\mu s$$

$$半週期 = \frac{2500\mu s}{2} = 1250\mu s$$

$$\therefore R6 \doteqdot 1250\mu s \div 15\mu s = 83$$

(2) ∵ 要叫 0.5 秒，需要 0.5 秒 ÷ 2500μs ＝ 200 週

∴ 在範例 E2701 中，令 R5 ＝ 200

三、動作情形

不斷產生忙音。

四、電路圖

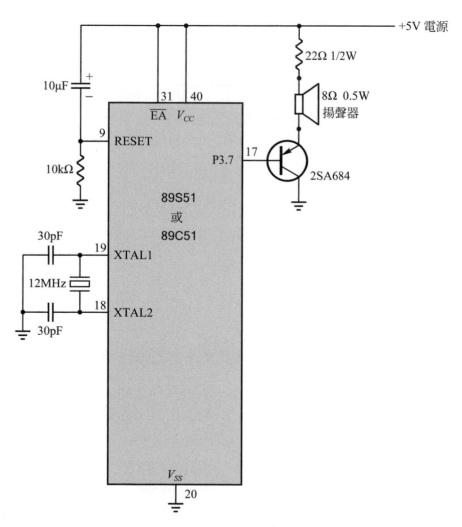

圖 27-1　微電腦聲音產生器

說明：

1. 8Ω 0.2W～0.5W 之揚聲器均適用於本製作，但揚聲器若附有喇叭箱(例如隨身聽用的小喇叭箱)則效果更佳。

2. 若您需要更大的音量，請改用 27-12 頁的圖 27-2。

五、流程圖

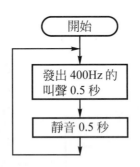

六、程式

【範例 E2701】

```
;   ========================
;   ==        主  程  式       ==
;   ========================
        ORG       0000H
START:  MOV       R6,#83          ;欲產生 400Hz 的聲音
        MOV       R5,#200         ;欲輸出 200 週
        ACALL     SOUND           ;發出 400Hz 的聲音 0.5 秒 (即 200 週)
        ACALL     D05S            ;靜音 0.5 秒
        AJMP      START           ;重複執行程式
;   ========================
;   ==        發聲副程式        ==
;   ========================
;聲音的頻率由 R6 控制
;發聲的週數由 R5 控制
```

```
SOUND:  CLR     P3.7            ;令揚聲器通電
        ACALL   DELAY           ;延時半週期 t
        SETB    P3.7            ;令揚聲器斷電
        ACALL   DELAY           ;延時半週期 t
        DJNZ    R5,SOUND        ;一共輸出 R5 週
        RET                     ;返回主程式
DELAY:  MOV     B,R6            ;┐
DL:     MOV     R7,#6           ;│
        DJNZ    R7,$            ;├延時半週期 t＝15μs × R6＋6μs
        DJNZ    R6,DL           ;│此部份與第 26 章完全一樣
        MOV     R6,B            ;│
        RET                     ;┘
; =========================
; ==        延時副程式         ==
; =========================
;延時 0.5 秒
D05S:   MOV     R5,#5
DL1:    MOV     R6,#250
DL2:    MOV     R7,#200
DL3:    DJNZ    R7,DL3
        DJNZ    R6,DL2
        DJNZ    R5,DL1
        RET
;
        END
```

七、實習步驟

1. 請接妥圖 27-1 之電路。
2. 程式組譯後，燒錄至 89S51 或 89C51，然後通電執行之。
3. 請傾聽揚聲器的叫聲。
4. 請練習修改程式，使忙音叫 20 聲後，自動停止。
5. 實習完畢後，接線請勿拆掉，下個實習可再用。

實習 27-2　鈴聲產生器

一、實習目的

了解產生鈴聲的方法。

二、相關知識

鈴聲可由 320Hz 及 480Hz 的聲音組合而成。只要令揚聲器重複發出 320Hz 和 480Hz 的叫聲各 25ms，即可模擬電話鈴聲。程式中 R5 和 R6 的算法與實習 27-1 完全一樣，於此不再詳述。

三、動作情形

模擬電話鈴聲，每鳴叫 1 秒，靜音 2 秒，不斷循環之。

四、電路圖

與圖 27-1 完全一樣。(請見 27-3 頁)

五、流程圖

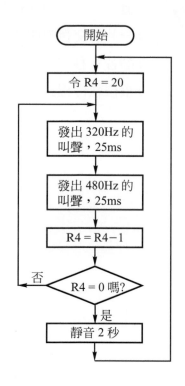

說明：
欲鳴叫
(25ms+25ms)×20
＝1000ms＝1秒，
故令 R4＝20。

六、程式

【範例 E2702】

```
; ========================
; ==      主 程 式      ==
; ========================
        ORG      0000H
START:  MOV      R4,#20        ;欲鳴叫 (25ms＋25ms)×20
                               ;＝1000ms＝1秒
RING:   MOV      R6,#104       ;欲產生 320Hz 的聲音
        MOV      R5,#8         ;欲輸出 8 週
        ACALL    SOUND         ;發出 320Hz 的聲音 25ms
        MOV      R6,#69        ;欲產生 480Hz 的聲音
```

```
          MOV       R5,#12            ;欲輸出 12 週
          ACALL     SOUND             ;發出 480Hz 的聲音 25ms
          DJNZ      R4,RING           ;一共需交替鳴叫 1 秒
          ACALL     D2S               ;靜音 2 秒
          AJMP      START             ;重複執行程式
; =========================
; ==      發聲副程式       ==
; =========================
;聲音的頻率由 R6 控制
;發聲的週期由 R5 控制
SOUND:    CLR       P3.7              ;┐
          ACALL     DELAY             ; |
          SETB      P3.7              ; |
          ACALL     DELAY             ; |
          DJNZ      R5,SOUND          ; |
          RET                         ;├與範例 E2701 完全一樣
DELAY:    MOV       B,R6              ; |，於此不再詳述
DL:       MOV       R7,#6             ; |
          DJNZ      R7,$              ; |
          DJNZ      R6,DL             ; |
          MOV       R6,B              ; |
          RET                         ;┘
; =========================
; ==      延時副程式       ==
; =========================
;延時 2 秒
D2S:      MOV       R5,#20
DL1:      MOV       R6,#250
```

```
DL2:    MOV     R7,#200
DL3:    DJNZ    R7,DL3
        DJNZ    R6,DL2
        DJNZ    R5,DL1
        RET
;
        END
```

七、實習步驟

1. 請接妥 27-3 頁的圖 27-1 之電路。
2. 程式組譯後，燒錄至 89S51 或 89C51，然後通電執行之。
3. 揚聲器是否發出電話鈴聲呢？　　　答：_____
4. 請練習修改程式，使電話鈴聲響 10 聲後自動停止。
5. 實習完畢，接線請勿拆掉，下個實習可再用。

實習 27-3　警告聲產生器

一、實習目的

了解產生警告聲的方法。

二、相關知識

以揚聲器重複發出 265Hz 及 350Hz 的叫聲各 0.73 秒，即可模擬警車的叫聲，而產生警告的作用。程式中 R5 和 R6 的計算方法與實習 27-1 完全一樣，於此不再詳述。

三、動作情形

不停的發出警車的叫聲。

四、電路圖

與圖 27-1 完全一樣。(請見 27-3 頁)

五、流程圖

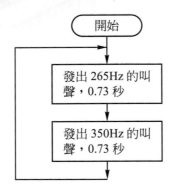

六、程式

【範例 E2703】

```
; ========================
; ==      主  程  式      ==
; ========================
        ORG     0000H
START:  MOV     R6,#126        ;欲產生 265Hz 的叫聲
        MOV     R5,#193        ;欲輸出 193 週
        ACALL   SOUND          ;發出 265Hz 的聲音 193 週
                               ;(即 0.73 秒)
        MOV     R6,#95         ;欲產生 350Hz 的叫聲
        MOV     R5,#255        ;欲輸出 255 週
        ACALL   SOUND          ;發出 350Hz 的聲音 255 週
                               ;(即 0.73 秒)
        AJMP    START          ;重複執行程式
; ========================
; ==      發聲副程式       ==
; ========================
;聲音的頻率由 R6 控制
```

;發聲的週數由 R5 控制

```
SOUND:    CLR      P3.7              ;┐
          ACALL    DELAY             ; |
          SETB     P3.7              ; |
          ACALL    DELAY             ; |
          DJNZ     R5,SOUND          ; |
          RET                        ;├與範例 E2701 完全一樣
DELAY:    MOV      B,R6              ; |，於此不再詳述
DL:       MOV      R7,#6             ; |
          DJNZ     R7,$              ; |
          DJNZ     R6,DL             ; |
          MOV      R6,B              ; |
          RET                        ;┘
;
          END
```

七、實習步驟

1. 請接妥 27-3 頁的圖 27-1 之電路。
2. 程式組譯後，燒錄至 89S51 或 89C51，然後通電執行之。
3. 揚聲器是否發出警車的叫聲呢？　　答：＿＿＿＿＿＿＿

八、相關資料補充

當您需要較大音量之微電腦聲音產生器時，可採用圖 27-2 之電路。

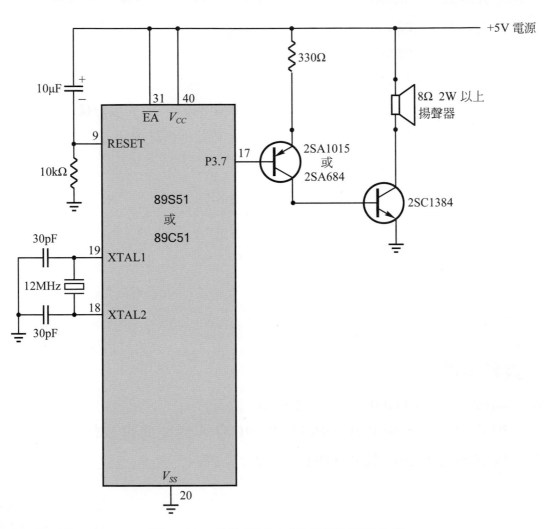

圖 27-2　較大音量之微電腦聲音產生器

實習 27-4　音樂盒

一、實習目的

1. 了解根據樂譜自動演奏歌曲的方法。
2. 練習將樂譜的音階、音拍編寫爲電腦樂譜。
3. 培養設計音樂 IC 的基礎能力。

二、動作情形

重覆演奏「我是隻小小鳥」。(樂譜請見 26-11 頁)

三、電路圖

與圖 27-1 完全一樣。(請見 27-3 頁)

四、相關知識

1. 在**第 26 章電子琴**，我們已學會令揚聲器發出各種音階的方法，也已親手演奏了歌曲，不過電子琴必須有人彈奏才會發出聲音，今天我們要把電子琴的程式稍作修改，成爲可以自動演奏歌曲的音樂盒。

2. 在第 26 章我們已獲得一個計算延時參數的公式(請見 26-4 頁)

$$R6 = \frac{\frac{500000}{f} - 9}{15}$$

用上述公式算得之高音、中音、低音各音階之延時參數，列於表 27-1。

3. 若將 $\frac{1}{8}$ 秒(即 125ms)定爲一個**音長**，在此單位時間內使揚聲器持續發出聲音，則各音階必須輸出的方波之週數(稱爲**音長參數**)可以用**頻率除以 8** 算得。例如中音的LA，頻爲 440Hz，所以每個音長必須輸出 $440 \div 8 = 55$ 個方波，以此類推。各音階所對應之音長參數列於表 27-1。

4. 為了編寫電腦樂譜的方便，所以我們自己定義了**音階代碼**，例如用 01 代表低音的 DO，用 11 代表中音的 DO，用 21 代表高音的 DO，如表 27-1 所示。另外，我們用 40 代表重覆演奏，用 255 代表停止演奏。在程式中編寫電腦樂譜時，就是用這些音階代碼來代替各音階。

5. **音拍代碼**可隨曲子節奏的快慢而自己定，例如 1 拍定為 04 (就是音長的 4 倍)，半拍就是 02，2 拍就是 08，以此類推。表 27-2 可供參考。

表 27-1　C 調各音階之參數及代碼

音　階		DO	RE	MI	FA	SO	LA	SI
高	簡　　符	$\dot{1}$	$\dot{2}$	$\dot{3}$	$\dot{4}$	$\dot{5}$	$\dot{6}$	$\dot{7}$
	頻率(Hz)	522	587	659	700	784	880	988
	延時參數	63	56	50	47	42	37	33
音	音長參數	65	73	82	88	98	110	124
	音階代碼	21	22	23	24	25	26	27
中	簡　　符	1	2	3	4	5	6	7
	頻率(Hz)	262	294	330	349	392	440	494
	延時參數	126	113	100	95	85	75	67
音	音長參數	33	37	41	44	49	55	62
	音階代碼	11	12	13	14	15	16	17
低	簡　　符	$\underset{.}{1}$	$\underset{.}{2}$	$\underset{.}{3}$	$\underset{.}{4}$	$\underset{.}{5}$	$\underset{.}{6}$	$\underset{.}{7}$
	頻率(Hz)	131	147	165	175	196	220	247
	延時參數	254	226	201	190	170	150	134
音	音長參數	16	18	21	22	25	28	31
	音階代碼	01	02	03	04	05	06	07
特殊功能	特殊功能	休止符	重覆演奏	停止演奏				
	簡　　符	0						
	音階代碼	00	40	255				

表 27-2　各音拍之音拍代碼

音　　拍	$\frac{1}{4}$拍	$\frac{1}{2}$拍	$\frac{3}{4}$拍	1 拍	$1\frac{1}{4}$拍	$1\frac{1}{2}$拍	$1\frac{3}{4}$拍	2 拍
音拍代碼	01	02	03	04	05	06	07	08
音　　拍	$2\frac{1}{4}$拍	$2\frac{1}{2}$拍	$2\frac{3}{4}$拍	3 拍	$3\frac{1}{4}$拍	$3\frac{1}{2}$拍	$3\frac{3}{4}$拍	4 拍
音拍代碼	09	10	11	12	13	14	15	16
音　　拍	$4\frac{1}{4}$拍	$4\frac{1}{2}$拍	$4\frac{3}{4}$拍	5 拍	$5\frac{1}{4}$拍	$5\frac{1}{2}$拍	$5\frac{3}{4}$拍	6 拍
音拍代碼	17	18	19	20	21	22	23	24

6. 把樂譜改編為程式中的電腦樂譜時，必須按照「**音階代碼在前，音拍代碼在後**」的規則排列，樂譜結束時，必須以 40 (表示重覆演奏) 或 255 (表示只演奏一遍就停止) 作結尾。例如：

```
簡    譜 →  | 5  ·  4  3 | 5  4  3  2 | 1  —  0 ‖
音階代碼 →   15     14 13  15 14 13 12  11     00
音拍代碼 →   06     02 04  02 02 04 04  08     04
```

寫成電腦樂譜就是 15，06，14，02，13，04，15，02，14，02，13，04，12，04，11，08，00，04，255

五、流程圖

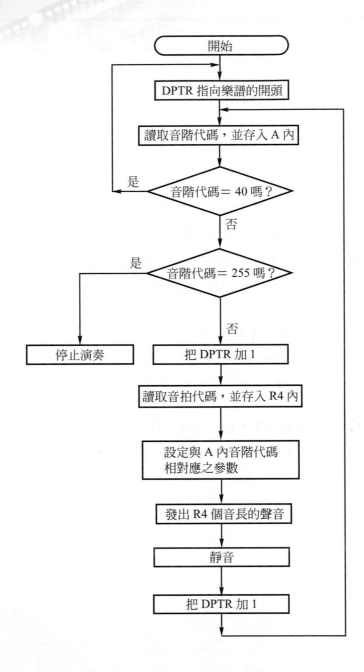

六、程式

【範例 E2704】

```
          ORG        0000H
;=====================================
;==    讀取樂譜內之音階代碼與音拍代碼    ==
;=====================================
START:   MOV        DPTR,#MUSIC    ;DPTR 指向樂譜之開頭
;讀取樂譜內之音階代碼
CONT:    CLR        A              ;┐ 讀取樂譜內之音階代碼,
         MOVC       A,@A+DPTR      ;┘ A=音階代碼
         CJNE       A,#40,CHK      ;┐ 若音階代碼為 40,則從頭開始重複演奏
         AJMP       START          ;┘
CHK:     CJNE       A,#255,OK      ;┐ 若音階代碼為 255,則停止演奏
STOP:    AJMP       STOP           ;┘
;讀取樂譜內之音拍代碼
OK:      PUSH       ACC            ;保存 A 之內容
         INC        DPTR           ;┐
         CLR        A              ;├讀取樂譜內之音拍代碼
         MOVC       A,@A+DPTR      ;┘
         MOV        R4,A           ;R4=音拍代碼
         POP        ACC            ;取回 A 之內容(即 A = 音階代碼)
;=====================================
;==    依據音階代碼發出相對應之聲音    ==
;=====================================
CHK1:    CJNE       A,#01,CHK2     ;┐ 若音階代碼為 01,則產生低音 DO 之聲音
         ACALL      DOL            ;┘
```

```
CHK2:    CJNE    A,#02,CHK3    ;┐ 若音階代碼為 02,則產生低音 RE 之聲音
         ACALL   REL           ;┘
CHK3:    CJNE    A,#03,CHK4    ;┐ 若音階代碼為 03,則產生低音 MI 之聲音
         ACALL   MIL           ;┘
CHK4:    CJNE    A,#04,CHK5    ;┐ 若音階代碼為 04,則產生低音 FA 之聲音
         ACALL   FAL           ;┘
CHK5:    CJNE    A,#05,CHK6    ;┐ 若音階代碼為 05,則產生低音 SO 之聲音
         ACALL   SOL           ;┘
CHK6:    CJNE    A,#06,CHK7    ;┐ 若音階代碼為 06,則產生低音 LA 之聲音
         ACALL   LAL           ;┘
CHK7:    CJNE    A,#07,CHK11   ;┐ 若音階代碼為 07,則產生低音 SI 之聲音
         ACALL   SIL           ;┘
CHK11:   CJNE    A,#11,CHK12   ;┐ 若音階代碼為 11,則產生中音 DO 之聲音
         ACALL   DO            ;┘
CHK12:   CJNE    A,#12,CHK13   ;┐ 若音階代碼為 12,則產生中音 RE 之聲音
         ACALL   RE            ;┘
CHK13:   CJNE    A,#13,CHK14   ;┐ 若音階代碼為 13,則產生中音 MI 之聲音
         ACALL   MI            ;┘
CHK14:   CJNE    A,#14,CHK15   ;┐ 若音階代碼為 14,則產生中音 FA 之聲音
         ACALL   FA            ;┘
CHK15:   CJNE    A,#15,CHK16   ;┐ 若音階代碼為 15,則產生中音 SO 之聲音
         ACALL   SO            ;┘
CHK16:   CJNE    A,#16,CHK17   ;┐ 若音階代碼為 16,則產生中音 LA 之聲音
         ACALL   LA            ;┘
CHK17:   CJNE    A,#17,CHK21   ;┐ 若音階代碼為 17,則產生中音 SI 之聲音
         ACALL   SI            ;┘
CHK21:   CJNE    A,#21,CHK22   ;┐ 若音階代碼為 21,則產生高音 DO 之聲音
         ACALL   DOH           ;┘
```

```
CHK22:    CJNE    A,#22,CHK23    ;┐ 若音階代碼為 22,則產生高音 RE 之聲音
          ACALL   REH            ;┘
CHK23:    CJNE    A,#23,CHK24    ;┐ 若音階代碼為 23,則產生高音 MI 之聲音
          ACALL   MIH            ;┘
CHK24:    CJNE    A,#24,CHK25    ;┐ 若音階代碼為 24,則產生高音 FA 之聲音
          ACALL   FAH            ;┘
CHK25:    CJNE    A,#25,CHK26    ;┐ 若音階代碼為 25,則產生高音 SO 之聲音
          ACALL   SOH            ;┘
CHK26:    CJNE    A,#26,CHK27    ;┐ 若音階代碼為 26,則產生高音 LA 之聲音
          ACALL   LAH            ;┘
CHK27:    CJNE    A,#27,CHK0     ;┐ 若音階代碼為 27,則產生高音 SI 之聲音
          ACALL   SIH            ;┘
CHK0:     CJNE    A,#00,CONT2    ;┐ 若音階代碼為 00,則不發出聲音
          ACALL   NON            ;┘
CONT2:    INC     DPTR           ;┐ 繼續讀取樂譜
          AJMP    CONT           ;┘
```

```
;===================================
;==      設定各音階代碼之相對應參數      ==
;===================================
```

;設定低音 DO 之相對應參數

```
DOL:      MOV     R6,#254        ;R6=延時參數
          MOV     R5,#16         ;R5=音長參數
          AJMP    OUTPUT
```

;設定低音 RE 之相對應參數

```
REL:      MOV     R6,#226
          MOV     R5,#18
          AJMP    OUTPUT
```

;設定低音 MI 之相對應參數

```
MIL:        MOV        R6,#201
            MOV        R5,#21
            AJMP       OUTPUT
```

;設定低音 FA 之相對應參數

```
FAL:        MOV        R6,#190
            MOV        R5,#22
            AJMP       OUTPUT
```

;設定低音 SO 之相對應參數

```
SOL:        MOV        R6,#170
            MOV        R5,#25
            AJMP       OUTPUT
```

;設定低音 LA 之相對應參數

```
LAL:        MOV        R6,#150
            MOV        R5,#28
            AJMP       OUTPUT
```

;設定低音 SI 之相對應參數

```
SIL:        MOV        R6,#134
            MOV        R5,#31
            AJMP       OUTPUT
```

;設定中音 DO 之相對應參數

```
DO:         MOV        R6,#126
            MOV        R5,#33
            AJMP       OUTPUT
```

;設定中音 RE 之相對應參數

```
RE:         MOV        R6,#113
            MOV        R5,#37
            AJMP       OUTPUT
```

;設定中音 MI 之相對應參數

```
MI:        MOV       R6,#100
           MOV       R5,#41
           AJMP      OUTPUT
```

;設定中音 FA 之相對應參數

```
FA:        MOV       R6,#95
           MOV       R5,#44
           AJMP      OUTPUT
```

;設定中音 SO 之相對應參數

```
SO:        MOV       R6,#85
           MOV       R5,#49
           AJMP      OUTPUT
```

;設定中音 LA 之相對應參數

```
LA:        MOV       R6,#75
           MOV       R5,#55
           AJMP      OUTPUT
```

;設定中音 SI 之相對應參數

```
SI:        MOV       R6,#67
           MOV       R5,#62
           AJMP      OUTPUT
```

;設定高音 DO 之相對應參數

```
DOH:       MOV       R6,#63
           MOV       R5,#65
           AJMP      OUTPUT
```

;設定高音 RE 之相對應參數

```
REH:       MOV       R6,#56
           MOV       R5,#73
           AJMP      OUTPUT
```

;設定高音 MI 之相對應參數

```
MIH:      MOV       R6,#50
          MOV       R5,#82
          AJMP      OUTPUT
```
;設定高音 FA 之相對應參數
```
FAH:      MOV       R6,#47
          MOV       R5,#88
          AJMP      OUTPUT
```
;設定高音 SO 之相對應參數
```
SOH:      MOV       R6,#42
          MOV       R5,#98
          AJMP      OUTPUT
```
;設定高音 LA 之相對應參數
```
LAH:      MOV       R6,#37
          MOV       R5,#110
          AJMP      OUTPUT
```
;設定高音 SI 之相對應參數
```
SIH:      MOV       R6,#33
          MOV       R5,#124
          AJMP      OUTPUT
```
;設定休止符之相對應參數 (說明:因為休止符並不發出任何聲音,
;所以 R6 與 R5 採用上述任一組相對應參數都可以。)
```
NON:      MOV       R6,#33
          MOV       R5,#124
          AJMP      OUTPUT
```
;===============================
;==   輸出 R5 乘以 R4 週的方波   ==
;===============================
```
OUTPUT:   PUSH      05              ;保存 R5 之內容
```

```
LOOP:      CJNE      A,#00,SOUND   ;┐ 若音階代碼為 00,
           AJMP      MUTE          ;┘ 則不讓揚聲器通電
SOUND:     CLR       P3.7          ;令揚聲器通電
MUTE:      ACALL     DELAY         ;延時半週期
           SETB      P3.7          ;令揚聲器斷電
           ACALL     DELAY         ;延時半週期
           DJNZ      R5,LOOP       ;輸出一個音長,共 R5 週的方波

           POP       05            ;取回 R5 之內容
           DJNZ      R4,OUTPUT     ;一共輸出 R4 個音長
;靜音
REST:      MOV       R6,#170
           MOV       R5,#20
WAIT:      ACALL     DELAY
           DJNZ      R5,WAIT
           RET
;延時半週期 t=15μs×R6+9μs
DELAY:     MOV       B,R6
DL:        MOV       R7,#6
           DJNZ      R7,$
           DJNZ      R6,DL
           MOV       R6,B
           RET
;==============================
;==          樂    譜          ==
;==============================
;以下是「我是隻小小鳥」的樂譜,請參考第 26-11 頁
```

```
MUSIC:   DB      11,04,11,04,11,04
         DB      13,06,12,02,11,04
         DB      13,04,13,04,13,04
         DB      15,06,14,02,13,04
         DB      15,04,14,04,13,04
         DB      12,08,00,04
         DB      12,08,11,02,07,02
         DB      11,04,12,04,13,04
         DB      14,08,13,02,12,02
         DB      13,04,14,04,15,04
         DB      15,02,14,02,13,04,12,04
         DB      11,08,00,04


         DB      40              ;重複演奏
;
         END
```

七、實習步驟

1. 請接妥 27-3 頁的圖 27-1 之電路。

2. 程式組譯後，燒錄至 89S51 或 89C51，然後通電執行之。

3. 揚聲器是否會重覆演奏「我是隻小小鳥」呢？　　答：_____

4. 請試著自己參考 26-10 頁的「小蜜蜂」樂譜，編寫成電腦樂譜，使揚聲器演奏一遍「小蜜蜂」即停止演奏。

Chapter 28

用點矩陣 LED 顯示器
顯示字元

一、實習目的

1. 了解字形碼的編碼方法。
2. 練習用掃描法在點矩陣 LED 顯示器顯示字元。

二、相關知識

1. 點矩陣 LED 顯示器的認識

　　點矩陣 LED 顯示器是把一些 LED 組合在同一個包裝中，常見的規格有 5 × 7 及 8 × 8 兩種可供選購。通常，要顯示阿拉伯數字、英文字母、日文字母、特殊符號等，均採用 5 × 7 的點矩陣顯示器即夠用。若要顯示中文字，則需用 4 片 8 × 8 的點矩陣顯示器，組合成 16 × 16 的點矩陣顯示器，才夠顯示一個中文字。

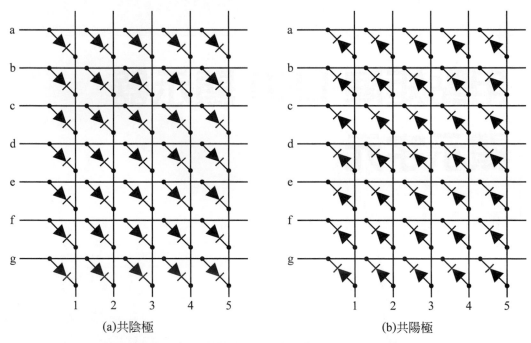

(a)共陰極　　　　　　　　　　　(b)共陽極

圖 28-1　5 × 7 點矩陣 LED 顯示器之內部電路

　　點矩陣 LED 顯示器有**共陰極**(Column Common Cathode)及**共陽極**(Column Common Anode)兩種，如圖 28-1 所示。本實習要用的 5 × 7 點矩陣LED顯示器為共陰極，其內部結構如圖 28-1 (a)所示，共使用 12 隻腳來控制 35 個LED的點滅。由於各廠牌點

矩陣LED顯示器的接腳，位置並不相同，因此在使用之前要先用
三用電表的歐姆檔(× 10 檔)加以測量，例如圖 28-1(a)以三用電
表的測試棒接上後令右上角的LED亮起來，表示黑棒所接觸的是
a 腳，紅棒所接觸的是 5 腳，依此類推就可把 12 隻腳的編號全部
找出來。

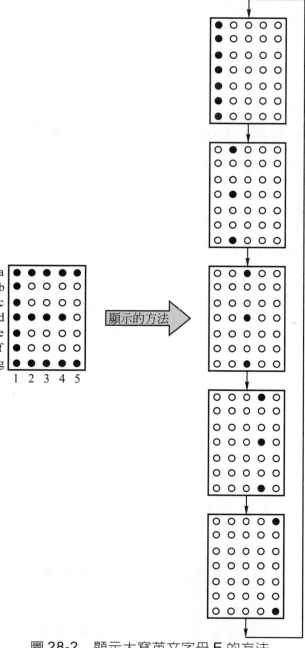

圖 28-2　顯示大寫英文字母 E 的方法

2. 掃描顯示法

在使用點矩陣顯示字元時，我們必須採用掃描顯示法。例如欲顯示一個大寫的英文字母 "E"，我們必須如圖 28-2 所示分 5 次顯示，每次只顯示 1 行，這種顯示方法稱為掃描顯示法，只要重複掃描的速度夠快，由於人眼視覺暫留的關係，我們就可以看到一個完整的 "E" 字。

3. 編字形碼的方法

假如要如圖 28-2 所示採用掃描法顯示字元，必須事先編妥每一行的字形碼。每一個 5 × 7 的字元，每一行的字形碼為 7 bit，一個字元需要 5 個字形碼。一般，編字形碼是採用下述規則：

(1) 亮的為 1，熄的為 0。

(2) 每一個字形碼的 bit 7 補上 0，使字形碼成為 8 位元。

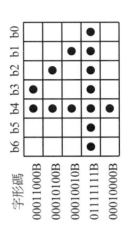

註：將本圖順時針方向旋轉 90 度看，更容易明白。

圖 28-3　編字形碼的方法(以 4 為例)

以阿拉伯數字 "4" 為例，編成的 5 個字形碼如圖 28-3 所示。

4. 常用字元之字形碼

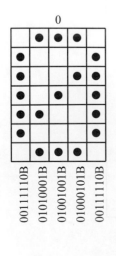
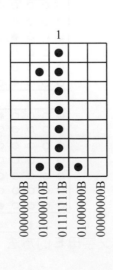
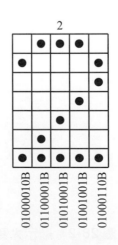
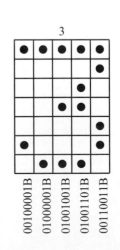

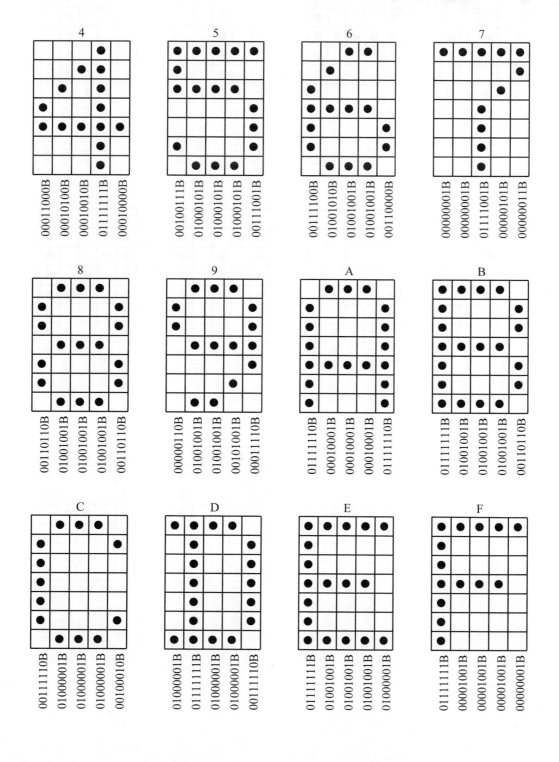

G

00111110B 01000001B 01001001B 01001001B 01111010B

H

01111111B 00001000B 00001000B 00001000B 01111111B

I

00000000B 01000001B 01111111B 01000001B 00000000B

J

00100000B 01000000B 01000001B 00111111B 00000001B

K

01111111B 00001000B 00010100B 00100010B 01000001B

L

01111111B 01000000B 01000000B 01000000B 01000000B

M

01111111B 00000010B 00001100B 00000010B 01111111B

N

01111111B 00000100B 00001000B 00010000B 01111111B

O

00111110B 01000001B 01000001B 01000001B 00111110B

P

01111111B 00001001B 00001001B 00001001B 00000110B

Q

00111110B 01000001B 01010001B 00100001B 01011110B

R

01111111B 00001001B 00011001B 00101001B 01000110B

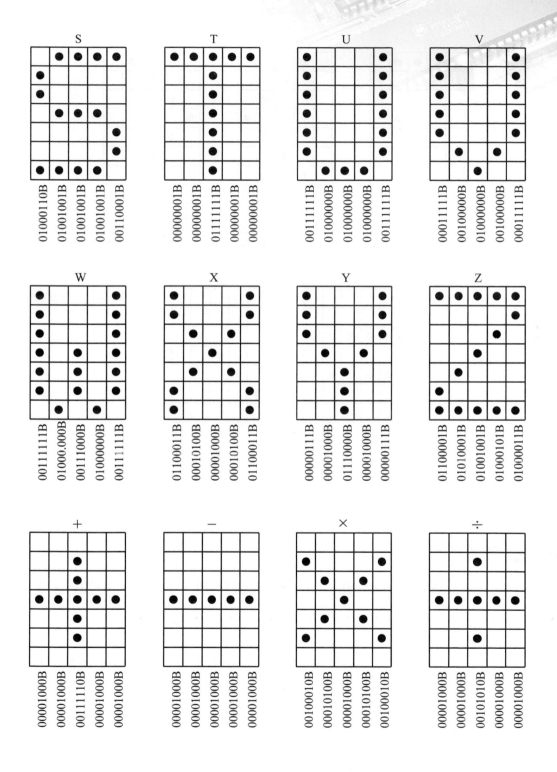

?

00000010B 00000001B 01010001B 00001001B 00000110B

>

00000000B 01000001B 00100010B 00010100B 00001000B

<

00001000B 00010100B 00100010B 01000001B 00000000B

=

00010100B 00010100B 00010100B 00010100B 00010100B

/

00100000B 00010000B 00001000B 00000100B 00000010B

三、動作情形

令 5 × 7 點矩陣 LED 顯示器不斷的依序顯示 0 → 1 → 2 → 3 → 4 → 5 → 6 → 7 → 8 → 9 → 0 → 1 → 2 → ……之數字。

四、電路圖

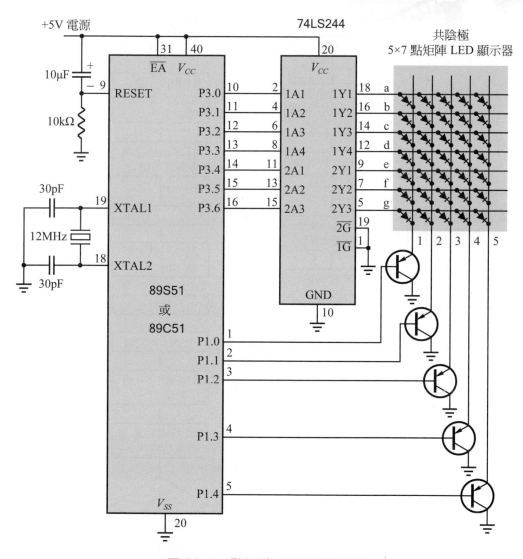

圖 28-4　點矩陣 LED 顯示電路

說明：

1. 圖中的電晶體只要是易購價廉的 PNP 電晶體(例如 2SA1015)皆可。

2. 圖中的 74LS244 是緩衝器(詳見附錄 4)，輸出高態時可不必串聯限流電阻器就直接接至點矩陣 LED 顯示器的 a～g。

五、流程圖

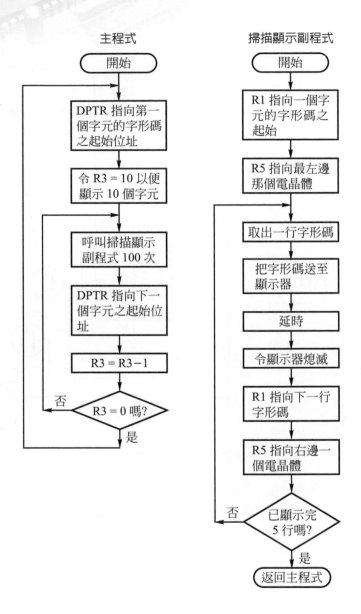

六、程式

【範例 E2801】

```
; ========================
; ==      主  程  式      ==
; ========================
```

```
            ORG       0000H
START:      MOV       DPTR,#TABLE        ;DPTR 指向第一個字元的字形碼之起始
                                         ;位址
            MOV       R3,#10             ;欲顯示 10 個字元
```
;把一個字元重複掃描 100 次 (共耗時 10ms × 100 = 1000ms = 1 秒)
```
LOOP:       MOV       R2,#100
SCAN:       ACALL     SCAN1
            DJNZ      R2,SCAN
```
;把 DPTR 加 5，指向下一個字元的字形碼之起始位址
```
            INC       DPTR
            INC       DPTR
            INC       DPTR
            INC       DPTR
            INC       DPTR
```
;共顯示 10 個字元
```
            DJNZ      R3,LOOP
            AJMP      START
```
; =========================
; ==   掃描顯示副程式   ==
; =========================
;本副程式，從左至右掃描一遍，共 5 行，約耗時 10ms
```
SCAN1:      MOV       R1,#00H            ;R1 指向一個字元的字形碼之起始
            MOV       R5,#11111110B      ;欲從最左邊一行開始顯示
            MOV       R4,#05             ;一個字元共有 5 行
```
;由位址 R1＋DPTR 取得字形碼
```
LOOP1:      MOV       A,R1
            MOVC      A,@A+DPTR
```
;顯示 1 行

```
        MOV     P3,A                ;把字形碼送至點矩陣顯示器
        MOV     P1,R5               ;令某個電晶體 ON
;延時 2ms
        MOV     R6,#5
DL1:    MOV     R7,#200
DL2:    DJNZ    R7,DL2
        DJNZ    R6,DL1
;令顯示器熄滅
        ORL     P1,#11111111B       ;換行以前需先令顯示器熄滅，以免產生
                                    ;殘影
;重複動作，共顯示 5 行
        MOV     A,R5                ;┐
        RL      A                   ;│R5 指向下一行，以便令下一個
        MOV     R5,A                ;┘ 電晶體 ON
        INC     R1                  ;R1 指向下一行字形碼
        DJNZ    R4,LOOP1            ;共顯示 5 行
        RET                         ;返回主程式
; ========================
; ==      字 形 表      ==
; ========================
; 0 的字形碼
TABLE:  DB      00111110B
        DB      01010001B
        DB      01001001B
        DB      01000101B
        DB      00111110B
; 1 的字形碼
        DB      00000000B
```

```
        DB          01000010B
        DB          01111111B
        DB          01000000B
        DB          00000000B
;   2 的字形碼
        DB          01000010B
        DB          01100001B
        DB          01010001B
        DB          01001001B
        DB          01000110B
;   3 的字形碼
        DB          00100001B
        DB          01000001B
        DB          01001001B
        DB          01001101B
        DB          00110011B
;   4 的字形碼
        DB          00011000B
        DB          00010100B
        DB          00010010B
        DB          01111111B
        DB          00010000B
;   5 的字形碼
        DB          00100111B
        DB          01000101B
        DB          01000101B
        DB          01000101B
        DB          00111001B
```

```
;   6 的字形碼
        DB      00111100B
        DB      01001010B
        DB      01001001B
        DB      01001001B
        DB      00110000B
;   7 的字形碼
        DB      00000001B
        DB      00000001B
        DB      01111001B
        DB      00000101B
        DB      00000011B
;   8 的字形碼
        DB      00110110B
        DB      01001001B
        DB      01001001B
        DB      01001001B
        DB      00110110B
;   9 的字形碼
        DB      00000110B
        DB      01001001B
        DB      01001001B
        DB      00101001B
        DB      00011110B
;
        END
```

七、實習步驟

1. 以三用電表的 R × 10 檔測量點矩陣 LED 顯示器，並將其接腳 a～g 及 1～5 記錄下來。

2. 請接妥圖 28-4 之電路。電晶體採用 2SA1015 或 2SA684 等易購 PNP 電晶體即可。

3. 程式組譯後，燒錄至 89S51 或 89C51，然後通電執行之。

4. 能依序顯示 0 → 1 → 2 → 3 → 4 → 5 → 6 → 7 → 8 → 9 → 0 → 1 → ……之阿拉伯數字嗎？

   若顯示不正常，請依下列步驟排除故障：

   (1) 點矩陣 LED 顯示器的接腳是否正確？

   (2) 其他硬體部份的接線是否有誤？

   (3) 您在編譯程式時是否有疏誤或遺漏之處？

5. 請練習修改程式，使顯示情形如圖 28-5 所示。

6. 本實習做完後，接線請勿拆掉，實習 29 將再使用本電路。

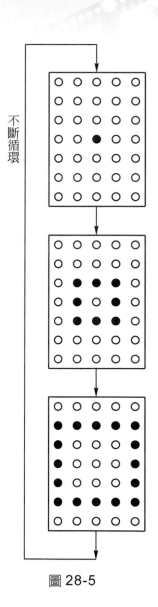

不斷循環

圖 28-5

Chapter 29

用點矩陣 LED 顯示器
做活動字幕

一、實習目的

了解活動字幕令字元或圖形移動顯示的技巧。

二、相關知識

我們已在範例 E2801 設計了一個掃描顯示副程式，名字叫 SCAN，只要事先設定好 DPTR 的值，SCAN 就會把 DPTR 所指位址起的 5 個字形碼送到點矩陣顯示器去。假如我們事先在記憶體中安排如表 29-1 所示之字形表，則在呼叫 SCAN 以前令 DPTR 為不同的值，顯示幕就會有不同的反應，如圖 29-1 所示。

表 29-1

位址	字形碼	說明
0030	00000000B	熄滅的字形碼
0031	00000000B	
0032	00000000B	
0033	00000000B	
0034	00000000B	
0035	00011000B	4 的字形碼
0036	00010100B	
0037	00010010B	
0038	01111111B	
0039	00010000B	
003A	00000000B	熄滅的字形碼
003B	00000000B	
003C	00000000B	
003D	00000000B	
003E	00000000B	

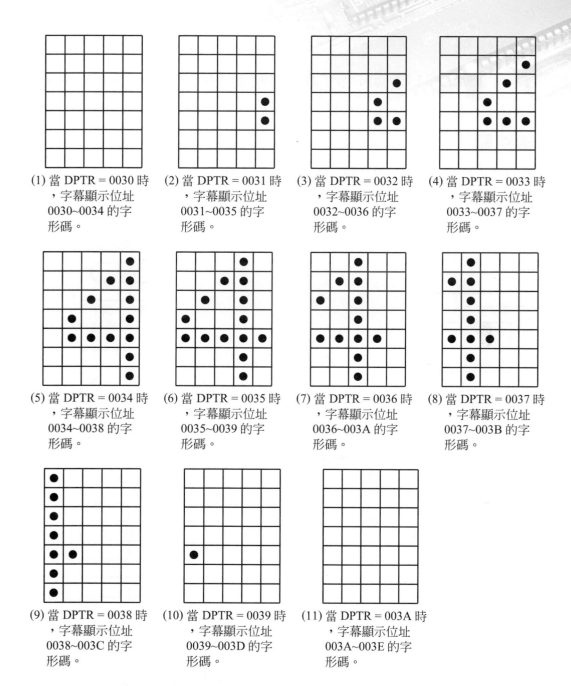

(1) 當 DPTR = 0030 時，字幕顯示位址 0030~0034 的字形碼。

(2) 當 DPTR = 0031 時，字幕顯示位址 0031~0035 的字形碼。

(3) 當 DPTR = 0032 時，字幕顯示位址 0032~0036 的字形碼。

(4) 當 DPTR = 0033 時，字幕顯示位址 0033~0037 的字形碼。

(5) 當 DPTR = 0034 時，字幕顯示位址 0034~0038 的字形碼。

(6) 當 DPTR = 0035 時，字幕顯示位址 0035~0039 的字形碼。

(7) 當 DPTR = 0036 時，字幕顯示位址 0036~003A 的字形碼。

(8) 當 DPTR = 0037 時，字幕顯示位址 0037~003B 的字形碼。

(9) 當 DPTR = 0038 時，字幕顯示位址 0038~003C 的字形碼。

(10) 當 DPTR = 0039 時，字幕顯示位址 0039~003D 的字形碼。

(11) 當 DPTR = 003A 時，字幕顯示位址 003A~003E 的字形碼。

圖 29-1　電腦活動字幕的工作原理

　　由圖 29-1 可發現把 DPTR 逐次加 1，則顯示的字形就會逐次由右向左移動。同理，若逐次把 DPTR 減 1 則顯示的字形就會逐次由左向右移動。換句話說，逐次改變 DPTR 的值就可造成字幕向左或向右移動的效果。這就是活動字幕的動作原理。

三、動作情形

令 5 × 7 點矩陣 LED 顯示器不斷的移動顯示 0 → 1 → 2 → 3 → 4 → 5 → 6 → 7 → 8 → 9 → 0 → 1 → 2 → ……之數字。

四、電路圖

與第 28 章的圖 28-4 完全一樣。(請見 28-9 頁)

五、流程圖

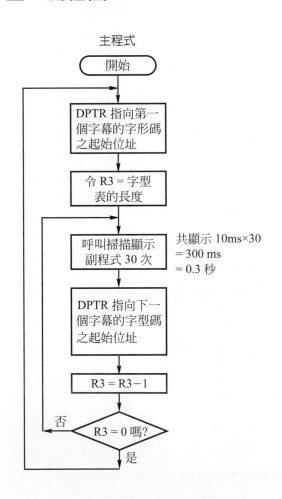

主程式

開始

DPTR 指向第一個字幕的字形碼之起始位址

令 R3 = 字型表的長度

呼叫掃描顯示副程式 30 次

共顯示 10ms×30
= 300 ms
= 0.3 秒

DPTR 指向下一個字幕的字型碼之起始位址

R3 = R3－1

R3 = 0 嗎？ 否 是

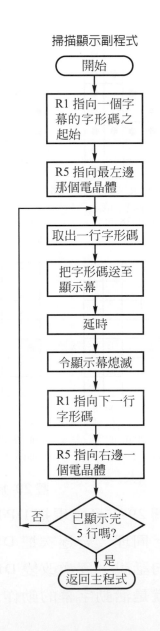

掃描顯示副程式

開始

R1 指向一個字幕的字形碼之起始

R5 指向最左邊那個電晶體

取出一行字形碼

把字形碼送至顯示幕

延時

令顯示幕熄滅

R1 指向下一行字形碼

R5 指向右邊一個電晶體

已顯示完 5 行嗎？ 否 是

返回主程式

六、程式

【範例 E2901】

```
; ==========================
; ==        主  程  式        ==
; ==========================
          ORG       0000H
START:    MOV       DPTR,#TABLE      ;DPTR 指向第一個字幕的字形碼之起始
                                     ;位址
          MOV       R3,#OK-TABLE+1   ;R3 ＝字形碼的長度
;每一字幕顯示 30 次(共耗時 10ms × 30 ＝ 300ms ＝ 0.3 秒)
LOOP:     MOV       R2,#30
SCAN:     ACALL     SCAN1
          DJNZ      R2,SCAN
;DPTR 指向下一個字幕的字形碼之起始位址
          INC       DPTR
;將所有的字元顯示完畢後,再從頭開始執行程式
          DJNZ      R3,LOOP
          AJMP      START
; ==========================
; ==      掃描顯示副程式       ==
; ==========================
;本掃描顯示副程式與範例 E2801 完全一樣。掃描一遍約耗時 10ms。
SCAN1:    MOV       R1,#00H          ;R1 指向一個字幕字形碼之起始
          MOV       R5,#11111110B    ;欲從最左一行開始顯示
          MOV       R4,#05           ;一個字幕共有 5 行
;由位址 R1＋DPTR 取得字形碼
LOOP1:    MOV       A,R1
```

```
        MOVC      A,@A+DPTR
```
;把字形碼送至顯示幕顯示
```
        MOV       P3,A              ;把字形碼送至點矩陣顯示器
        MOV       P1,R5             ;令某個電晶體 ON
```
;延時 2ms
```
        MOV       R6,#5
DL1:    MOV       R7,#200
DL2:    DJNZ      R7,DL2
        DJNZ      R6,DL1
```
;令顯示器熄滅
```
        ORL       P1,#11111111B     ;換行以前需先令顯示器熄滅,以免產生
                                    ;殘影
```
;重複動作,共顯示 5 行
```
        MOV       A,R5              ;┐ R5 指向下一行,以便令下一個
        RL        A                 ;│ 電晶體 ON
        MOV       R5,A              ;┘
        INC       R1                ;R1 指向下一行字形碼
        DJNZ      R4,LOOP1          ;共顯示 5 行
        RET                         ;返回主程式
```
```
; ===========================
; ==      字  形  表      ==
; ===========================
```
;熄滅的字形碼
```
TABLE:  DB        00000000B
        DB        00000000B
        DB        00000000B
        DB        00000000B
        DB        00000000B
```

```
;　0 的字形碼
        DB        00111110B
        DB        01010001B
        DB        01001001B
        DB        01000101B
        DB        00111110B
;熄滅的字形碼
        DB        00000000B
        DB        00000000B
;　1 的字形碼
        DB        00000000B
        DB        01000010B
        DB        01111111B
        DB        01000000B
        DB        00000000B
;熄滅的字形碼
        DB        00000000B
        DB        00000000B
;　2 的字形碼
        DB        01000010B
        DB        01100001B
        DB        01010001B
        DB        01001001B
        DB        01000110B
;熄滅的字形碼
        DB        00000000B
        DB        00000000B
;　3 的字形碼
```

```
        DB      00100001B
        DB      01000001B
        DB      01001001B
        DB      01001101B
        DB      00110011B
;熄滅的字形碼
        DB      00000000B
        DB      00000000B
;  4 的字形碼
        DB      00011000B
        DB      00010100B
        DB      00010010B
        DB      01111111B
        DB      00010000B
;熄滅的字形碼
        DB      00000000B
        DB      00000000B
;  5 的字形碼
        DB      00100111B
        DB      01000101B
        DB      01000101B
        DB      01000101B
        DB      00111001B
;熄滅的字形碼
        DB      00000000B
        DB      00000000B
;  6 的字形碼
        DB      00111100B
```

```
        DB        01001010B
        DB        01001001B
        DB        01001001B
        DB        00110000B
;熄滅的字形碼
        DB        00000000B
        DB        00000000B
;  7 的字形碼
        DB        00000001B
        DB        00000001B
        DB        01111001B
        DB        00000101B
        DB        00000011B
;熄滅的字形碼
        DB        00000000B
        DB        00000000B
;  8 的字形碼
        DB        00110110B
        DB        01001001B
        DB        01001001B
        DB        01001001B
        DB        00110110B
;熄滅的字形碼
        DB        00000000B
        DB        00000000B
;  9 的字形碼
        DB        00000110B
        DB        01001001B
```

```
        DB        01001001B
        DB        00101001B
        DB        00011110B
```
;熄滅的字形碼
```
OK:     DB        00000000B
        DB        00000000B
        DB        00000000B
        DB        00000000B
        DB        00000000B
;
        END
```

七、實習步驟

1. 請接妥 28-9 頁的圖 28-4 之電路。
2. 程式組譯後，燒錄至 89S51 或 89C51，然後通電執行之。
3. 能依序移動顯示 0 → 1 → 2 → 3 → 4 → 5 → 6 → 7 → 8 → 9 → 0 → 1 → 2 → …… 之阿拉伯數字嗎？　　　答：＿＿＿＿＿

Chapter 30

點矩陣 LCD 模組之應用

實習 30-1 用 LCD 模組顯示字串

實習 30-2 用 LCD 模組顯示自創之字元或圖形

實習 30-3 用一個 LCD 模組製作四個計數器

實習 30-1　用 LCD 模組顯示字串

一、實習目的

1. 了解 LCD 模組的用法。
2. 練習用 LCD 模組顯示字串。

二、相關知識

1. LCD 模組的基本認識

　　當需要顯示英文字母、數字、特殊符號時，採用LCD模組是一種既簡便又省電的方法。目前LCD模組已被廣泛的應用在事務機器、電子儀表及高級的電器產品上，常見的文字型LCD模組有 8 字 × 1 行、16 字 × 1 行、16 字 × 2 行、16 字 × 4 行、20 字 × 1 行、20 字 × 2 行、20 字 × 4 行、24 字 × 2 行、40 字 × 2 行等多種規格可供選用。

　　LCD 模組的結構如圖 30-1-1 所示，是由 LCD 顯示器、LCD 驅動器、LCD 控制器所組成。由於目前市售 LCD 模組所採用的 LCD控制器都與HITACHI公司的HD44780相容，所以應用方法也相同。換句話說，大部份的LCD模組都具有相同的控制方法，也都有 14 隻接腳，是相容產品而且是可以互換的。

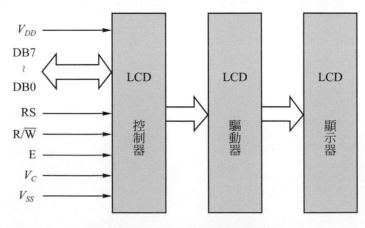

圖 30-1-1　LCD 模組之結構

表 30-1-1　LCD 模組所能顯示的字元及相對應的字元碼

高4位元 ＼ 低4位元	0000	0010	0011	0100	0101	0110	0111	1010	1011	1100	1101	1110	1111
××××0000	CG RAM (1)		0	@	P	`	p		―	タ	ミ		p
××××0001	(2)	!	1	A	Q	a	q	。	ア	チ	ム	ä	q
××××0010	(3)	"	2	B	R	b	r	「	イ	ツ	メ	β	θ
××××0011	(4)	#	3	C	S	c	s	」	ウ	テ	モ	ε	∞
××××0100	(5)	$	4	D	T	d	t	、	エ	ト	ヤ	μ	Ω
××××0101	(6)	%	5	E	U	e	u	・	オ	ナ	ユ	σ	ü
××××0110	(7)	&	6	F	V	f	v	ヲ	カ	ニ	ヨ	ρ	Σ
××××0111	(8)	'	7	G	W	g	w	ア	キ	ヌ	ラ	g	π
××××1000	同(1)	(	8	H	X	h	x	イ	ク	ネ	リ	√	x̄
××××1001	同(2)	)	9	I	Y	i	y	ウ	ケ	ノ	ル	⁻¹	y
××××1010	同(3)	*	:	J	Z	j	z	エ	コ	ハ	レ	j	千
××××1011	同(4)	+	;	K	[	k	{	オ	サ	ヒ	ロ	×	万
××××1100	同(5)	,	<	L	¥	l			ャ	シ	フ	ワ	¢	円
××××1101	同(6)	―	=	M	]	m	}	ュ	ス	ヘ	ン	Ł	÷
××××1110	同(7)	.	>	N	^	n	→	ョ	セ	ホ	゛	ñ	
××××1111	同(8)	/	?	O	_	o	←	ッ	ソ	マ	゜	ö	▮

使用例：字元 A 的字元碼為 01000001 ＝ 41H，把 41H 送至 LCD 模組即能顯示 A。

由於 LCD 控制器是日本廠商的天下,所以 LCD 模組不但能顯示標準的 ASCII 碼(大寫英文字母、小寫英文字母、阿拉伯數字、特殊符號),也能顯示大約 50 個日文字形,詳見表 30-1-1。

LCD 模組的外部接線很簡單(只有 14 條線),使用方法也不困難,所以花點時間熟悉它,就可應用自如。我們只要用指令碼設定好所需的功能,然後把想要顯示的字元之字元碼(例如:由表 30-1-1 可查出字元 A 的字元碼 = 01000001 = 41H)送至 LCD 模組,即可將該字元顯示出來。

2. LCD 模組之接腳功能

V_{DD} ・電路之主電源。

・必須接至 +5V。

V_{SS} ・電路之地電位。

V_C ・顯示字形之明暗對比控制。(Contrast Adjust)

・請參考圖 30-1-2。

・通常,為了簡化接線,多採用圖 30-1-3 的接法。

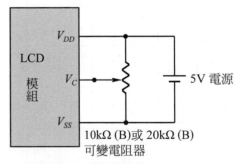

圖 30-1-2 明暗對比之控制

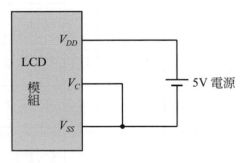

圖 30-1-3 V_C 腳的最簡單接法

DB7~DB4 ・資料匯流排的高 4 位元。

・DB7 也用來傳送忙碌旗標 BF 之內容。

DB3~DB0 ・資料匯流排的低 4 位元。

・當與 4 位元的微電腦連接時,LCD 模組只使用 DB7~DB4,所以 DB3~DB0 空置不用。

E	・致能(enable)。
R/$\overline{\text{W}}$	・等於 1 時,表示微電腦要從LCD模組讀取(read)資料。
	・等於 0 時,表示微電腦要把資料或指令碼寫入(write) LCD 模組。
RS	・暫存器選擇(register selection)信號。
	・等於 1 時,選中資料暫存器。
	・等於 0 時,選中指令暫存器。
	・請參考表 30-1-2。

表 30-1-2　暫存器的選用

接腳		作用
RS	R/$\overline{\text{W}}$	
0	0	把指令碼寫入指令暫存器 IR,並執行指令。
0	1	讀取 BF 及 AC 的內容。 DB7 =忙碌旗標 BF 的內容。 DB6～DB0 =位址計數器 AC 的內容。
1	0	把資料寫入資料暫存器 DR。 內部會自動執行 DR → DD RAM 或 DR → CG RAM。
1	1	由資料暫存器 DR 讀取資料。 內部會自動執行 DR ← DD RAM 或 DR ← CG RAM。

3. LCD 模組之內部結構

LCD 模組的內部結構如圖 30-1-4 所示。茲簡要說明如下:

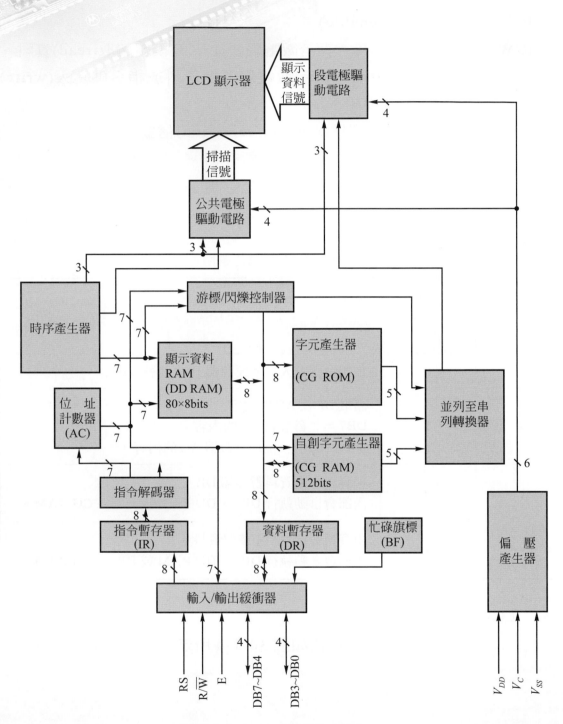

圖 30-1-4 LCD 模組的內部結構

(1)　**暫存器**

　　　　LCD模組具有指令暫存器IR (Instruction Register)及資料暫存器 DR (Data Register)。它們都是 8 位元的暫存器，由接腳 RS 來選用，如表 30-1-2 所示。

　　　　指令暫存器IR用來儲存由微電腦送來的指令碼，資料暫存器 DR 則用來存放欲顯示的資料。只要我們先把欲存放資料的位址寫入指令暫存器，再把欲顯示之資料寫入資料暫存器，資料暫存器就會自動把資料傳送至相對應的DD RAM或CG RAM。

(2)　**忙碌旗標 BF(Busy Flag)**

　　　　當忙碌旗標 BF ＝ 1 時，表示 LCD 模組正忙於處理內部的工作，無暇接受任何命令及資料。當接腳 RS ＝ 0 且 R/$\overline{W}$ ＝ 1 時，忙碌旗標的內容會由接腳 DB7 輸出。

(3)　**位址計數器 AC (Address Counter)**

　　　　位址計數器是用來指示欲存取資料的DD RAM或CG RAM的位址。位址設定指令可把所設定之位址由指令暫存器傳送至位址計數器內。每當存取 1 byte 的資料，位址計數器的內容就會自動加 1(也可用指令設定為每次自動減 1)。

(4)　**顯示資料之記憶體 DD RAM (Display Data RAM)**

　　　　DD RAM 是用來儲存所欲顯示的字元之字元碼(各字元之字元碼請見表 30-1-1)，它的容量為 80 byte，故可供儲存 80 個字元碼。DD RAM 的位址與 LCD 顯示器的對應情形，請參考圖 30-1-5 至圖 30-1-13。(**請注意！**有少數市售LCD模組之DD RAM 位址與圖 30-1-5 至圖 30-1-13 不符，所以**選購 LCD 模組時一定要向經銷商索取所購 LCD 模組之資料。**)

	1	2	3	4	5	6	7	8	9	10	11	12	………………	37	38	39	40 ←顯示之位置
第1行	00H	01H	02H	03H	04H	05H	06H	07H	08H	09H	0AH	0BH	………………	24H	25H	26H	27H
第2行	40H	41H	42H	43H	44H	45H	46H	47H	48H	49H	4AH	4BH	………………	64H	65H	66H	67H

}DD RAM 之位址

圖 30-1-5　40 字 × 2 行之 LCD 模組，顯示位置與 DD RAM 位址之對照表

←顯示之位置	1	2	3	4	5	6	7	8	9	10	11	12		21	22	23	24	
第1行	00H	01H	02H	03H	04H	05H	06H	07H	08H	09H	0AH	0BH	············	14H	15H	16H	17H	DD RAM
第2行	40H	41H	42H	43H	44H	45H	46H	47H	48H	49H	4AH	4BH	············	54H	55H	56H	57H	之位址

圖 30-1-6　24 字 × 2 行之 LCD 模組，顯示位置與 DD RAM 位址之對照表

	1	2	3	4	5	6	7	8	9	10	11	12	13	14	15	16	17	18	19	20←顯示之位置	
第1行	00H	01H	02H	03H	04H	05H	06H	07H	08H	09H	0AH	0BH	0CH	0DH	0EH	0FH	10H	11H	12H	13H	DD RAM
第2行	40H	41H	42H	43H	44H	45H	46H	47H	48H	49H	4AH	4BH	4CH	4DH	4EH	4FH	50H	51H	52H	53H	之位址

圖 30-1-7　20 字 × 2 行之 LCD 模組，顯示位置與 DD RAM 位址之對照表

1	2	3	4	5	6	7	8	9	10	11	12	13	14	15	16	17	18	19	20←顯示之位置
00H	01H	02H	03H	04H	05H	06H	07H	08H	09H	0AH	0BH	0CH	0DH	0EH	0FH	10H	11H	12H	13H

←DD RAM 之位址

圖 30-1-8　20 字 × 1 行之 LCD 模組，顯示位置與 DD RAM 位址之對照表

	1	2	3	4	5	6	7	8	9	10	11	12	13	14	15	16	17	18	19	20←顯示之位置	
第1行	00H	01H	02H	03H	04H	05H	06H	07H	08H	09H	0AH	0BH	0CH	0DH	0EH	0FH	10H	11H	12H	13H	
第2行	40H	41H	42H	43H	44H	45H	46H	47H	48H	49H	4AH	4BH	4CH	4DH	4EH	4FH	50H	51H	52H	53H	DD RAM
第3行	14H	15H	16H	17H	18H	19H	1AH	1BH	1CH	1DH	1EH	1FH	20H	21H	22H	23H	24H	25H	26H	27H	之位址
第4行	54H	55H	56H	57H	58H	59H	5AH	5BH	5CH	5DH	5EH	5FH	60H	61H	62H	63H	64H	65H	66H	67H	

圖 30-1-9　20 字 × 4 行之 LCD 模組，顯示位置與 DD RAM 位址之對照表

	1	2	3	4	5	6	7	8	9	10	11	12	13	14	15	16←顯示之位置	
第1行	00H	01H	02H	03H	04H	05H	06H	07H	08H	09H	0AH	0BH	0CH	0DH	0EH	0FH	
第2行	40H	41H	42H	43H	44H	45H	46H	47H	48H	49H	4AH	4BH	4CH	4DH	4EH	4FH	DD RAM
第3行	14H	15H	16H	17H	18H	19H	1AH	1BH	1CH	1DH	1EH	1FH	20H	21H	22H	23H	之位址
第4行	54H	55H	56H	57H	58H	59H	5AH	5BH	5CH	5DH	5EH	5FH	60H	61H	62H	63H	

圖 30-1-10　16 字 × 4 行之 LCD 模組，顯示位置與 DD RAM 位址之對照表

	1	2	3	4	5	6	7	8	9	10	11	12	13	14	15	16←顯示之位置	
第1行	00H	01H	02H	03H	04H	05H	06H	07H	08H	09H	0AH	0BH	0CH	0DH	0EH	0FH	DD RAM
第2行	40H	41H	42H	43H	44H	45H	46H	47H	48H	49H	4AH	4BH	4CH	4DH	4EH	4FH	之位址

圖 30-1-11　16 字 × 2 行之 LCD 模組，顯示位置與 DD RAM 位址之對照表

1	2	3	4	5	6	7	8	9	10	11	12	13	14	15	16	←顯示之位置
00H	01H	02H	03H	04H	05H	06H	07H	08H	09H	0AH	0BH	0CH	0DH	0EH	0FH	←DD RAM 之位址

圖 30-1-12　16 字 × 1 行之 LCD 模組，顯示位置與 DD RAM 位址之對照表

1	2	3	4	5	6	7	8	←顯示之位置
00H	01H	02H	03H	04H	05H	06H	07H	←DD RAM 之位址

圖 30-1-13　8 字 × 1 行之 LCD 模組，顯示位置與 DD RAM 位址之對照表

⑸　**字元產生器 CG ROM (Character Generator ROM)**

　　　　CG ROM 的內部存放了表 30-1-1 所示字元的對應圖形。當您把字元碼 20H～FFH 寫入 DD RAM 時，CG ROM 會自動把相對應的圖形送至 LCD 顯示器，而把該字元顯示出來。

⑹　**自創字元產生器 CG RAM (Character Generator RAM)**

　　　　CG RAM 可供儲存 8 個您自己設計的 5 × 7 點圖形(註：若不需顯示游標，則可採用 5 × 8 點之圖形)，以便顯示您所需要的特殊字元。字元碼與 CG RAM 位址之對應關係，請參考表 30-1-3 所示。

⑺　**LCD 顯示器**

　　　　LCD 顯示器負責把字元顯示出來。由於 LCD 顯示器本身並不發光，靠外界光線的反射才能讓我們看到所顯示的字型，所以不適合在黑暗的環境中使用。因為 LCD 顯示器的表面有偏光片，所以在某種角度下看得特別清楚，其他角度則看不清楚。雖然 LCD 顯示器有上述缺點，但因 LCD 顯示器幾乎不耗電，所以被廣泛的應用著。(註：假如您所用之 LCD 模組必須在黑暗中工作，請選購 30-25 頁介紹的**背光式** LCD 模組。)

4.　**LCD 模組之控制指令**

　　　　LCD 模組共有 11 個指令，如表 30-1-4 所示，表中的 × 表示等於 1 或 0 都可以。

表 30-1-3　欲顯示自創之字元，需先把該字元之 5 × 7 點圖形存入 CG RAM 內

字元碼 (DD RAM 之資料) 7 6 5 4 3 2 1 0	CG RAM 之位址 5 4 3　2 1 0	字元的圖形 (CG RAM 之資料) 7 6 5 4 3 2 1 0	
←高階位元　低階位元→	←高階位元 低階位元→	←高階位元　低階位元→	
0 0 0 0 × 0 0 0	0 0 0　0 0 0	× × × 1 1 1 1 0	第 1 個字元圖形例 (R)
	0 0 1	× × × 1 0 0 0 1	
	0 1 0	× × × 1 0 0 0 1	
	0 1 1	× × × 1 1 1 1 0	
	1 0 0	× × × 1 0 1 0 0	
	1 0 1	× × × 1 0 0 1 0	
	1 1 0	× × × 1 0 0 0 1	
	1 1 1	× × × 0 0 0 0 0	←游標的位置
0 0 0 0 × 0 0 1	0 0 1　0 0 0	× × × 1 0 0 0 1	第 2 個字元圖形例 (¥)
	0 0 1	× × × 0 1 0 1 0	
	0 1 0	× × × 1 1 1 1 1	
	0 1 1	× × × 0 0 1 0 0	
	1 0 0	× × × 1 1 1 1 1	
	1 0 1	× × × 0 0 1 0 0	
	1 1 0	× × × 0 0 1 0 0	
	1 1 1	× × × 0 0 0 0 0	←游標的位置
	0 0 0	× × ×	
	0 0 1	× × ×	
0 0 0 0 × 1 1 1	1 1 1		
	1 0 0	× × ×	
	1 0 1	× × ×	
	1 1 0	× × ×	
	1 1 1	× × ×	

註：(1)表中的 × 表示 0 或 1 都可以。

　　(2)若不需顯示游標，則可採用 5 × 8 點之圖形。

表 30-1-4　LCD 模組之指令

指令	指令碼										功能	執行時間
	RS	R/$\overline{W}$	DB7	DB6	DB5	DB4	DB3	DB2	DB1	DB0		
清除顯示	0	0	0	0	0	0	0	0	0	1	●清除顯示。即將DD RAM 的內容全部填入 "空白" 的ASCII 碼 20H。 ●令游標歸位。即令游標回到顯示器的左上方。 ●令位址計數器AC＝00H。	1.64ms
游標歸位	0	0	0	0	0	0	0	0	1	×	●令游標歸位(即令游標回到顯示器的左上方)。 ●令移動顯示返回原位。 ●令位址計數器AC＝00H。 ●DD RAM 的內容不變。	1.64ms
輸入模式設定	0	0	0	0	0	0	0	1	I/D	S	●設定每寫入 1 Byte 資料後，游標的移動方向 S＝0而且I/D＝1時：游標右移1格，且AC值加1。 S＝0而且I/D＝0時：游標左移1格，且AC值減1。 ●決定每寫入一個字元碼後，所顯示之字元是否移動 S＝1而且I/D＝1時：顯示之字元全部左移，但游標不動。 S＝1而且I/D＝0時：顯示之字元全部右移，但游標不動。 S＝0時：所顯示之字元不移動。	40μs

表 30-1-4　LCD 模組之指令(續)

指令	指令碼										功能	執行時間
	RS	R/W̄	DB7	DB6	DB5	DB4	DB3	DB2	DB1	DB0		
顯示與否之控制	0	0	0	0	0	0	1	D	C	B	●控制顯示器 ON 或 OFF D＝1：顯示 D＝0：不顯示 ●控制游標ON或OFF C＝1：顯示游標 C＝0：不顯示游標 ●決定游標是否閃爍 B＝1：游標閃爍 B＝0：游標不閃爍	40μs
令游標移位或令整個顯示移位	0	0	0	0	0	1	S/C	R/L	×	×	●令游標移位或令整個顯示移位 S/C＝0且R/L＝0時：令游標左移1格且AC值減1。 S/C＝0且R/L＝1時：令游標右移1格且AC值加1。 S/C＝1且R/L＝0時：所顯示之字元全部左移，AC值不變。 S/C＝1且R/L＝1時：所顯示之字元全部右移，AC值不變。	40μs
功能設定	0	0	0	0	1	DL	N	F	×	×	●設定資料的長度 DL＝1：8位元(DB7至DB0) DL＝0：4位元(DB7至DB4) ●設定顯示的行數及字型的規格 N＝1：2行顯示 N＝0：1行顯示 ●設定字型之規格 F＝1：5×10點矩陣(有的產品無此功能) F＝0：5×7點矩陣	40μs

表 30-1-4　LCD 模組之指令(續)

指令	指令碼										功能	執行時間
	RS	R/$\overline{\text{W}}$	DB7	DB6	DB5	DB4	DB3	DB2	DB1	DB0		
設定 CG RAM 的位址	0	0	0	1	CG RAM 之位址						●設定下一個要存入資料的 CG RAM 之位址。	40μs
設定 DD RAM 的位址	0	0	1	DD RAM 之位址							●設定下一個要存入資料的 DD RAM 之位址。	40μs
讀取 BF 或 AC 之內容	0	1	BF 的內容	AC 的內容							●讀取忙碌旗標 BF 的內容。 BF = 1：忙碌中，無法接受新的輸入。 BF = 0：可接受新的輸入。 ●讀取位址計數器 AC 的內容。	0
把資料寫入 DD RAM 或 CG RAM	1	0	欲寫入之資料								●把字元碼寫入 DD RAM 內，以便顯示出相對應之字元。 ●把自創之圖形存入 CG RAM 內。	40μs
讀取 DD RAM 或 CG RAM 之內容	1	1	讀出之資料								●讀取 DD RAM 或 CG RAM 之內容。	40μs

5. LCD 模組之工作時序圖

(1) 寫入之時序

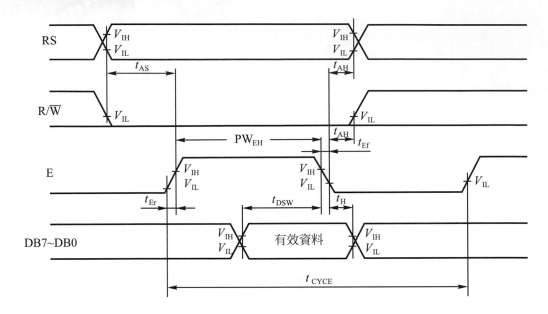

$(V_{DD} = 5.0V \pm 5\%,\ V_{SS} = 0V,\ 周溫 = 0℃ 至 50℃)$

項目		符號	最小	最大	單位
E 的週期時間		t_{CYCE}	1000	—	ns
E 的脈波寬度	高態	PW_{EH}	450	—	ns
E 的上升和下降時間		t_{Er},t_{Ef}	—	25	ns
設定時間	RS,R/$\overline{W}$ → E	t_{AS}	140	—	ns
位址保持時間		t_{AH}	10	—	ns
資料設定時間		t_{DSW}	195	—	ns
資料保持時間		t_{H}	10	—	ns

(2)　**讀出之時序**

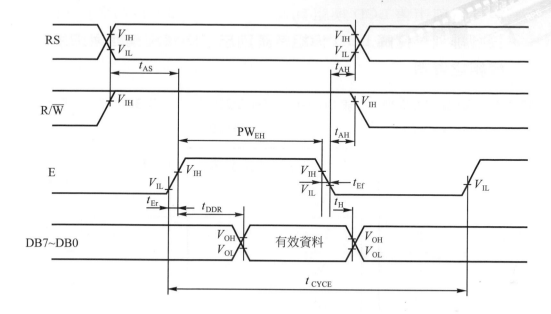

$(V_{DD} = 5.0V \pm 5\%，V_{SS} = 0V，周溫 = 0℃ 至 50℃)$

項目		符號	最小	最大	單位
E 的週期時間		t_{CYCE}	1000	—	ns
E 的脈波寬度	高態	PW_{EH}	450	—	ns
E 的上升和下降時間		$t_{Er}，t_{Ef}$	—	25	ns
設定時間	RS，R/$\overline{W}$ → E	t_{AS}	140	—	ns
位址保持時間		t_{AH}	10	—	ns
資料延遲時間		t_{DDR}	—	320	ns
資料保持時間		t_H	20	—	ns

6. 使用 LCD 模組之注意事項

目前市售 LCD 模組有表 30-1-5 至表 30-1-7 所示三種不同的接腳排列，選購 LCD 模組時請別忘了向該經銷商索取所購 LCD 模組之資料。

表 30-1-5　大部份 LCD 模組之接腳數

接腳名稱	接腳數
V_{SS}	1
V_{DD}	2
V_C	3
RS	4
$R/\overline{W}$	5
E	6
DB0	7
DB1	8
DB2	9
DB3	10
DB4	11
DB5	12
DB6	13
DB7	14

表 30-1-6　有些 LCD 模組之接腳數

接腳名稱	接腳數
V_{SS}	14
V_{DD}	13
V_C	12
RS	11
$R/\overline{W}$	10
E	9
DB0	8
DB1	7
DB2	6
DB3	5
DB4	4
DB5	3
DB6	2
DB7	1

表 30-1-7　少數 LCD 模組之接腳數

接腳名稱	接腳數
V_{SS}	13
V_{DD}	14
V_C	12
RS	11
$R/\overline{W}$	10
E	9
DB0	8
DB1	7
DB2	6
DB3	5
DB4	4
DB5	3
DB6	2
DB7	1

7. 如何顯示字元

要在LCD模組顯示字元，只需先依照圖30-1-14或圖30-1-15所示之步驟設定LCD模組之初始值，然後再**把欲顯示之字元碼寫入 DD RAM，即可把相對應的字元顯示出來。**

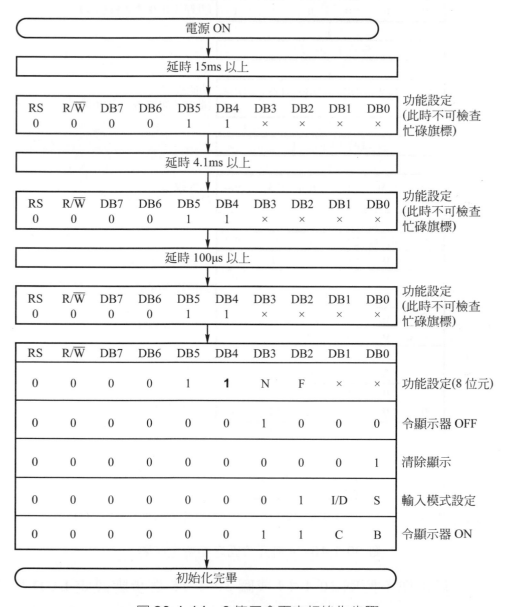

圖 30-1-14　8 位元介面之初始化步驟

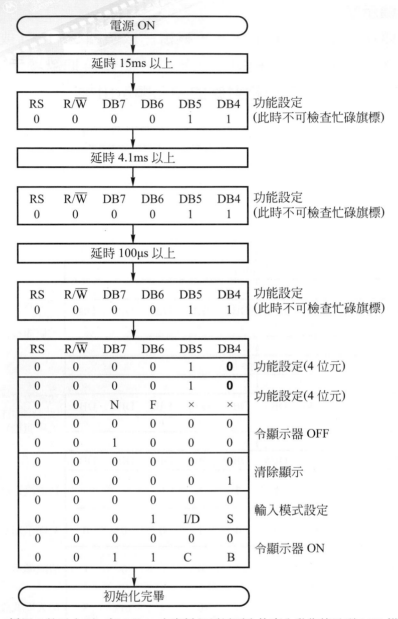

註：採用 4 位元介面，每 1 Byte 之資料必須以兩次的寫入動作傳送到 LCD 模組。

圖 30-1-15　4 位元介面之初始化步驟

　　假如您不照圖 30-1-14 或圖 30-1-15 之步驟設定 LCD 模組之初始值，則您將發現 LCD 模組有時會正常工作，有時會當機。

　　請注意！照圖 30-1-14 或圖 30-1-15 之步驟完成 LCD 模組的初始化後，**每執行一次寫入動作後都必須等待忙碌旗標 BF ＝ 0 或延時表 30-1-4 中之"執行時間"，然後才可再執行下一個寫入動作。**

三、動作情形

　　在 LCD 模組顯示

```
Hello !
I am a LCD.
```

四、電路圖

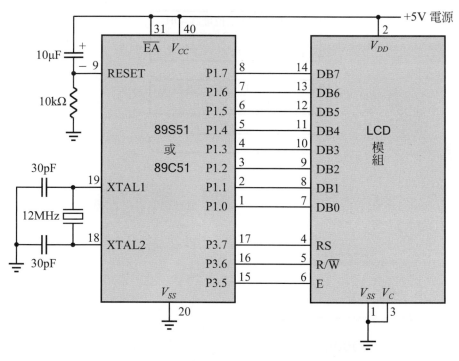

圖 30-1-16　使用 LCD 模組顯示字元之基本接線

　　請注意！市售 LCD 模組之接腳數有 30-16 頁的表 30-1-5 至表 30-1-7 三種，**請先確定您所用 LCD 模組之正確接腳數後才接線。**

五、流程圖

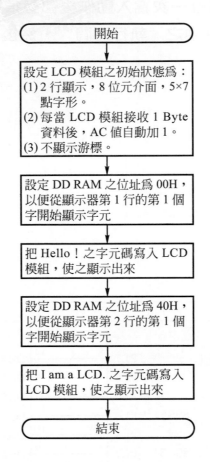

開始

設定 LCD 模組之初始狀態為：
(1) 2 行顯示，8 位元介面，5×7
    點字形。
(2) 每當 LCD 模組接收 1 Byte
    資料後，AC 值自動加 1。
(3) 不顯示游標。

設定 DD RAM 之位址為 00H，
以便從顯示器第 1 行的第 1 個
字開始顯示字元

把 Hello！之字元碼寫入 LCD
模組，使之顯示出來

設定 DD RAM 之位址為 40H，
以便從顯示器第 2 行的第 1 個
字開始顯示字元

把 I am a LCD. 之字元碼寫入
LCD 模組，使之顯示出來

結束

六、程式

【範例 E3001】

```
; =======================
; ==      主  程  式     ==
; =======================
        ORG     0000H
;設定 LCD 模組的初始狀態
        ACALL   INIT
;在 LCD 的第 1 行顯示 Hello！
        ACALL   LINE1                ;設定顯示之起始位置為第 1 行
```

```
        MOV     DPTR,#TAB1      ;DPTR 指向欲顯示字串之起始位址
        ACALL   DISPLAY         ;將字元碼送至 LCD 模組加以顯示
;在 LCD 的第 2 行顯示 I am a LCD.
        ACALL   LINE2           ;設定顯示之起始位置為第 2 行
        MOV     DPTR,#TAB2      ;DPTR 指向欲顯示字串之起始位址
        ACALL   DISPLAY         ;將字元碼送至 LCD 模組加以顯示
;
OK:     AJMP    OK              ;暫停於本位址


; ========================
; ==    副  程  式    ==
; ========================
;設定 LCD 模組的初始狀態
INIT:   ACALL   DELAY           ;延時

        MOV     A,#38H          ;┐
        ACALL   WRINS           ;│
        MOV     A,#38H          ;│
        ACALL   WRINS           ;├設定 LCD 模組為 2 行顯示，
        MOV     A,#38H          ;│8 位元介面，5 × 7 點字形
        ACALL   WRINS           ;│
        MOV     A,#38H          ;│
        ACALL   WRINS           ;┘

        MOV     A,#08H          ;┐ 令顯示器 OFF
        ACALL   WRINS           ;┘

        MOV     A,#01H          ;┐ 清除顯示
```

```
        ACALL   WRINS           ;┘

        MOV     A,#06H          ;┐ 令 LCD 模組每接收到 1 Byte 資
        ACALL   WRINS           ;┘ 料後，AC 值自動加 1

        MOV     A,#0CH          ;┐ 令顯示器 ON，但游標不顯示
        ACALL   WRINS           ;┘
        RET                     ;返回主程式
```

;將字串的字元碼送至 LCD 模組加以顯示

```
DISPLAY:MOV     R7,#00H         ;┐
NEXT:   MOV     A,R7            ;│
        MOVC    A,@A+DPTR       ;│ 把位址 DPTR 起之字元碼逐一送至
        CJNE    A,#10H,DSP      ;├ LCD 模組，直至遇到結束碼 10H
        RET                     ;│ 才返回主程式
DSP:    ACALL   WRDATA          ;│
        INC     R7              ;│
        AJMP    NEXT            ;┘
```

;設定欲顯示之起始位置為 LCD 顯示器的第 1 行第 1 個字

```
LINE1:  MOV     A,#10000000B    ;把指令碼存入 A 內(位址＝ 00H)
        ACALL   WRINS           ;把指令碼送入 LCD 模組
        RET                     ;返回主程式
```

;設定欲顯示之起始位置為 LCD 顯示器的第 2 行第 1 個字

```
LINE2:  MOV     A,#11000000B    ;把指令碼存入 A 內(位址＝ 40H)
        ACALL   WRINS           ;把指令碼送入 LCD 模組
        RET                     ;返回主程式
```

;把指令碼送入 LCD 模組

```
WRINS:  MOV     P3,#00011111B   ;RS=0,R/W̄=0,E=0
        NOP                     ;延時
```

```
          SETB     P3.5              ;E=1
          MOV      P1,A              ;把指令碼送至 LCD 模組的 DB7～DB0
          NOP                        ;延時
          CLR      P3.5              ;E=0
          ACALL    DLY1              ;延時
          RET                        ;返回
;把資料送入 LCD 模組
WRDATA:   MOV      P3,#10011111B     ;RS=1,R/W̄=0,E=0
          NOP                        ;延時
          SETB     P3.5              ;E=1
          MOV      P1,A              ;把資料送至 LCD 模組的 DB7～DB0
          NOP                        ;延時
          CLR      P3.5              ;E=0
          ACALL    DLY2              ;延時
          RET                        ;返回
;延時約 40ms
DELAY:    MOV      R6,#100
DL:       MOV      R7,#200
          DJNZ     R7,$
          DJNZ     R6,DL
          RET
;延時約 8ms
DLY1:     MOV      R6,#20
DL1:      MOV      R7,#200
          DJNZ     R7,$
          DJNZ     R6,DL1
          RET
;延時約 160μs
```

```
DLY2:      MOV       R6,#80
           DJNZ      R6,$
           RET
;  =======================
;  ==      欲顯示之字元      ==
;  =======================
;
TAB1:      DB        'Hell'           ;⌐ 欲顯示的第一個字串
           DB        'o !'            ;⌐
           DB        10H              ;結束碼
TAB2:      DB        'I am'           ;⌐
           DB        ' a '            ;│ 欲顯示的第二個字串
           DB        'LCD.'           ;⌐
           DB        10H              ;結束碼


           END
```

七、實習步驟

1. 請接妥圖 30-1-16 之電路。LCD 模組可採用 16 字 × 2 行或 20 字 × 2 行者。

   注意！您所用之 LCD 模組，接腳數或許會和圖 30-1-16 不同，請詳閱選購 LCD 模組時所附之資料，查出正確的接腳數後才接線。

2. 程式組譯後，燒錄至 89S51 或 89C51。

3. 通電執行後，LCD 模組是否能作正常的顯示？　　　答：_____

4. 實習完畢，接線請勿拆掉，下個實習會用到完全相同的電路。

八、相關知識補充——背光式 LCD 模組

由於 LCD 本身並不會發光，所以在昏暗的場所不容易看清楚 LCD 所顯示的字串。假如您所用之 LCD 模組必須在黑暗的環境裡工作，請選購**背光式 LCD 模組** (Backlight LCD modules)，通電後背光板會發亮，使 LCD 所顯示之字串清晰可見。

請注意！有的背光板必須外接電源(會多出 A 與 K 接腳，一共有 16 隻接腳)，所以**選購 LCD 模組時，一定要向經銷商索取所購 LCD 模組之資料**。

 # 實習 30-2　用 LCD 模組顯示自創之字元或圖形

一、實習目的

1. 了解 CG RAM 的使用方法。
2. 練習在 LCD 模組顯示一架飛機。

二、相關知識

1. 如何顯示自創字元或圖形

當您想在 LCD 模組顯示表 30-1-1 以外的特殊符號或圖形時，您只須照下述步驟進行，即可顯示出來：

(1) 先根據所畫之圖形編出圖形碼。

(2) 設定欲存入圖形碼的 CG RAM 之起始位址。

(3) 把圖形碼存入 CG RAM 內。

這些自創字元或圖形的對應字元碼為 00H～07H，如表 30-1-3 所示。

(4) 您只須設定好 DD RAM 之位址，然後把字元碼寫入 DD RAM 內，即可將相對應之字形或圖形顯示在 LCD 顯示器上。

2. 如何編出圖形碼

每個字元碼所對應的圖形，由表 30-1-3 可看出共有 5 × 8 點，假如您自創之字元或圖形超過 5 × 8 點，則需分割成數個 5 × 8 點。

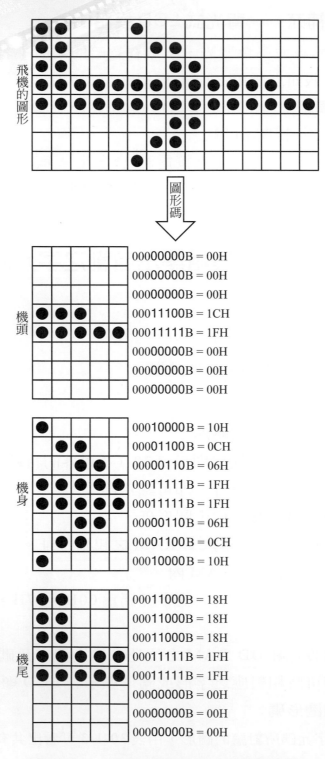

圖 30-2-1　編圖形碼的方法 (以飛機為例)

圖 30-2-1 是以一架飛機爲例，說明圖形碼的編法，由於飛機的圖形太長了，所以必須佔用三個 5 × 8 點的區域才夠，也因此這架飛機總共佔用了三個字元碼。

編碼的原則爲：

(1)　亮的爲 1，暗的爲 0。

(2)　每一個圖形碼的 bit 7～bit 5 補上 0，使圖形碼成爲 8 位元。

三、動作情形

在 LCD 顯示器的第 1 行顯示一架飛機，在 LCD 顯示器的第 2 行顯示 AIRPLANE。

四、電路圖

與實習 30-1 的圖 30-1-16 完全一樣。(請見 30-19 頁)

五、流程圖

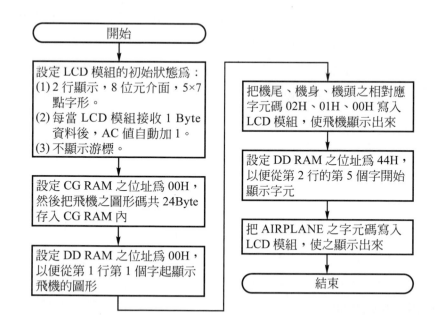

六、程式

【範例 E3002】

```
; =======================
; ==      主 程 式      ==
; =======================
        ORG     0000H
;設定 LCD 模組的初始狀態
        ACALL   INIT
;把飛機的圖形碼存入 CG RAM 內
        ACALL   CGRAM
;在 LCD 顯示器的第 1 行顯示飛機的圖形
        ACALL   LINE1           ;設定顯示之起始位置為第 1 行的第 1 個字
        MOV     DPTR,#TAB1      ;DPTR 指向欲顯示字串之起始位址
        ACALL   DISPLAY         ;把字元碼送至 LCD 模組加以顯示
;在 LCD 顯示器的第 2 行顯示 AIRPLANE
        ACALL   LINE2           ;設定顯示之起始位置為第 2 行的第 5 個字
        MOV     DPTR,#TAB2      ;DPTR 指向欲顯示字串之起始位址
        ACALL   DISPLAY         ;把字元碼送至 LCD 模組加以顯示
;停止工作
OK:     AJMP    OK              ;暫停於本位址


; =======================
; ==      副 程 式      ==
; =======================
;設定 LCD 模組之初始狀態
INIT:   ACALL   DELAY           ;延時

        MOV     A,#38H          ;┐
        ACALL   WRINS           ; │
```

```
        MOV     A,#38H          ; |
        ACALL   WRINS           ; ├設定 LCD 模組為 2 行顯示，
        MOV     A,#38H          ; | 8 位元介面，5 × 7 點字形
        ACALL   WRINS           ; |
        MOV     A,#38H          ; |
        ACALL   WRINS           ;┘


        MOV     A,#08H          ;┐ 令顯示器 OFF
        ACALL   WRINS           ;┘


        MOV     A,#01H          ;┐ 清除顯示器
        ACALL   WRINS           ;┘


        MOV     A,#06H          ;┐ 令 LCD 模組每接收到 1 Byte 資料
        ACALL   WRINS           ;┘ 後，AC 值自動加 1


        MOV     A,#0CH          ;┐ 令顯示器 ON，但游標不顯示
        ACALL   WRINS           ;┘
        RET                     ;返回主程式
;把圖形碼存入 CG RAM 內
CGRAM:  MOV     A,#01000000B    ;┐ 設定欲存入圖形碼的 CG RAM 之
        ACALL   WRINS           ;┘ 起始位址為 00H
        MOV     R5,#24          ;┐
        MOV     DPTR,#PATTERN   ; |
        MOV     R4,#0           ; |
LOOP:   MOV     A,R4            ; ├把位址 DPTR 起共 24 Byte 的圖
        MOVC    A,@A+DPTR       ; | 形碼送至 LCD 模組
        ACALL   WRDATA          ; |
        INC     R4              ; |
```

CONTROL PRATICE OF
Single Chip

```
        DJNZ    R5,LOOP         ;┘
        RET                     ;返回主程式
```

;將字元碼送入 LCD 模組加以顯示

```
DISPLAY:MOV     R7,#00H         ;┐
NEXT:   MOV     A,R7            ; │
        MOVC    A,@A+DPTR       ; │把位址 DPTR 起之字元碼逐一送至
        CJNE    A,#10H,DSP      ;├LCD 模組,直至遇到結束碼 10H
        RET                     ; │才返回主程式
DSP:    ACALL   WRDATA          ; │
        INC     R7              ; │
        AJMP    NEXT            ;┘
```

;設定欲顯示之起始位置為 LCD 顯示器的第 1 行第 1 個字

```
LINE1:  MOV     A,#10000000B    ;┐ 設定 DD RAM 之位址為 00H
        ACALL   WRINS           ;┘
        RET                     ;返回主程式
```

;設定欲顯示之起始位置為 LCD 顯示器的第 2 行第 5 個字

```
LINE2:  MOV     A,#11000100B    ;┐ 設定 DD RAM 之位址為 44H
        ACALL   WRINS           ;┘
        RET                     ;返回主程式
```

;把指令碼送入 LCD 模組

```
WRINS:  MOV     P3,#00011111B   ;RS=0,R/W̄=0,E=0
        NOP                     ;延時
        SETB    P3.5            ;E=1
        MOV     P1,A            ;把指令碼送至 LCD 模組的 DB7~DB0
        NOP                     ;延時
        CLR     P3.5            ;E=0
        ACALL   DLY1            ;延時
        RET                     ;返回
```

;把資料送入 LCD 模組

```
WRDATA: MOV     P3,#10011111B   ;RS=1,R/W̄=0,E=0
```

```
            NOP                    ;延時
            SETB    P3.5           ;E=1
            MOV     P1,A           ;把資料(字元碼或圖形碼)送至 LCD 模組
            NOP                    ;延時
            CLR     P3.5           ;E=0
            ACALL   DLY2           ;延時
            RET                    ;返回
;延時約 40ms
DELAY:  MOV     R6,#100
DL:     MOV     R7,#200
        DJNZ    R7,$
        DJNZ    R6,DL
        RET
;延時約 8ms
DLY1:   MOV     R6,#20
DL1:    MOV     R7,#200
        DJNZ    R7,$
        DJNZ    R6,DL1
        RET
;延時約 160μs
DLY2:   MOV     R6,#80
        DJNZ    R6,$
        RET
; =======================
; ==      飛機的圖形碼      ==
; =======================
;飛機頭的圖形碼
PATTERN:DB      00H
        DB      00H
        DB      00H
```

```
            DB        1CH
            DB        1FH
            DB        00H
            DB        00H
            DB        00H
```

;機身的圖形碼

```
            DB        10H
            DB        0CH
            DB        06H
            DB        1FH
            DB        1FH
            DB        06H
            DB        0CH
            DB        10H
```

;機尾的圖形碼

```
            DB        18H
            DB        18H
            DB        18H
            DB        1FH
            DB        1FH
            DB        00H
            DB        00H
            DB        00H
```

```
;   =======================
;   ==       欲顯示之字元      ==
;   =======================
;
TAB1:   DB        02H              ;機尾之字元碼
        DB        01H              ;機身之字元碼
```

	DB	00H	;機頭之字元碼
	DB	10H	;結束碼
TAB2:	DB	'AIRP'	;⌐ 字串 AIRPLANE
	DB	'LANE'	;⌐
	DB	10H	;結束碼

```
            END
```

七、實習步驟

1. 請接妥30-19頁的圖30-1-16之電路。LCD模組可採用 16 字 × 2 行或 20 字 × 2 行者。

    注意! 您所用之LCD模組,接腳數或許會和圖 30-1-16 不同,請詳閱選購LCD模組時所附之資料,查出正確的接腳數後才接線。

2. 程式組譯後,燒錄至 89S51 或 89C51,然後通電執行之。

3. LCD 模組是否能作正常的顯示?　　　　　　　　答:＿＿＿＿＿＿

4. 實習完畢,接線請勿拆掉,下個實習只需再增添些許零件即可。

實習 30-3　用一個 LCD 模組製作四個計數器

一、實習目的

1. 了解用 RAM 擔任計數器的技巧。

2. 熟練把數字轉換成字元碼的方法。

3. 了解同時偵測多個計數器的輸入狀態之技巧。

二、動作情形

1. 本製作一共有四個計數器,每當接腳 P3.1 輸入一個負緣(電位由 1 變成 0),計數器 1 的內容就加1。每當接腳P3.2 輸入一個負緣,計數器 2 的內容就加1。同理,接腳 P3.3 所輸入之負緣會使計數器 3 的內容加1,接腳P3.4 所輸入之負緣會使計數器 4 的內容加1。

2. 四個計數器均為十進位計數器,都可由 0000 計數至 9999。

3. 四個計數器的內容同時顯示在同一個LCD顯示器上。剛開機時顯示情形為：

1：0000	2：0000
3：0000	4：0000

此後，所顯示之計數器內容會隨時更新。

三、電路圖

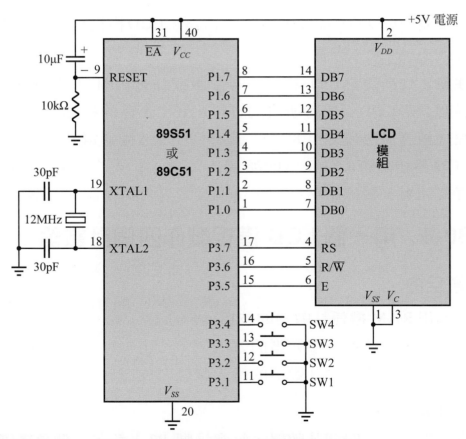

圖 30-3-1 使用 LCD 模組製作四組計數器

四、相關知識

1. 如何做多個計數器

在第 25 章，我們已經學會用暫存器擔任計數器的技巧。但是在工業控制上往往需要有很多個計數器才夠用，這時候暫存器怎麼夠用呢？其實 RAM 就可以拿來擔任計數器，本實習擬以 4 個計數器為例，說明使用 RAM 擔任計數器的方法。

本實習以位址 40H～47H 之 RAM 擔任 4 個計數器，如圖 30-3-2 所示。例如位址 41H 的內容為 12，位址 40H 的內容為 34，則計數器 1 的內容就是 1234，依此類推。

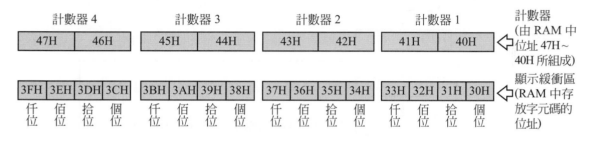

圖 30-3-2　計數器與字元碼的安排

程式剛開始時，必須先把擔任計數器的 RAM 位址 40H～47H 全部清除為 00，此後每當檢測到接腳 P3.1 有負緣輸入(即電壓由 1 變成 0)就把位址 40H 的內容加 1，若位址 40H 有進位產生(位址 40H 的內容由 99 被加 1 而成為 100 時，位址 40H 的內容就等於 00，而進位旗標 C 就等於 1)，則把進位(即進位旗標 C 的內容)加至位址 41H 內。同理，當接腳 P3.2 輸入負緣時會令計數器 2 的內容加 1，接腳 P3.3 輸入負緣時會令計數器 3 的內容加 1，接腳 P3.4 輸入負緣時會令計數器 4 的內容加 1。

2. 如何計數

計數器的輸入狀態只有表 30-3-1 所示四種。由表 30-3-1 可看出當輸入由 1 變成 0 時，就必須把相對應的計數器之內容加 1，所以在把新的輸入狀態存入內部 RAM 的位址 21H 內以前，必須把剛才的狀態存入內部 RAM 的位址 22H 內，以供比較。計數的方法請見圖 30-3-3。

表 30-3-1　計數器的動作情形

剛才的輸入狀態(存在內部 RAM 的位址 22H 內)	現在的輸入狀態(存在內部 RAM 的位址 21H 內)	計數器之內容
0	0	不變
0	1	不變
1	0	把對應的計數器之內容加 1
1	1	不變

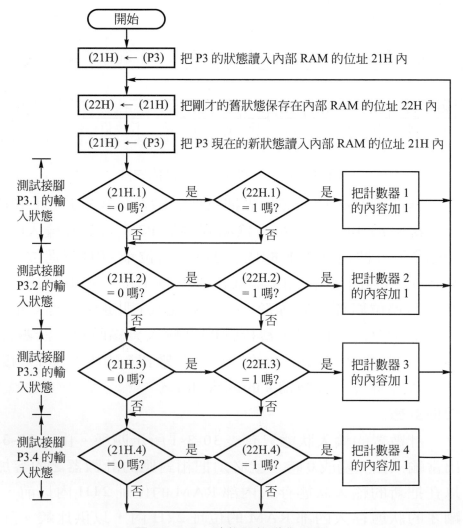

圖 30-3-3　計數器的動作流程

3.　**如何顯示計數器的內容**

　　十進制計數器的內容都是阿拉伯數字 0～9，但是送到 LCD 模組的必須是相對應的字元碼，我們如何將阿拉伯數字轉換成相對應的字元碼呢？仔細觀察表 30-1-1，我們可發現 0 的字元碼是 30H，1 的字元碼是 31H，……9 的字元碼是 39H，所以只要把每個阿拉伯數字加上 30H 就可以得到相對應的字元碼了。

　　各計數器的內容轉換成字元碼後，是如圖 30-3-2 所示存放在內部 RAM 的位址 30H～3FH 內，把這些字元碼送至 LCD 模組就可以把各計數器的內容顯示出來。

五、流程圖

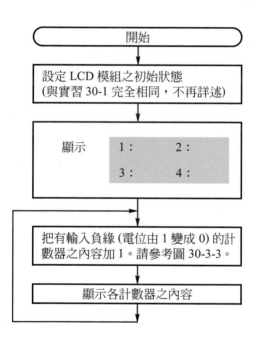

六、程式

【範例 E3003】

```
; =========================
; ==        主  程  式        ==
; =========================
```

```
        ORG      0000H
        ACALL    INIT            ;設定 LCD 模組的初始狀態
        ACALL    LABLE           ;顯示 1:    2:    3:    4:
LOOP:   ACALL    CHECK           ;測試輸入狀態，並修正各計數器之內容
        ACALL    CNTDSP          ;顯示各計數器之內容
        AJMP     LOOP            ;重複執行程式
```

```
; =========================
; ==      副  程  式      ==
; =========================
```

;設定 LCD 模組之初始狀態 (與範例 E3001 完全一樣，不再詳述)

```
INIT:   ACALL    DELAY
        MOV      A,#38H
        ACALL    WRINS
        MOV      A,#38H
        ACALL    WRINS
        MOV      A,#38H
        ACALL    WRINS
        MOV      A,#38H
        ACALL    WRINS
        MOV      A,#08H
        ACALL    WRINS
        MOV      A,#01H
        ACALL    WRINS
        MOV      A,#06H
        ACALL    WRINS
        MOV      A,#0CH
        ACALL    WRINS
```

;把所有計數器的內容都清除為零

```
        MOV      40H,#00
```

```
        MOV       41H,#00
        MOV       42H,#00
        MOV       43H,#00
        MOV       44H,#00
        MOV       45H,#00
        MOV       46H,#00
        MOV       47H,#00
```

;讀取計數器之輸入狀態，存入內部 RAM 的位址 21H 內

```
        MOV       21H,P3
        RET
```

; ============================
;在第 1 行的第 1 個字起顯示 1：

```
LABLE:  ACALL     L0101
        MOV       A,#'1'
        ACALL     WRDATA
        MOV       A,#':'
        ACALL     WRDATA
```

;在第 1 行的第 11 個字起顯示 2：

```
        ACALL     L0111
        MOV       A,#'2'
        ACALL     WRDATA
        MOV       A,#':'
        ACALL     WRDATA
```

;在第 2 行的第 1 個字起顯示 3：

```
        ACALL     L0201
        MOV       A,#'3'
        ACALL     WRDATA
        MOV       A,#':'
        ACALL     WRDATA
```

;在第 4 行的第 11 個字起顯示 4：

```
        ACALL    L0211
        MOV      A,#'4'
        ACALL    WRDATA
        MOV      A,#':'
        ACALL    WRDATA
        RET
```

; ========================= (請參考圖 30-3-3)

;測試各計數器之輸入狀態，並將有負緣輸入的計數器加 1

```
CHECK:   MOV      22H,21H          ;把剛才的輸入狀態存入位址 22H 內
         MOV      21H,P3           ;把目前的輸入狀態存入位址 21H 內
CHK1:    JB       21H.1,CHK2       ;┐ 若 P3.1 的輸入不是由 1 變成 0，
         JNB      22H.1,CHK2       ;┘ 則跳至 CHK2
         MOV      R0,#40H          ;┐ 將計數器 1 的內容加 1
         ACALL    CNTINC           ;┘
CHK2:    JB       21H.2,CHK3       ;┐ 若 P3.2 的輸入不是由 1 變成 0，
         JNB      22H.2,CHK3       ;┘ 則跳至 CHK3
         MOV      R0,#42H          ;┐ 把計數器 2 的內容加 1
         ACALL    CNTINC           ;┘
CHK3:    JB       21H.3,CHK4       ;┐ 若 P3.3 的輸入不是由 1 變成 0，
         JNB      22H.3,CHK4       ;┘ 則跳至 CHK4
         MOV      R0,#44H          ;┐ 把計數器 3 的內容加 1
         ACALL    CNTINC           ;┘
CHK4:    JB       21H.4,OK         ;┐ 若 P3.4 的輸入不是由 1 變成 0，
         JNB      22H.4,OK         ;┘ 則跳至 OK
         MOV      R0,#46H          ;┐ 把計數器 4 的內容加 1
         ACALL    CNTINC           ;┘
OK:      RET                       ;返回主程式
```

;把計數器的內容加 1

```
CNTINC:  MOV      A,#1
         ADD      A,@R0
```

```
        DA      A
        MOV     @R0,A
        INC     R0
        MOV     A,#0
        ADDC    A,@R0
        DA      A
        MOV     @R0,A
        RET
```

;　========================= (請參考圖 30-3-2)

;顯示各計數器的內容

```
CNTDSP: ACALL   ASCII               ;把字元轉換成字元碼

        ACALL   L0103               ;┐ 從第 1 行的第 3 個字起
        MOV     R0,#33H             ;│ 顯示計數器 1 的內容
        ACALL   DSP                 ;┘

        ACALL   L0113               ;┐ 從第 1 行的第 13 個字起
        MOV     R0,#37H             ;│ 顯示計數器 2 的內容
        ACALL   DSP                 ;┘

        ACALL   L0203               ;┐ 從第 2 行的第 3 個字起
        MOV     R0,#3BH             ;│ 顯示計數器 3 的內容
        ACALL   DSP                 ;┘

        ACALL   L0213               ;┐ 從第 2 行的第 13 個字起
        MOV     R0,#3FH             ;│ 顯示計數器 4 的內容
        ACALL   DSP                 ;┘

        RET
```

;把位址 40H 起的 8Byte 數字轉換成 16 個字元碼，存入位址 30H 起之 RAM 內

```
ASCII:   MOV      R0,#40H           ;計數器是從位址 40H 開始
         MOV      R1,#30H           ;字元碼要從位址 30H 開始存放
         MOV      R2,#08            ;計數器的內容共有 8Byte
LOOP1:   MOV      A,@R0             ;取入 1Byte 數字
         PUSH     ACC               ;保存 A 之內容
         ANL      A,#00001111B      ;遮沒高位數,只留低位數
         ADD      A,#30H            ;轉換成字元碼
         MOV      @R1,A             ;把字元碼存入顯示緩衝區
         POP      ACC               ;取回 A 之內容
         SWAP     A                 ;┐ 遮沒低位數,只留高位數
         ANL      A,#00001111B      ;┘
         ADD      A,#30H            ;轉換成字元碼
         INC      R1                ;R1 指向下一個要存字元碼的位址
         MOV      @R1,A             ;把字元碼存入顯示緩衝區
         INC      R0                ;R0 指向下一個要轉換的位址
         INC      R1                ;R1 指向下一個要存字元碼的位址
         DJNZ     R2,LOOP1          ;繼續轉換,直到 8Byte 內容都轉換成字元碼
         RET
;把位址@R0 起共 4Byte 之資料送至 LCD 模組加以顯示
DSP:     MOV      R1,#4
LOOP2:   MOV      A,@R0
         ACALL    WRDATA
         DEC      R0
         DJNZ     R1,LOOP2
         RET
; ===========================
;延時約 40ms
DELAY:   MOV      R6,#100
DL:      MOV      R7,#200
         DJNZ     R7,$
```

```
        DJNZ      R6,DL
        RET
; ============================
;設定欲顯示之起始位置為第 1 行的第 1 個字
L0101:  MOV       A,#10000000B
        ACALL     WRINS
        RET
;設定欲顯示之起始位置為第 1 行的第 3 個字
L0103:  MOV       A,#10000010B
        ACALL     WRINS
        RET
;設定欲顯示之起始位置為第 1 行的第 11 個字
L0111:  MOV       A,#10001010B
        ACALL     WRINS
        RET
;設定欲顯示之起始位置為第 1 行的第 13 個字
L0113:  MOV       A,#10001100B
        ACALL     WRINS
        RET
;設定欲顯示之起始位置為第 2 行的第 1 個字
L0201:  MOV       A,#11000000B
        ACALL     WRINS
        RET
;設定欲顯示之起始位置為第 2 行的第 3 個字
L0203:  MOV       A,#11000010B
        ACALL     WRINS
        RET
;設定欲顯示之起始位置為第 2 行的第 11 個字
L0211:  MOV       A,#11001010B
        ACALL     WRINS
```

```
        RET
;設定欲顯示之起始位置為第 2 行的第 13 個字
L0213:  MOV     A,#11001100B
        ACALL   WRINS
        RET
;  ===========================
;把指令碼送入 LCD 模組
WRINS:  MOV     P3,#00011111B     ;RS=0,R/W̄=0,E=0
        NOP                       ;延時
        SETB    P3.5              ;E=1
        MOV     P1,A              ;把指令碼送至 LCD 模組的 DB7～DB0
        NOP                       ;延時
        CLR     P3.5              ;E=0
        ACALL   DLY1              ;延時
        RET                       ;返回
;延時約 8ms
DLY1:   MOV     R6,#20
DL1:    MOV     R7,#200
        DJNZ    R7,$
        DJNZ    R6,DL1
        RET
;  ===========================
;把資料送入 LCD 模組
WRDATA: MOV     P3,#10011111B     ;RS=1,R/W̄=0,E=0
        NOP                       ;延時
        SETB    P3.5              ;E=1
        MOV     P1,A              ;把資料送至 LCD 模組的 DB7～DB0
        NOP                       ;延時
        CLR     P3.5              ;E=0
        ACALL   DLY2              ;延時
```

```
        RET                              ;返回
;延時約 160µs
DLY2:   MOV        R6,#80
        DJNZ       R6,$
        RET


        END
```

七、實習步驟

1.　請接妥圖 30-3-1 之電路。LCD 模組可採用 16 字 × 2 行或 20 字 × 2 行者。

　　注意！您所用之 LCD 模組，接腳數或許會和圖 30-3-1 不同，請詳閱選購 LCD 模組時所附之資料，查出正確的接腳數後才接線。

2.　程式組譯後，燒錄至 89S51 或 89C51，然後通電執行之。

3.　此時 LCD 顯示器顯示＿＿＿＿＿。

4.　把按鈕 SW1 按 10 下後，LCD 顯示器顯示＿＿＿＿＿。

5.　把按鈕 SW2 按 20 下後，LCD 顯示器顯示＿＿＿＿＿。

6.　把按鈕 SW3 按 30 下後，LCD 顯示器顯示＿＿＿＿＿。

7.　把按鈕 SW4 按 40 下後，LCD 顯示器顯示＿＿＿＿＿。

Chapter 31

步進馬達

實習 31-1 步進馬達的基本認識

一、實習目的

1. 了解步進馬達的特性。
2. 熟悉步進馬達的激磁方式。

二、相關知識

步進馬達(stepping motor)又稱為步級馬達(step motor)或脈波馬達(pulse motor)。由於步進馬達的特性和一般的交流馬達、直流馬達完全不同,並不是一加上電源就會運轉,因此自成一族,本章將說明步進馬達的特性、規格、用法等。

1. 步進馬達的特點

(1) 旋轉的角度和輸入的脈波數成正比,因此用開迴路控制即可達成高精確角度及高精度定位的要求。

(2) 啟動、停止、正反轉的應答性良好,控制容易。

(3) 每一步級的角度誤差小,而且沒有累積誤差。

(4) 在可控制的範圍內,轉速和脈波的頻率成正比,所以變速範圍非常廣。

(5) 靜止時,步進馬達有很高的保持轉矩(holding torque),可保持在停止的位置,不需使用煞車器即不會自由轉動。

(6) 在超低速有很高的轉矩。

(7) 可靠性高,不需保養,整個系統的價格低廉。

2. 步進馬達的用途

(1) 硬碟機 → 磁頭定位。

(2) 軟碟機 → 磁頭定位。

(3) 印表機 → 紙張傳送、印字頭驅動、色帶驅動。

(4) 傳真機 → 紙張傳送。

(5) 影印機 → 紙張傳送、鏡頭驅動。

(6)　紙帶閱讀機 → 紙張傳送。

(7)　讀卡機 → 卡片傳送。

(8)　XY 工作檯 → XY 定位。

(9)　定長切割機 → 定長輸出。

⑽　血液分析儀 → 試紙傳送。

⑾　機械手臂 → 定位控制。

⑿　放電加工機 → XY 定位。

3.　**步進馬達的種類**

　　　目前所用的步進馬達，以線圈的相數來分，有 2 相步進馬達及 5 相步進馬達：

⑴　**2 相步進馬達**

　　　2 相步進馬達是目前使用量最多的步進馬達，基本步級角有 1.8°及 0.9°兩種。內部有兩組線圈，如圖 31-1-1 所示。

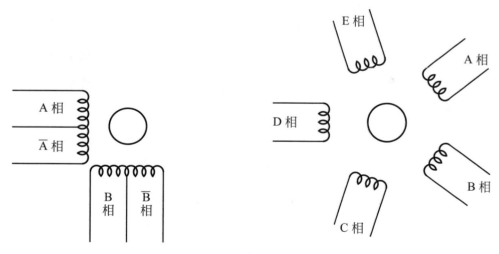

圖 31-1-1　2 相步進馬達　　　　圖 31-1-2　5 相步進馬達

⑵　**5 相步進馬達**

　　　5 相步進馬達具有較高的解析度，基本步級角有 0.72°及 0.36°兩種。內部有五組線圈，如圖 31-1-2 所示。

　註：⑴早期的步進馬達有 2 相、3 相、4 相、5 相等。目前 3 相、
　　　　4 相的步進馬達已經停止生產了。

(2)步進馬達依轉子的材料可分成三大類：

   ① VR 型步進馬達：可變磁阻型(variable reluctance type)步進馬達，轉子以軟鐵加工而成，步級角通常爲 15°。

   ② PM 型步進馬達：永久磁鐵型(permanent magnet type)步進馬達，轉子是用永久磁鐵製成，步級角有 18°、15°、11.25°、7.5°等多種。

   ③ HB 型步進馬達：複合型(hybrid type)步進馬達，轉子是在永久磁鐵上包以多齒的軟鐵製成，步級角可小於 1.8°。

(3)步進馬達的每一個"線圈組"稱爲一"相"。

4.　步進馬達的特性

步進馬達的特性可用一些專用的術語加以描述，茲一一說明於下：

(1)　**速度-轉矩特性曲線** (speed-torque curve)

圖 31-1-3 所示爲步進馬達的速度與轉矩的關係，是選用步進馬達時最常用的圖表。

註：圖中的脫出轉矩、引入轉矩、最大應答週波數……等會因所用激磁方式或驅動電路的不同而有所差異。

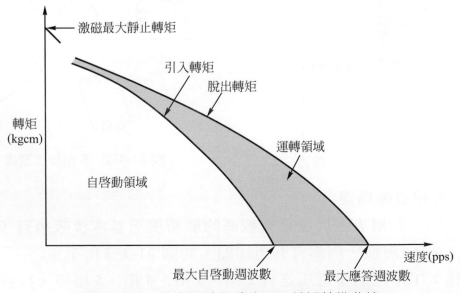

圖 31-1-3　步進馬達的速度——轉矩特性曲線

⑵　**激磁最大靜止轉矩** (holding torque)

　　2 相步進馬達採用 2 相激磁，或 5 相步進馬達採用 5 相激磁，各相都通過額定電流而令轉子靜止不動所產生的最大轉矩，稱爲激磁最大靜止轉矩。

⑶　**無激磁保持轉矩** (detent torque)

　　PM 型步進馬達及 HB 型步進馬達的轉子都使用永久磁鐵，所以在各相線圈都沒有通過電流時，還能產生將轉子保持在現有位置的轉矩，稱爲無激磁保持轉矩。

⑷　**引入轉矩** (pull-in torque)

　　這是步進馬達能夠與輸入的脈波信號同步啓動、停止的最大轉矩。負荷大於引入轉矩時，步進馬達無法瞬時啓動，必須先做低速啓動，然後才逐漸提高轉速。

⑸　**脫出轉矩** (pull-out torque)

　　步進馬達以某固定的脈波頻率運轉，輸出軸的負荷逐漸加重，直到失步前的轉矩。當超過脫出轉矩的負荷加於步進馬達時，步進馬達將產生失步的現象而停止轉動。

⑹　**自啓動領域** (start stop region)

　　指步進馬達在 "無負荷" 時，能夠與輸入的脈波信號同步而瞬時啓動、停止、正反轉的可能領域。

　　當加上負荷時，自啓動領域會向左側縮小。

⑺　**運轉領域** (slew range)

　　這是步進馬達的高速領域。步進馬達欲在此領域運轉，則輸入的脈波信號頻率必須做緩慢上升、緩慢下降之操作，如圖 31-1-4 所示。

　　在運轉領域步進馬達無法做瞬時啓動、停止、正反轉的操作。如欲在運轉領域驅動馬達，首先須由自啓動領域啓動，再逐漸把脈波的速度加快，此稱爲 "緩慢啓動"，而欲停止(或反轉)時必須先將脈波的速度逐漸下降到自啓動領域內再停止，此稱爲 "緩慢停止"。

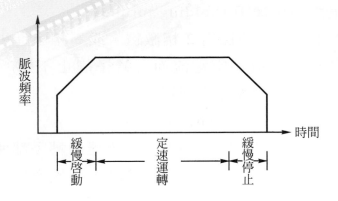

圖 31-1-4　高速運轉的操作方法

(8)　**最大自啓動週波數** (max starting pulse rate)

　　步進馬達在無負荷時能夠隨輸入的脈波信號同步而瞬時啓動的最大週波數(最高頻率)。在負荷的慣性大時，最大自啓動週波數會變低。

(9)　**最大應答週波數** (max slewing pulse rate)

　　這是步進馬達能夠與輸入脈波信號同步運轉的最高週波數(最高頻率)。但是此最大應答週波數會因所用驅動電路的不同而產生差異。

(10)　**步級角** (step angle)

　　在輸入一個脈波信號時，步進馬達所旋轉的角度，稱爲步級角。步級角會因激磁方式而有所不同，例如基本步級角 1.8° 的 2 相步進馬達，採用 1 相激磁或 2 相激磁時步級角爲 1.8°，採用 1-2 相激磁時步級角變成 0.9°。

(11)　**脈波率 PPS** (pulse per second)

　　PPS 是步進馬達速度的表示單位。PPS 就是在 1 秒所輸入的脈波數。由於不同步進馬達控制系統的每一個脈波所產生的步級角不同，所以在同樣的PPS時步進馬達的轉速(每分鐘轉速 rpm)也會有所不同。

⑿ **共振** (resonance)

步進馬達在某特定的速度領域運轉時振動會變大而運轉不順暢，產生此種現象的速度領域稱爲共振領域。每一型步進馬達的共振領域不盡相同，一般的 2 相步進馬達共振領域大約在 100PPS～200PPS 之間。

5. **常見步進馬達的規格**

表 31-1-1 是市面上常見的東方牌(ORIENTAL MOTOR)步進馬達之規格表，可供選購時之參考。

表 31-1-1　東方步進馬達的規格表

種類	安裝面尺寸 mm	品名		基本步級角	激磁最大靜止力矩 kgcm	電流 A/相	電壓 V	線圈電阻 Ω/相	轉子慣性慣量 gcm²	重量 kg
		單軸	雙軸							
5 相步進馬達	38	PX533M-A	PX533M-B	0.36°	0.75	0.21	—	33	16	0.17
		PX533MH-A	PX533MH-B	0.36°	0.74	0.75	—	2.6	16	0.17
		PX534M-A	PX534M-B	0.36°	1.1	0.27	—	22	24	0.22
		PX534MH-A	PX534MH-B	0.36°	1.05	0.75	—	2.8	24	0.22
		PX535M-A	PX535M-B	0.36°	1.4	0.5	—	8	35	0.27
		PX535MH-A	PX535MH-B	0.36°	1.35	0.75	—	3.5	35	0.27
	60	PH564-A	PH564-B	0.72°	2.5	0.75	—	2.5	100	0.5
		PH566-A	PH566-B	0.72°	4	0.75	—	4	200	0.75
		PH566H-A	PH566H-B	0.72°	4	1.3	—	1.4	200	0.75
		PH569-A	PH569-B	0.72°	8	1.4	—	2.3	400	1.3
		PH569H-A	PH569H-B	0.72°	8	2.3	—	0.85	400	1.3
	85	PH596-A	PH596-B	0.72°	12.5	1.25	—	2.1	700	1.5
		PH596H-A	PH596H-B	0.72°	12.5	2.7	—	0.43	700	1.5
		PH599-A	PH599-B	0.72°	22	1.15	—	3.25	1200	2.5
		PH599H-A	PH599H-B	0.72°	22	2.4	—	0.7	1200	2.5
		PH5913-A	PH5913-B	0.72°	40	2.8	—	1	1800	3.5

表 31-1-1　東方步進馬達的規格表(續)

種類	安裝面尺寸 mm	品名		基本步級角	激磁最大靜止力矩 kgcm	電流 A/相	電壓 V	線圈電阻 Ω/相	轉子慣性慣量 gcm²	重量 kg
		單軸	雙軸							
2 相步進馬達	42	PX243M-01A	PX243M-01B	0.9°	0.8	0.9	4	4.4	16	0.2
		PX243M-02A	PX243M-02B	0.9°	0.8	0.6	6	10	16	0.2
		PX243M-03A	PX243M-03B	0.9°	0.8	0.3	12	40	16	0.2
		PX244M-01A	PX244M-01B	0.9°	1.2	1.2	4	3.3	24	0.25
		PX244M-02A	PX244M-02B	0.9°	1.2	0.8	6	7.5	24	0.25
		PX244M-03A	PX244M-03B	0.9°	1.2	0.4	12	30	24	0.25
		PX245M-01A	PX245M-01B	0.9°	1.7	1.2	4	3.3	35	0.33
		PX245M-02A	PX245M-02B	0.9°	1.7	0.8	6	7.5	35	0.33
		PX245M-03A	PX245M-03B	0.9°	1.7	0.4	12	30	35	0.33
		PX243-01A	PX243-01B	1.8°	1.1	0.95	4	4.2	16	0.2
		PX243-02A	PX243-02B	1.8°	1.1	0.4	9.6	24	16	0.2
		PX243-03A	PX243-03B	1.8°	1.1	0.31	12	38.5	16	0.2
		PX244-02A	PX244-02B	1.8°	1.6	0.8	6	7.5	24	0.25
		PX244-03A	PX244-03B	1.8°	1.6	0.4	12	30	24	0.25
		PX244-04A	PX244-04B	1.8°	1.6	0.2	24	120	24	0.25
		PX245-01A	PX245-01B	1.8°	2.2	1.2	4	3.3	35	0.33
		PX245-02A	PX245-02B	1.8°	2.2	0.8	6	7.5	35	0.33
		PX245-03A	PX245-03B	1.8°	2.2	0.4	12	30	35	0.33
	56.4	PH264-01	PH264-01B	1.8°	2.9	1.1	4	3.6	57	0.4
		PH264-02	PH264-02B	1.8°	2.9	0.4	12	30	57	0.4
		PH264-03	PH264-03B	1.8°	2.9	0.2	24	120	57	0.4
		PH266-01	PH266-01B	1.8°	6	1.2	6	5	135	0.6

表 31-1-1　東方步進馬達的規格表(續)

種類	安裝面尺寸 mm	品名		基本步級角	激磁最大靜止力矩 kgcm	電流 A/相	電壓 V	線圈電阻 Ω/相	轉子慣性慣量 gcm²	重量 kg
		單軸	雙軸							
2相步進馬達	56.4	PH266-02	PH266-02B	1.8°	6	0.6	12	20	135	0.6
		PH266-03	PH266-03B	1.8°	6	0.3	24	80	135	0.6
		PH268-21	PH268-21B	1.8°	9	1.5	5.4	3.6	200	0.95
		PH2610-01	PH2610-01B	1.8°	10.8	1.88	6	3.2	320	1.2
	83	PH296-01	PH296-01B	1.8°	12.5	4.5	1.8	0.4	560	1.5
		PH296-02	PH296-02B	1.8°	12.5	1.25	5.5	4.4	560	1.5
		PH299-01	PH299-01B	1.8°	22	4.0	3	0.75	1100	2.5
		PH299-02	PH29902B	1.8°	22	2.0	6	3	1100	2.5
2相步進馬達附減速機機型	42	PX243G01-01A	PX243G01-01B	0.1°	8	0.6	4	6.7	16	0.4
		PX243G01-02A	PX243G01-02B	0.1°	8	0.25	9.6	38.4	16	0.4

6.　2相步進馬達的激磁方式

激磁就是令線圈通過電流。2 相步進馬達的基本驅動電路如圖 31-1-5 所示,有下列三種激磁方式:

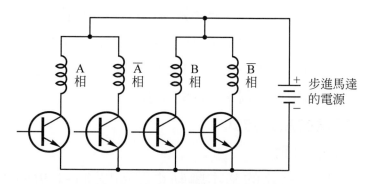

圖 31-1-5　2 相步進馬達的基本驅動電路

(1) **1 相激磁**

每次令一個線圈通過
電流。步級角等於基本步
級角，消耗電力小，角精
確度良好，但轉矩小、振
動較大。激磁的順序如圖
31-1-6 所示。

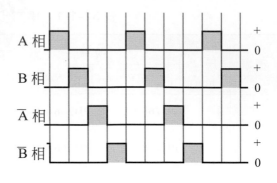

圖 31-1-6　1 相激磁的時序圖

(2) **2 相激磁**

每次令兩個線圈通過電流。步級角等於基本步級角，轉矩
大、振動小，是目前使用最多的激磁方式。激磁的順序如圖
31-1-7 所示。

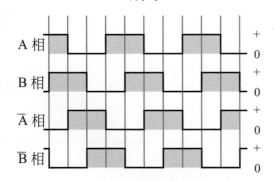

圖 31-1-7　2 相激磁的時序圖

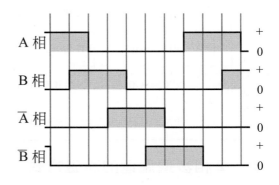

圖 31-1-8　1-2 相激磁(半步激磁)的時序圖

(3) **1-2 相激磁**

1-2 相激磁又稱為**半步激磁**(half stepping)，採用 1 相和 2
相輪流激磁，每一步級角等於基本步級角的 1/2，因此解析度
提高一倍，且運轉平滑，和 2 相激磁的方式同樣受到廣泛的使
用。激磁的順序如圖 31-1-8 所示。

7. **5 相步進馬達的激磁方式**

(1) **雙極性標準驅動**

5 相步進馬達的基本驅動電路如圖 31-1-9(a)所示，由於通
過線圈的電流在某些時候為正向，在某些時候為反向，故稱為
雙極性驅動。

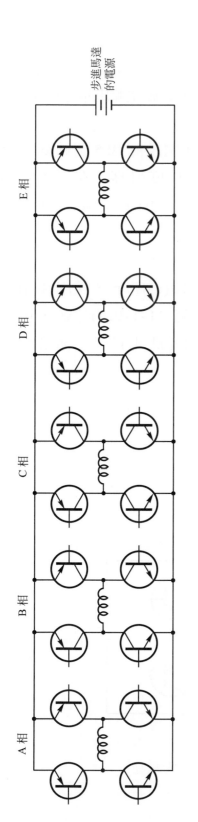

(a) 基本電路

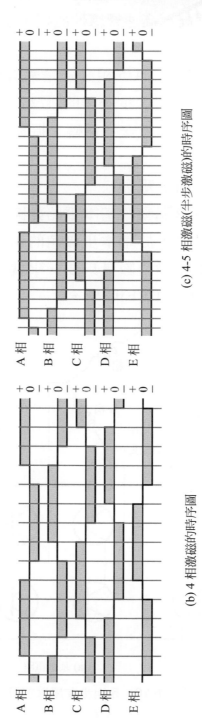

(c) 4-5 相激磁(半步激磁)的時序圖

(b) 4 相激磁的時序圖

圖 31-1-9　5 相步進馬達的雙極性標準驅動

激磁方式可以採用：

① 4相激磁：每一次激磁4個線圈，其步級角等於基本步級角，解析度高，高速響應性能好，振動小，激磁的順序如圖31-1-9(b)所示。

② 4-5相激磁：4-5相激磁是輪流激磁4個線圈和5個線圈，步級角等於基本步級角的 1/2，因此解析度很高。在很大的頻率範圍內皆可安定運轉，振動小，激磁的順序如圖31-1-9(c)所示。

(2) **雙極性五角形驅動**

五角形驅動的基本電路如圖 31-1-10(a)所示。採用 4 相激磁，步級角等於基本步級角的 1/2。和圖 31-1-9(a)比較，可看出功率電晶體的數量只要一半就夠，因此成本較低。激磁的順序如圖 31-1-10(b)所示。

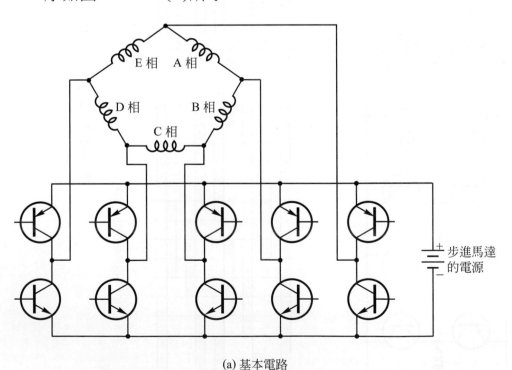

(a) 基本電路

圖 31-1-10　5 相步進馬達的雙極性五角形驅動

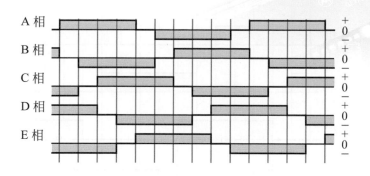

(b) 4 相激磁(半步激磁)的時序圖

圖 31-1-10 　5 相步進馬達的雙極性五角形驅動(續)

(3) **單極性星形驅動**

　　　　星形驅動的基本電路如圖 31-1-11(a)所示。採用 2-3 相激磁，步級角等於基本步級角，低速轉矩約爲圖 31-1-9 和圖 31-1-10 的 60 ％，高速特性則與圖 31-1-9 和圖 31-1-10 很接近。由圖 31-1-11(a)可看出驅動電路和 2 相步進馬達相似，成本低。激磁的順序如圖 31-1-11(b)所示。

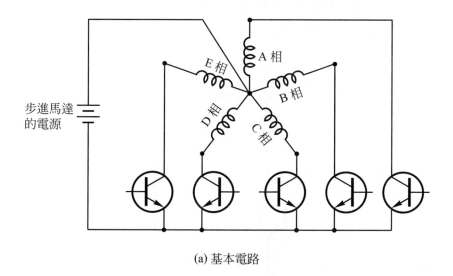

(a) 基本電路

圖 31-1-11 　5 相步進馬達的單極性星形驅動

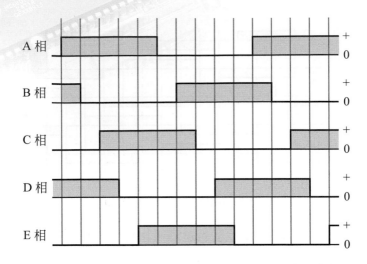

(b) 2-3 相激磁的時序圖

圖 31-1-11　5 相步進馬達的單極性星形驅動(續)

8.　增加高速轉矩的技巧

　　當步進馬達採用圖 31-1-5 所示之基本電路驅動時，由於步進馬達的線圈具有電感性，所以電晶體截止的瞬間會產生很高的感應電勢。為了避免此感應電勢破壞電晶體，所以人們就在每個線圈並聯一個二極體，成為圖 31-1-12(a)的基本驅動電路。

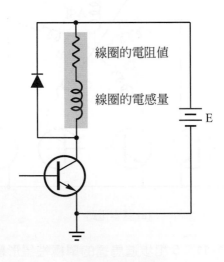

(a) 基本驅動電路

圖 31-1-12　步進馬達的特性

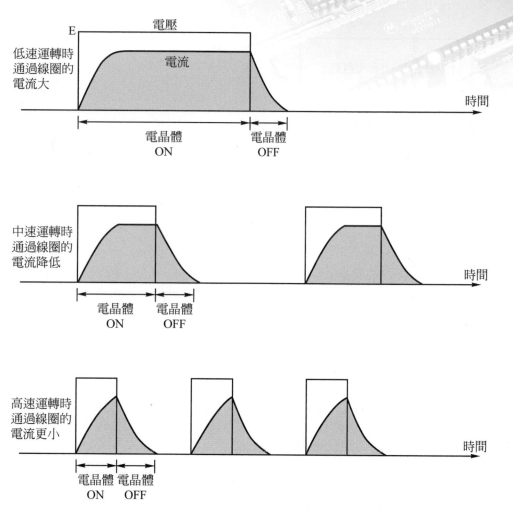

(b) 不同運轉速度時電流的變化情形

圖 31-1-12　步進馬達的特性(續)

　　因為線圈的電感量 L 和線圈的電阻值 R 會形成一個時間常數

$T = \dfrac{L}{R}$ 而延緩電流的爬升作用，令步進馬達在高速時通過線圈的

電流大量減少，如圖 31-1-12(b)所示，所以步進馬達在高速運轉

時轉矩會大量降低。

　　提高電流的爬升速度，增加步進馬達的高速轉矩，最簡單而

常用的方法就是如圖 31-1-13(a)所示在線圈上串聯一個外加電阻

器R_S，此時的時間常數降低為$T = \dfrac{L}{R + R_S}$，如圖 31-1-13(b)所示。

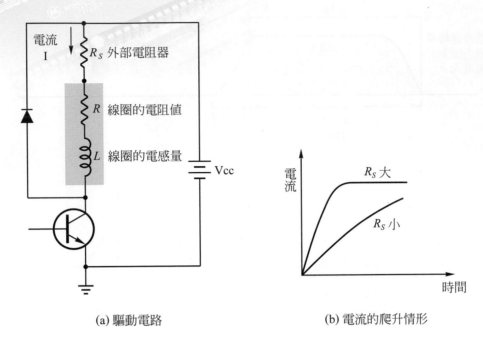

(a) 驅動電路　　　　　　　(b) 電流的爬升情形

圖 31-1-13　串聯電阻器提高轉矩

圖 31-1-13(a)中，R_S 及 V_{CC} 可用下列公式求得：

外加電阻器　　$R_S = nR$　歐姆　　　　　　　　　　　　　　(31-1)

電　　源　　$V_{CC} = I \times R \times (n+1)$　伏特　　　　　　(31-2)

R_S 的瓦特數　　$P_S \geq I^2 R_S$　瓦特　　　　　　　　　　(31-3)

式中：n ＝ 1～5

　　　　I ＝ 步進馬達的每相電流(安培)

　　　　R ＝ 步進馬達的每相線圈電阻(歐姆)

　　圖 31-1-14 是令 n ＝ 3 使總電阻值成為 R ＋ R_S ＝ R ＋ 3R ＝ 4R 時之改善實例。

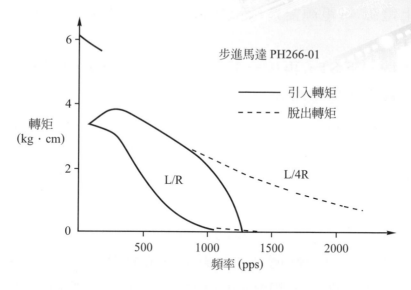

圖 31-1-14 頻率-轉矩特性實例

三、實習步驟

1. 請用 2 相步進馬達接妥圖 31-1-15 之電路。

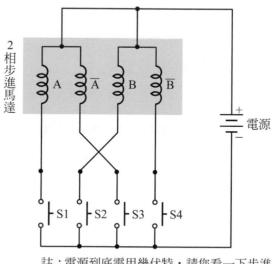

註:電源到底需用幾伏特,請您看一下步進
馬達上所貼的銘牌。

圖 31-1-15 2 相步進馬達的基本實驗

2. 通上電源。(電源需幾伏特?請看您所用那個步進馬達上所貼的銘牌)

3. 請先按一下 S1,再按一下 S2,再按一下 S3,再按一下 S4。

4. 請重複第 3 步驟四次。

5. 步進馬達是否能一步一步的旋轉呢? 答:＿＿＿＿＿

   是順時針方向旋轉還是逆時針方向旋轉? 答:＿＿＿＿＿

6. 請先按一下 S4,再按一下 S3,再按一下 S2,再按一下 S1。

7. 請重複第 6 步驟四次。

8. 步進馬達是否能一步一步的旋轉呢? 答:＿＿＿＿＿

   是順時針方向旋轉還是逆時針方向旋轉? 答:＿＿＿＿＿

9. 以上實驗是採用 1 相激磁的方式,若第 5 步驟與第 8 步驟的旋轉方向相反,表示您所用之步進馬達是良好的,可供實習 31-2 至實習 31-4 使用。

實習 31-2　2 相步進馬達的 1 相激磁

一、實習目的

熟悉 2 相步進馬達的 1 相激磁方法。

二、相關知識

根據圖 31-1-6,我們可以列出表 31-2-1。表中的 1 表示步進馬達的線圈通電,表中的 0 表示步進馬達的線圈斷電。

由於微電腦的累積器 A 是以 8 位元為單位,所以表 31-2-1 必須改為表 31-2-2。我們可依需要而決定使用輸出埠的高 4 位元或低 4 位元做步進馬達的激磁信號。

仔細觀察表 31-2-2 可發現累積器內容的變化極有規則,我們只需先在累積器存入 00010001,然後用向左旋轉指令或向右旋轉指令即可控制步進馬達正轉或反轉。上述 00010001 稱為**激磁碼**,由於**本實習要採用低態動作**(active LOW,就是微電腦輸出 0 時步進馬達的線圈通電,微電腦輸出 1 時步進馬達的線圈斷電)**所以程式中的激磁碼為 11101110**。

表 31-2-1　1 相激磁的順序表

線圈				激磁的順序	
$\overline{B}$	$\overline{A}$	B	A	正轉	反轉
0	0	0	1		
0	0	1	0		
0	1	0	0		
1	0	0	0		

表 31-2-2　1 相激磁時累積器的內容

		線圈								或	線圈							
		$\overline{B}$	$\overline{A}$	B	A						$\overline{B}$	$\overline{A}$	B	A				
正轉	反轉	0	0	0	1	0	0	0	1		0	0	0	1	0	0	0	1
		0	0	1	0	0	0	1	0		0	0	1	0	0	0	1	0
		0	1	0	0	0	1	0	0		0	1	0	0	0	1	0	0
		1	0	0	0	1	0	0	0		1	0	0	0	1	0	0	0

三、動作情形

正轉 200 步級 ⟶ 停 2 秒 ⟶ 反轉 200 步級 ⟶ 停 2 秒

四、電路圖

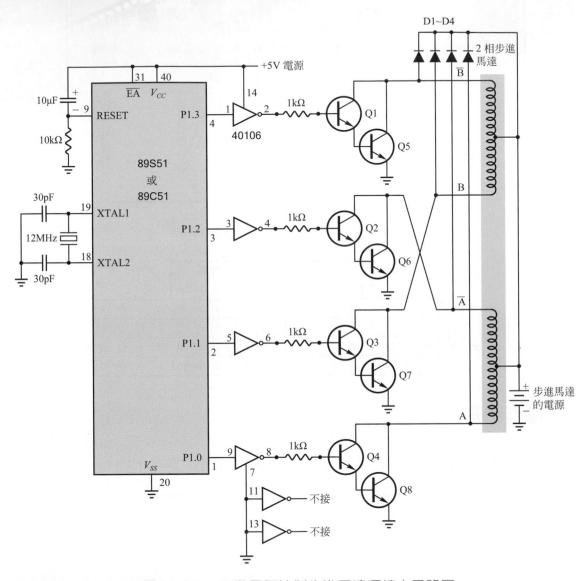

圖 31-2-1　用微電腦控制步進馬達運轉之電路圖

註：假如您所用之步進馬達，線圈電流小於
　　200mA，則可採用圖 31-2-2 之電路。

五、流程圖

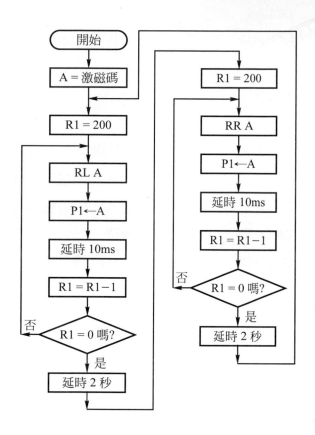

六、程式

【範例 E3102】

```
;  =========================
;  ==      主 程 式       ==
;  =========================
        ORG     0000H
        MOV     A,#11101110B    ;1 相激磁，低態動作，激磁碼
                                ;為 11101110
;正轉 200 步級
LOOP:   MOV     R1,#200         ;欲轉動 200 步級
FOR:    RL      A               ;把 A 的內容向左旋轉一個位元
```

```
        MOV     P1,A            ;把 A 的內容送至 P1
        ACALL   DELAY           ;延時
        DJNZ    R1,FOR          ;一共正轉 200 步級
;靜止 2 秒
        ACALL   HOLD
;反轉 200 步級
        MOV     R1,#200         ;欲轉動 200 步級
REV:    RR      A               ;把 A 的內容向右旋轉一個位元
        MOV     P1,A            ;把 A 的內容送至 P1
        ACALL   DELAY           ;延時
        DJNZ    R1,REV          ;一共反轉 200 步級
;靜止 2 秒
        ACALL   HOLD
;重複執行程式
        AJMP    LOOP
; ==========================
; ==       延時副程式       ==
; ==========================
;延時 2 秒
HOLD:   MOV     R5,#200
DL1:    ACALL   DELAY
        DJNZ    R5,DL1
        RET
;延時 10ms
DELAY:  MOV     R6,#25
DL2:    MOV     R7,#200
        DJNZ    R7,$
        DJNZ    R6,DL2
```

```
        RET
;
        END
```

七、實習步驟

1. 請接妥圖 31-2-1 之電路。說明如下：

    (1) 反相器 40106 的第 14 腳為 ＋V_{CC}，需接＋5V。第 7 腳為 GND，需接地。

    (2) 40106 的內部有 6 個反相器(請參考圖 12-1-4)，如今只用了其中的 4 個反相器，未用的輸入端若接地可降低 40106 的耗電，所以請把第 11 腳及第 13 腳接地。

    (3) 圖中的電晶體，Q1～Q4 可採用 2SC1384，Q5～Q8 可採用 2SD313 或 TIP31。

    (4) 二極體 D1～D4 採用 1N4001～1N4007 任一編號皆可。

    (5) 您也可以採用 31-34 頁所介紹的 FT5754 取代上述 Q1～Q8 及 D1～D4。

    (6) 假如您做實習時是採用微型步進馬達(線圈電流小於 200mA)則您可將圖 31-2-1 之電晶體 Q5～Q8 省略，而採用 31-24 頁的圖 31-2-2 之電路。

2. 步進馬達的電源需用幾伏特？請看看您所用步進馬達上面所貼銘牌的標示。

3. 程式組譯後，燒錄至 89S51 或 89C51，然後通電執行之。

4. 步進馬達是否能平穩的運轉呢？　　答：_____

    正轉 200 步級是幾圈？　　答：_____

    反轉 200 步級是幾圈？　　答：_____

5. 請練習修改延時副程式 DELAY 的延遲時間，以改變步進馬達的轉速。

6. 實習完畢，接線請勿拆掉，下個實習會用到完全相同的電路。

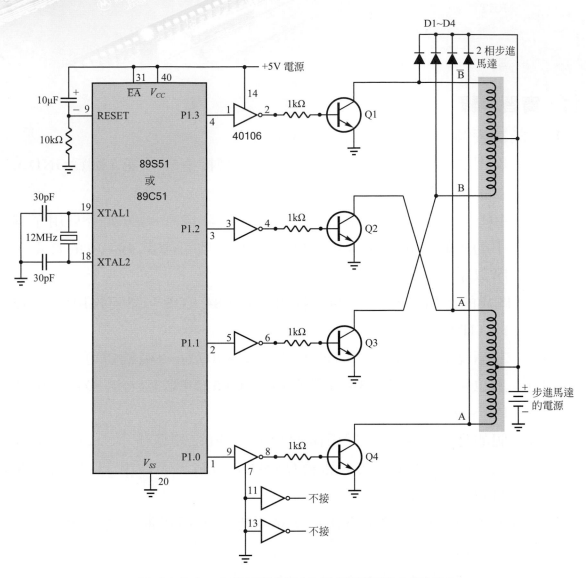

圖 31-2-2　用微電腦控制步進馬達運轉之電路圖

實習 31-3　2 相步進馬達的 2 相激磁

一、實習目的

熟悉 2 相步進馬達最常用的 2 相激磁方法。

二、相關知識

根據圖 31-1-7 可以列出表 31-3-1。表中的 1 表示步進馬達的線圈通電，0 表示步進馬達斷電。

表 31-3-1　2 相激磁的順序表

線圈				激磁的順序	
$\overline{B}$	$\overline{A}$	B	A	正轉	反轉
0	0	1	1		
0	1	1	0		
1	1	0	0		
1	0	0	1		

由於微電腦的累積器為 8 位元，所以累積器內必須放入表 31-3-2 所示之資料，而只使用輸出埠的高 4 位元或低 4 位元去驅動步進馬達。2 相激磁時，**高態動作的激磁碼為 00110011**，**低態動作的激磁碼則為 11001100**。我們只要用向左旋轉指令或向右旋轉指令即可控制步進馬達正轉或反轉

表 31-3-2　2 相激磁時累積器的內容

	線圈							
	$\overline{B}$	$\overline{A}$	B	A				
0	0	1	1	0	0	1	1	
0	1	1	0	0	1	1	0	
1	1	0	0	1	1	0	0	
1	0	0	1	1	0	0	1	

正轉　反轉　或

	線圈							
	$\overline{B}$	$\overline{A}$	B	A				
0	0	1	1	0	0	1	1	
0	1	1	0	0	1	1	0	
1	1	0	0	1	1	0	0	
1	0	0	1	1	0	0	1	

三、動作情形

正轉 200 步級 ⟶ 停 2 秒 ⟶ 反轉 200 步級 ⟶ 停 2 秒 ⟶

四、電路圖

與實習 31-2 的圖 31-2-1 完全相同。(請見 31-20 頁)

五、流程圖

1. 2 相激磁,低態動作的激磁碼為 11001100B。
2. 流程圖與實習 31-2 完全相同。(請見 31-21 頁)

六、程式

【範例 E3103】

```
; ==========================
; ==      主  程  式      ==
; ==========================
          ORG      0000H
          MOV      A,#11001100B      ;2 相激磁,低態動作,激磁碼為 11001100
;正轉 200 步級
LOOP:     MOV      R1,#200           ;┐
FOR:      RL       A                 ; │
          MOV      P1,A              ; │
          ACALL    DELAY             ; │
          DJNZ     R1,FOR            ; │
;靜止 2 秒                             │
          ACALL    HOLD              ├與範例 E3102 相同,
;反轉 200 步級                         │ 於此不再詳述
          MOV      R1,#200           ; │
REV:      RR       A                 ; │
```

```
        MOV     P1,A                    ; |
        ACALL   DELAY                   ; |
        DJNZ    R1,REV                  ;⌐
;靜止 2 秒
        ACALL   HOLD
;重複執行程式
        AJMP    LOOP
; ========================
; ==        延時副程式         ==
; ========================
;延時 2 秒
HOLD:   MOV     R5,#200
DL1:    ACALL   DELAY
        DJNZ    R5,DL1
        RET
;延時 10ms
DELAY:  MOV     R6,#25
DL2:    MOV     R7,#200
        DJNZ    R7,$
        DJNZ    R6,DL2
        RET
;
        END
```

七、實習步驟

1. 請接妥 31-20 頁的圖 31-2-1 之電路。

2. 程式組譯後，燒錄至 89S51 或 89C51，然後通電執行之。

3. 步進馬達是否能平穩的運轉呢？　　答：_____

   正轉 200 步級是幾圈？　　答：_____

反轉 200 步級是幾圈？　　　答：＿＿＿＿＿＿

4. 請練習修改延時副程式 DELAY 的延遲時間，以改變步進馬達的轉速。

5. 實習完畢，接線可予保留，因為下個實習，接線只需做少許更動即可。

實習 31-4　2 相步進馬達的 1-2 相激磁

一、實習目的

熟悉 2 相步進馬達常用的 1-2 相激磁方法。

二、相關知識

根據圖 31-1-8 可以列出表 31-4-1。表中的 1 表示步進馬達的線圈通電，0 表示步進馬達斷電。

表 31-4-1　1-2 相激磁的順序表

線圈				激磁的順序	
$\overline{B}$	$\overline{A}$	B	A	正轉	反轉
0	0	0	1		
0	0	1	1		
0	0	1	0		
0	1	1	0		
0	1	0	0		
1	1	0	0		
1	0	0	0		
1	0	0	1		

　　若要使用向左旋轉指令或向右旋轉指令控制步進馬達的正反轉，必須先在累積器存入一個激磁碼才行，但是表 31-4-1 的激磁是 1 相與 2 相交替出現，所以要定出激磁碼就非動動腦筋不可了。茲將累積器的內容安排如表 31-4-2 所示，激磁信號可從奇數位元或偶數位元取出，如此則**採用高態動作時激磁碼為** 00000111，**採用低態動作時激磁碼為** 11111000。

表 31-4-2　1-2 相激磁時累積器的內容

線圈									線圈							
$\overline{B}$		$\overline{A}$		B		A			$\overline{B}$		$\overline{A}$		B		A	
0	0	0	0	0	1	1	1		0	0	0	0	0	1	1	1
0	0	0	0	1	1	1	0		0	0	0	0	1	1	1	0
0	0	0	1	1	1	0	0		0	0	0	1	1	1	0	0
0	0	1	1	1	0	0	0		0	0	1	1	1	0	0	0
0	1	1	1	0	0	0	0		0	1	1	1	0	0	0	0
1	1	1	0	0	0	0	0		1	1	1	0	0	0	0	0
1	1	0	0	0	0	0	1		1	1	0	0	0	0	0	1
1	0	0	0	0	0	1	1		1	0	0	0	0	0	1	1

（正轉 ↓　反轉 ↑）　　或

三、動作情形

→ 正轉 200 步級 → 停 2 秒 → 反轉 200 步級 → 停 2 秒 →

四、電路圖

　　如圖 31-4-1 所示。

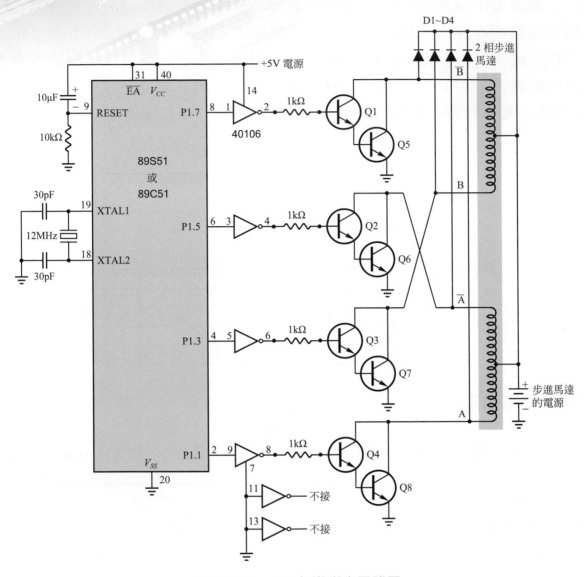

圖 31-4-1　1-2 相激磁之電路圖

五、流程圖

1. 1-2 相激磁，低態動作的激磁碼為 11111000B。

2. 流程圖與實習 31-2 完全相同。(請見 31-21 頁)

六、程式

【範例 E3104】

```
;  =========================
;  ==        主  程  式      ==
;  =========================
            ORG       0000H
            MOV       A,#11111000B    ;1-2 相激磁，低態動作，激磁碼為 11111000
;正轉 200 步級
LOOP:       MOV       R1,#200         ;┐
FOR:        RL        A               ; |
            MOV       P1,A            ; |
            ACALL     DELAY           ; |
            DJNZ      R1,FOR          ; |
;靜止 2 秒                              |
            ACALL     HOLD           ├與範例 E3102 相同，
;反轉 200 步級                          | 於此不再詳述
            MOV       R1,#200         ; |
REV:        RR        A               ; |
            MOV       P1,A            ; |
            ACALL     DELAY           ; |
            DJNZ      R1,REV          ;┘
;靜止 2 秒
            ACALL     HOLD
;重複執行程式
            AJMP      LOOP
;  =========================
;  ==        延時副程式       ==
;  =========================
;延時 2 秒
HOLD:  MOV       R5,#200
```

```
DL1:     ACALL    DELAY
         DJNZ     R5,DL1
         RET
;延時 10ms
DELAY:   MOV      R6,#25
DL2:     MOV      R7,#200
         DJNZ     R7,$
         DJNZ     R6,DL2
         RET
;
         END
```

七、實習步驟

1. 請接妥圖 31-4-1 之電路。

   註：(1)電晶體 Q1～Q4 用 2SC1384。

   (2)電晶體 Q5～Q8 用 2SD313 或 TIP31。

   (3)二極體 D1～D4 用 1N4001～1N4007 任一編號均可。

   (4)您也可以採用 31-34 頁所介紹的FT5754取代上述Q1～Q8 及 D1～D4。

   (5)假如您做實習時是採用微型步進馬達(線圈電流小於200mA)，則您可將圖31-4-1之電晶體Q5～Q8省略，而採用圖31-4-2 之電路。

2. 程式組譯後，燒錄至 89S51 或 89C51，然後通電執行之。

3. 步進馬達是否能平穩的運轉呢？　　答：_____

   正轉 200 步級是幾圈？　　答：_____

   反轉 200 步級是幾圈？　　答：_____

4. 步進馬達同樣是轉了 200 步級，旋轉的圈數與實習 31-2 及實習 31-3 一樣嗎？　　答：_____

5. 請練習修改程式，使步進馬達在採用 1-2 相激磁的方式下，能夠

正轉 1 圈 ⟶ 停 2 秒 ⟶ 反轉 1 圈 ⟶ 停 2 秒 ⟶

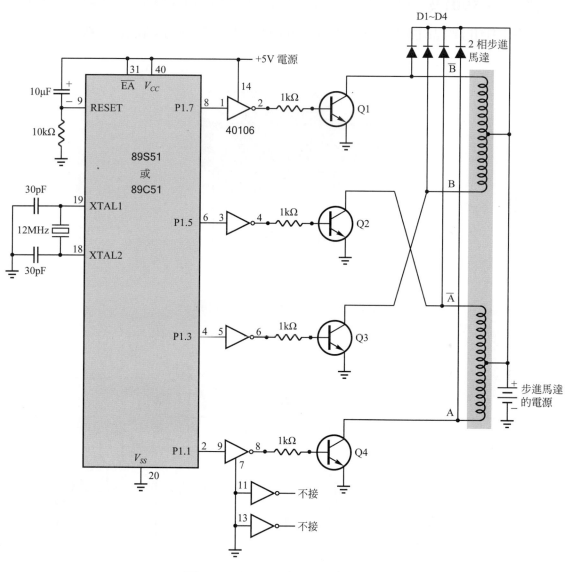

圖 31-4-2　1-2 相激磁之電路圖

八、相關資料補充——FT5754 (FT5754M)

編號 FT5754 之 IC 型包裝電晶體陣列，實體如圖 31-4-3，內部等效電路如圖 31-4-4 所示。FT5754 的內部有 4 組 3A 5W 100V 之 NPN 達靈頓電路($\beta > 500$)及 4 個二極體，因此可以使用 FT5754 取代圖 31-2-1 及圖 31-4-1 中的電晶體 Q1～Q8 及二極體 D1～D4，以簡化接線。請參考圖 31-4-5。

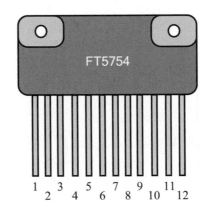

圖 31-4-3　FT5754 之實體圖

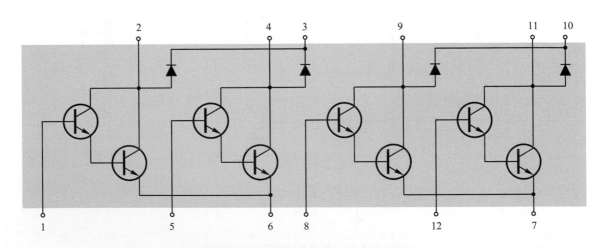

圖 31-4-4　FT5754 之內部等效電路

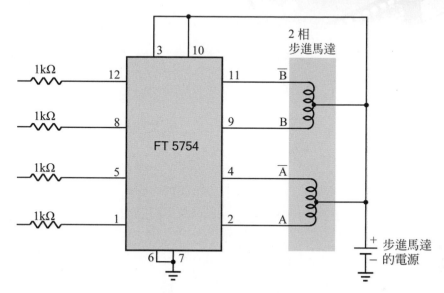

圖 31-4-5 　使用 FT5754 之步進馬達驅動電路

Chapter 32

類比輸入信號的處理

實習 32-1　類比／數位轉換實驗

實習 32-2　溫度控制器

實習 32-1 類比／數位轉換實驗

一、實習目的

了解常用類比／數位轉換器 ADC0801 系列的基本用法。

二、相關知識

1. 類比／數位轉換器 ADC0801～ADC0805 的認識

雖然微電腦可以將各種數位資料做快速而精確的處理，但是人類在日常生活中所遇到的各種物理量(例如溫度、亮度、重量)都是類比的，因此欲令微電腦處理類比信號，必須先將類比信號轉換成數位信號才送入微電腦。

類比／數位轉換器(analog to digital converter)簡稱為 A/D 轉換器(A/D converter)。A/D 轉換器的功能是將輸入之類比信號轉換成數位信號輸出。目前最常用的 A/D 轉換器是 ADC0801 系列，編號為 ADC0801、ADC0802、ADC0803、ADC0804、ADC0805，它們的接腳及特性皆相容，可以互相代換使用，茲說明如下：

(1) 功　　能：ADC0801～ADC0805 都是 CMOS 的 8 位元 A/D 轉換器。

(2) 接腳圖：請參考圖 32-1-1。

(3) 內部結構：請參考圖 32-1-2。

$\overline{CS}$ — 1	20 — V_{CC} (OR V_{REF})
$\overline{RD}$ — 2	19 — CLK R
$\overline{WR}$ — 3	18 — DB0 (LSB)
CLK IN — 4	17 — DB1
$\overline{INTR}$ — 5	16 — DB2
V_{in} (+) — 6	15 — DB3
V_{in} (−) — 7	14 — DB4
A GND — 8	13 — DB5
$V_{REF}/2$ — 9	12 — DB6
D GND — 10	11 — DB7 (MSB)

圖 32-1-1　ADC0801～ADC0805 之頂視圖

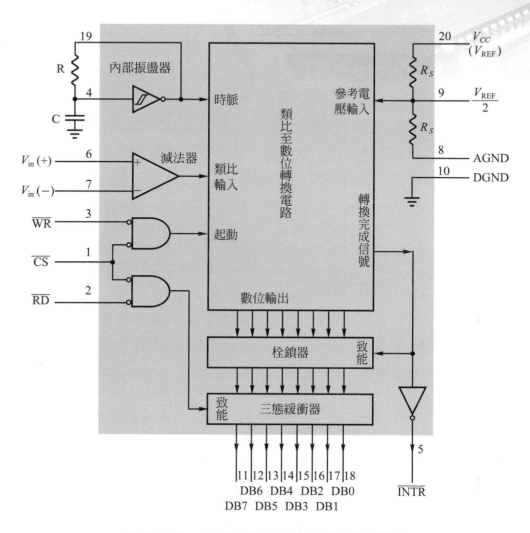

圖 32-1-2 ADC0801～ADC0805 的結構圖

(4) 特點：

① 只需 5V 之單電源即可工作。

② 具有三態輸出，易於與微電腦一起工作。

③ 允許 0～5V 之類比電壓輸入。

(5) 基本用法：請參考圖 32-1-3。

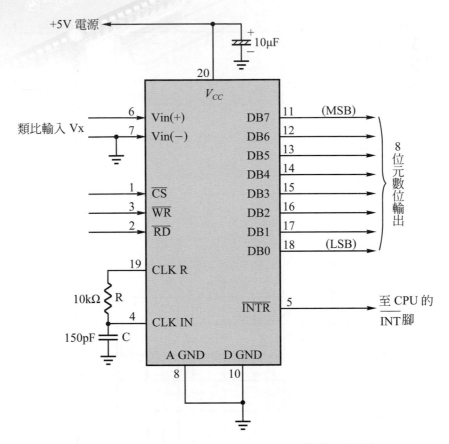

圖 32-1-3　ADC0801～ADC0805 的典型用法

(6)　動作情形：(請參考圖 32-1-2)

①　若令 $\overline{CS}$ 及 $\overline{WR}$ 腳皆為 "0"，則會令 $\overline{INTR}$ 接腳復置為 "1"，而且使類比至數位電路完成準備工作。

②　經過 100ns 以後，若 $\overline{CS}$ 與 $\overline{WR}$ 兩腳之中有任一腳以上恢復為 "1"，則類比至數位轉換電路進入工作狀態，開始將類比輸入電壓 V_x 轉換成 8 位元的數位資料。(註：V_x 是第 6 腳與第 7 腳間之電壓。)

③　當轉換完成時，會將數位資料保存在栓鎖器，並令 $\overline{INTR}$ 腳輸出 "0" 表示已轉換完畢。

④　若令 $\overline{CS}$ 及 $\overline{RD}$ 腳皆為 "0"，則三態緩衝器導通，將數位資料由 DB7～DB0 送出。

(7) 數位輸出信號 DB 與類比輸入電壓 V_X 的關係為：

$$DB = 51\ V_X \tag{32-1-1}$$

【例】 若 $V_X = 2$ 伏特，則 DB＝？

【解】 ∵ DB＝$51 V_X$

$V_X = 2$

∴ DB＝$51 \times 2 = 102 = 66H = 01100110B$

亦即

DB7	DB6	DB5	DB4	DB3	DB2	DB1	DB0
↓	↓	↓	↓	↓	↓	↓	↓
0	1	1	0	0	1	1	0

(8) 使用上的注意事項：

① 雖然 ADC0801～ADC0805 是 CMOS IC，V_{CC} 使用 4.5V～6.3V 的電源皆可，但您若要使用 (32-1-1) 式計算 DB 值，則需用 5V 的穩壓電源做 V_{CC}。

② 實際用於工業控制時，為防止雜訊的干擾，您必須採取下列措施：

❶ 在第 20 腳和第 10 腳之間接一個 $1\mu F$ 以上的鉭質電容器。（通常都採用 $10\mu F$）

❷ 在第 9 腳和第 8 腳之間接一個 $0.1\mu F$ 的陶瓷電容器或塑膠膜電容器。

❸ 第 6 腳和第 7 腳的連接線採用隔離線，並將隔離層接在第 8 腳。

❹ 內部振盪器的振盪頻率由第 19 腳和第 4 腳所接的 RC 值決定。$f = \dfrac{1}{1.1RC}$。廠商的推薦值是 R＝$10k\Omega$，C＝$150pF$。

2. **如何判斷大小**

由於 MCS-51 單晶片微電腦並沒有 "大於" 指令，也沒有 "小於" 指令，所以要判斷兩個數值何者較大何者較小，必須應用

"減法"指令。兩數相減若產生借位(即 C ＝ 1)則表示減數比較大，反之，若不產生借位(即 C ＝ 0)則表示被減數比較大。

茲將如何判斷 A 的內容比 5 大還是小的方法說明於下，以後您可照這個模式寫程式：

```
COMPARE:    CLR     C
            SUBB    A，#5
            JZ      EQUAL
            JNC     LARGE

SMALL:      A < 5 的對應程式

EQUAL:      A ＝ 5 的對應程式

LARGE:      A > 5 的對應程式
```

三、動作情形

1. 輸入電壓$V_X >$ 3 伏特時紅燈亮。
2. 輸入電壓 3 伏特 $\geq V_X >$ 2 伏特時黃燈亮。
3. 輸入電壓$V_X \leq$ 2 伏特時綠燈亮。

四、電路圖

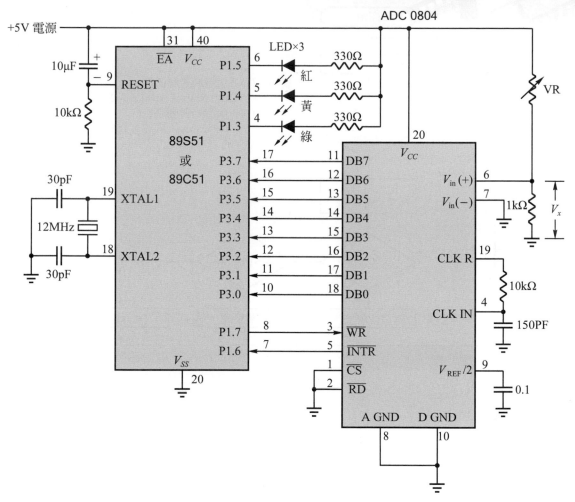

圖 32-1-4　A/D 轉換之基本實驗電路

說明：

1.　實驗時 VR 是使用 $10k\Omega(B)$ 之可變電阻器，在實際應用時 VR 處應該裝熱敏電阻器或光敏電阻器。

2.　ADC0804 使用 ADC0801～ADC0805 任一編號皆可。

五、流程圖

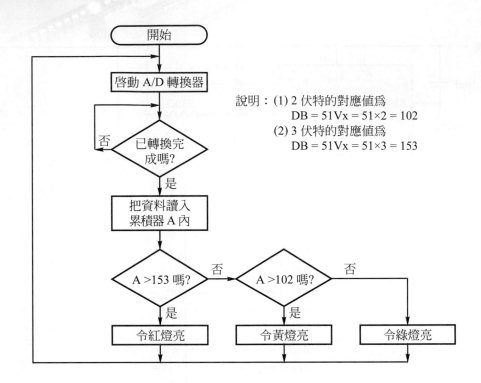

說明：(1) 2 伏特的對應值為
　　　　　DB = 51Vx = 51×2 = 102
　　　 (2) 3 伏特的對應值為
　　　　　DB = 51Vx = 51×3 = 153

六、程式

【範例 E3201】

```
        ORG     0000H
;起動 A/D 轉換器
START:  CLR     P1.7            ;令 A/D 轉換器的 WR = 0
        SETB    P1.7            ;令 A/D 轉換器的 WR = 1
;等待 A/D 轉換完畢
WAIT:   JB      P1.6,WAIT       ;等待 A/D 轉換器的 INTR = 0
;讀入轉換完成的 Vx 的對應值
READ:   MOV     A,P3            ;把資料讀入累積器 A 內
        MOV     B,A             ;把資料保存在 B
;判斷是否大於 3 伏特
```

```
        CLR     C           ;令進位旗標 C = 0
        SUBB    A,#153      ;3 伏特的對應值為 51 × 3 = 153
        JNC     LARGE       ;若Vx大於 3 伏特則跳至 LARGE
;
        MOV     A,B         ;把保存在 B 的資料取回 A 內
        CLR     C           ;令進位旗標 C = 0
        SUBB    A,#102      ;2 伏特的對應值為 51 × 2 = 102
        JNC     MIDDLE      ;若Vx大於 2 伏特則跳至 MIDDLE
;若Vx ≤ 2 伏特，則令綠色 LED 亮
SMALL:  MOV     P1,#11110111B
        AJMP    START
;若Vx > 2 伏特而且 ≤ 3 伏特，則令黃色 LED 亮
MIDDLE: MOV     P1,#11101111B
        AJMP    START
;若Vx > 3 伏特，則令紅色 LED 亮
LARGE:  MOV     P1,#11011111B
        AJMP    START
;
        END
```

七、實習步驟

1. 請接妥圖 32-1-4 之電路。圖中的 VR 為 10kΩ(B)之可變電阻器。

2. 程式組譯後，燒錄至 89S51 或 89C51，然後通電執行之。

3. 把可變電阻器逆時針方向轉到底。此時_____色 LED 亮。

4. 順時針方向**慢慢的**轉動可變電阻器，直到黃色LED發亮。以三用電表的 DCV 測得此時的輸入電壓V_x=_____伏特。

5. 繼續順時針方向**慢慢的**轉動可變電阻器，直到黃色LED熄滅。此時_____色 LED 亮。以三用電表的 DCV 測得此時的輸入電壓V_x=_____伏特。

6. 把可變電阻器順時針方向轉到底，則 LED 的顯示情形是否有改變？　　答：＿＿＿＿＿＿

7. 逆時針方向**慢慢的**轉動可變電阻器，直到黃色LED亮。以三用電表的 DCV 測得此時的輸入電壓$V_x =$＿＿＿＿＿＿伏特。

8. 繼續逆時針方向**慢慢的**轉動可變電阻器，直到黃色的LED熄滅。此時＿＿＿＿＿＿色 LED 亮。以三用電表的 DCV 測得此時的輸入電壓$V_x =$＿＿＿＿＿＿伏特。

9. 請以三用電表的 DCV 測量 ADC0804 的第 20 腳與第 8 腳間之電壓，得知$V_{CC} =$＿＿＿＿＿＿伏特。

　　註：若實測之$V_{CC} \neq 5$ 伏特，則第 4、5、7、8 步驟所測得之電壓值不會恰好等於 2 伏特或 3 伏特，會產生誤差。

10. 實習完畢，接線請勿拆掉，下個實習可再用。

實習 32-2　溫度控制器

一、實習目的

了解溫度控制的技巧。

二、動作情形

1. 當溫度超過27℃時，令冷氣機運轉。
2. 當溫度低於25℃時，令冷氣機停止。

三、相關知識

1. 為何需有上限溫度及下限溫度

當室內溫度欲維持在26℃時，溫度控制器並不是在溫度一超過26℃(例如26.1℃)就令冷氣機的壓縮機通電運轉，也不是在溫度一低於26℃(例如25.9℃)就把壓縮機的電源切斷，因為啓動頻繁會縮短壓縮機的壽命。

實際的溫度控制器都設有上限溫度及下限溫度，圖 32-2-1 是上限溫度設定於27℃、下限溫度設定在25℃時之動作情形。

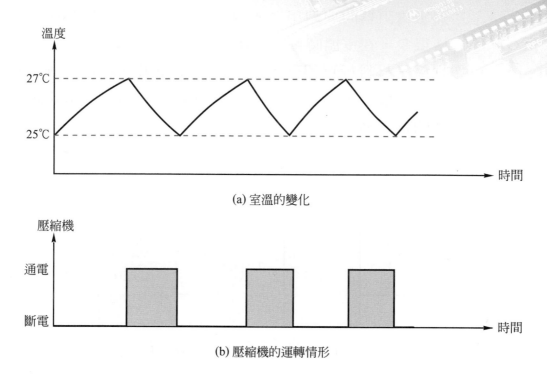

(a) 室溫的變化

(b) 壓縮機的運轉情形

圖 32-2-1　溫度控制器的工作例

2. 如何檢知溫度的高低

(1) 熱敏電阻器

檢知溫度的高低，最價廉易購的元件是"熱敏電阻器"（thermistor 簡寫為 TH）。熱敏電阻器具有負溫度係數，溫度愈高時電阻值愈小，溫度愈低則電阻值愈大，特性如圖 32-2-2 所示。

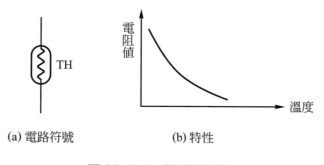

(a) 電路符號　　　　(b) 特性

圖 32-2-2　熱敏電阻器

　　熱敏電阻器的典型用法如圖 32-2-3 所示。由於熱敏電阻器的規格很多，在室溫時電阻值由數 10Ω 至數 $k\Omega$ 的產品皆有，所以您到電子材料行買回熱敏電阻器後要先用三用電表測量它的電阻值，一般的用法都是令所串聯的R_x大約等於熱敏電阻器在室溫時的電阻值。

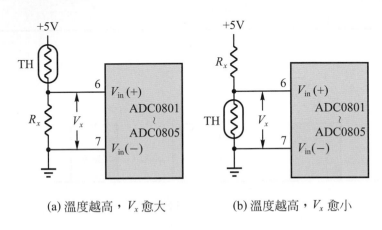

(a) 溫度越高，V_x 愈大　　　　　　(b) 溫度越高，V_x 愈小

圖 32-2-3　熱敏電阻器 TH 的典型用法

(2)　**測溫 IC**

　　市面上有專門用來感測溫度高低的積體電路，編號為 AD590，外形和一般電晶體相似，接腳如圖 32-2-4(b)所示。AD590 的輸出電流與絕對溫度成正比，溫度每升高 1°K 輸出電流就增加 $1\mu A$，如圖 32-2-4(c)所示，我們可用下式計算其輸出電流：

$$I = (273 + T)\,\mu A \tag{32-2-1}$$

式中 T 為溫度，℃。

【例】　25℃時 AD590 的輸出電流＝(273＋25)μA＝298μA。

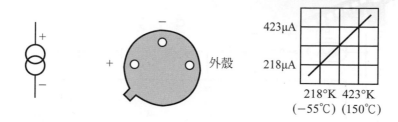

(a) 電路符號　　　(b) 接腳圖 (底視圖)　　　(c) 特性曲線

圖 32-2-4　AD590

　　AD590 的基本用法如圖 32-2-5 所示，由於串聯了 10kΩ 的電阻器，所以

$$V_X = I \times 10k\Omega = (273 + T)\mu A \times 10k\Omega$$

$$= (273 + T) \times 10mV$$

亦即

$$V_X = (2730 + 10T)mV \qquad\qquad (32\text{-}2\text{-}2)$$

【例】　25℃時，$V_X = (2730 + 25 \times 10)mV = 2980mV = 2.98V$。

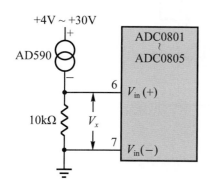

圖 32-2-5　AD590 的基本用法

說明：
(1) AD590 的＋腳可接＋4V～＋30V 之電源。
(2) AD590 可用來感測－55℃～＋150℃ 之溫度。
(3) 為節省篇幅，AD590 之詳細資料收錄在本書光碟內，敬請參考。

四、電路圖

　　請見圖 32-2-6。

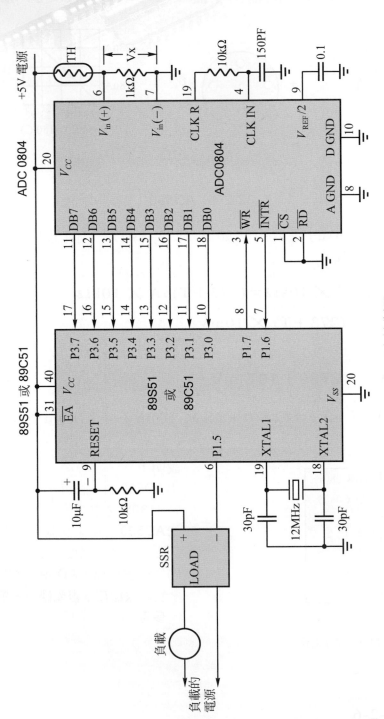

圖 32-2-6　溫度控制器

說明：

1.　為方便起見，實驗時可用 10kΩ(B) 之可變電阻器代替熱敏電阻器 **TH**。

2.　做實驗時，負載可用電風扇或電燈泡。

五、流程圖

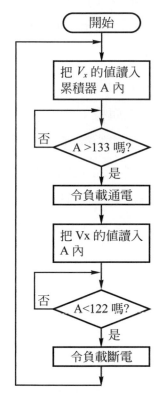

說明：(1) 本程式假設
　　　　　27℃時　　V_x = 2.6 伏特
　　　　　25℃時　　V_x = 2.4 伏特
　　　(2) 2.6 伏特的對應值為
　　　　　DB = 51Vx = 51×2.6 = 133
　　　(3) 2.4 伏特的對應值為
　　　　　DB = 51Vx = 51×2.4 = 122

六、程式

【範例 E3202】

```
; ============================
; ==       主  程  式      ==
; ============================
        ORG     0000H
        ORL     P1,#11111111B    ;令負載斷電
;若Vx大於 2.6 伏特，則令負載通電
```

```
START:  ACALL   ATOD            ;讀入Vx的對應值
        CLR     C               ;令進位旗標 C = 0
        SUBB    A,#133          ;2.6 伏特的對應值為 2.6 X 51 = 133
        JNC     ON              ;若Vx > 2.6 伏特,則跳至 ON
        AJMP    START           ;等待Vx > 2.6 伏特
ON:     CLR     P1.5            ;令 P1.5 = 0,使負載通電
;若Vx小於 2.4 伏特,則令負載斷電
LOOP:   ACALL   ATOD            ;讀入Vx的對應值
        CLR     C               ;令進位旗標 C = 0
        SUBB    A,#122          ;2.4 伏特的對應值為 2.4 X 51 = 122
        JC      OFF             ;若Vx < 2.4 伏特,則跳至 OFF
        AJMP    LOOP            ;等待Vx < 2.4 伏特
OFF:    SETB    P1.5            ;令 P1.5 = 1,使負載斷電
        AJMP    START
; ===========================
; ==      A/D 轉換副程式      ==
; ===========================
;起動 ADC0804
ATOD:   CLR     P1.7            ;令 ADC0804 的 WR = 0
        SETB    P1.7            ;令 ADC0804 的 WR = 1
;等待 ADC0804 把類比電壓轉換成數位資料
WAIT:   JB      P1.6,WAIT       ;等待 ADC0804 的 INTR = 0
;讀入轉換完成的Vx的對應值
READ:   MOV     A,P3            ;把轉換完成的數位資料讀入累積器 A 內
        RET                     ;返回主程式
;
        END
```

七、實習步驟

1. 為方便起見，我們以實習 32-1 保留下來尚未拆掉的電路(即 32-7 頁的圖 32-1-4)做實驗。紅色的 LED 亮表示負載通電，紅色的 LED 熄滅表示負載斷電。

2. 程式組譯後，燒錄至 89S51 或 89C51，然後通電執行之。

3. 請把可變電阻器逆時針方向轉到底。

4. 順時針方向**慢慢的**轉動可變電阻器，直到紅色的 LED 發亮。以三用電表的 DCV 測得此時的輸入電壓 V_X ＝＿＿＿＿＿＿伏特。

5. 繼續以順時針的方向轉動可變電阻器，則紅色 LED 的顯示情形是否有改變？　　答：＿＿＿＿＿

6. 逆時針方向**慢慢的**旋轉可變電阻器，直到紅色的 LED 熄滅。以三用電表的 DCV 測得此時的輸入電壓 V_X ＝＿＿＿＿＿＿伏特。

7. 繼續以逆時針的方向旋轉可變電阻器，則紅色的 LED 顯示情形是否有改變？　　答：＿＿＿＿＿

8. 以三用電表的 DCV 測量 ADC0804 的第 20 腳與第 8 腳間之電壓，得知 V_{CC} ＝＿＿＿＿＿＿伏特。

    註：若實測之 V_{CC} ≠ 5 伏特，則第 4、第 6 步驟所測得之電壓值不會恰好等於 2.6 伏特及 2.4 伏特。

附錄　常用資料

附錄 1 MCS-51 指令集(依英文字母之順序排列)

注意：(1)本指令集的「執行時間」為機械週期。

(2)機械週期 $= \dfrac{1}{\text{所用石英晶體的頻率} \div 12}$

【例 1】 若採用 12MHz 的石英晶體，則機械週期 $= \dfrac{1}{12M \div 12} = 1\mu s$。

【例 2】 若採用 6MHz 的石英晶體，則機械週期 $= \dfrac{1}{6M \div 12} = 2\mu s$

(3)本指令集所使用的符號，例如 data、address、direct、bit……
等，請見 4-2 頁至 4-3 頁之說明。

指令		指令長度 (byte)	執行時間(週)	對旗標的影響		
ACALL	address	2	2			
ADD	A,R0	1	1	C	OV	AC
ADD	A,R1	1	1	C	OV	AC
ADD	A,R2	1	1	C	OV	AC
ADD	A,R3	1	1	C	OV	AC
ADD	A,R4	1	1	C	OV	AC
ADD	A,R5	1	1	C	OV	AC
ADD	A,R6	1	1	C	OV	AC
ADD	A,R7	1	1	C	OV	AC
ADD	A,#data	2	1	C	OV	AC
ADD	A,direct	2	1	C	OV	AC
ADD	A,@R0	1	1	C	OV	AC
ADD	A,@R1	1	1	C	OV	AC
ADDC	A,R0	1	1	C	OV	AC

(續前表)

指令		指令長度 (byte)	執行時 間(週)	對旗標的影響		
ADDC	A, R1	1	1	C	OV	AC
ADDC	A, R2	1	1	C	OV	AC
ADDC	A, R3	1	1	C	OV	AC
ADDC	A, R4	1	1	C	OV	AC
ADDC	A, R5	1	1	C	OV	AC
ADDC	A, R6	1	1	C	OV	AC
ADDC	A, R7	1	1	C	OV	AC
ADDC	A, #data	2	1	C	OV	AC
ADDC	A, direct	2	1	C	OV	AC
ADDC	A, @R0	1	1	C	OV	AC
ADDC	A, @R1	1	1	C	OV	AC
AJMP	address	2	2			
ANL	A, R0	1	1			
ANL	A, R1	1	1			
ANL	A, R2	1	1			
ANL	A, R3	1	1			
ANL	A, R4	1	1			
ANL	A, R5	1	1			
ANL	A, R6	1	1			
ANL	A, R7	1	1			
ANL	A, #data	2	1			
ANL	A, direct	2	1			
ANL	A, @R0	1	1			
ANL	A, @R1	1	1			

(續前表)

指令		指令長度 (byte)	執行時間(週)	對旗標的影響
ANL	C,bit	2	2	C
ANL	C,/bit	2	2	C
ANL	direct,A	2	1	
ANL	direct,#data	3	2	
CJNE	A,direct,address	3	2	C
CJNE	A,#data,address	3	2	C
CJNE	R0,#data,address	3	2	C
CJNE	R1,#data,address	3	2	C
CJNE	R2,#data,address	3	2	C
CJNE	R3,#data,address	3	2	C
CJNE	R4,#data,address	3	2	C
CJNE	R5,#data,address	3	2	C
CJNE	R6,#data,address	3	2	C
CJNE	R7,#data,address	3	2	C
CJNE	@R0,#data,address	3	2	C
CJNE	@R1,#data,address	3	2	C
CLR	A	1	1	
CLR	bit	2	1	
CLR	C	1	1	C=0
CPL	A	1	1	
CPL	bit	2	1	
CPL	C	1	1	C
DA	A	1	1	C
DEC	A	1	1	

(續前表)

指令		指令長度 (byte)	執行時間(週)	對旗標的影響
DEC	direct	2	1	
DEC	R0	1	1	
DEC	R1	1	1	
DEC	R2	1	1	
DEC	R3	1	1	
DEC	R4	1	1	
DEC	R5	1	1	
DEC	R6	1	1	
DEC	R7	1	1	
DEC	@R0	1	1	
DEC	@R1	1	1	
DIV	AB	1	4	C=0　OV
DJNZ	direct,address	3	2	
DJNZ	R0,address	2	2	
DJNZ	R1,address	2	2	
DJNZ	R2,address	2	2	
DJNZ	R3,address	2	2	
DJNZ	R4,address	2	2	
DJNZ	R5,address	2	2	
DJNZ	R6,address	2	2	
DJNZ	R7,address	2	2	
INC	A	1	1	
INC	direct	2	1	
INC	DPTR	1	2	

(續前表)

指令		指令長度 (byte)	執行時間(週)	對旗標的影響
INC	R0	1	1	
INC	R1	1	1	
INC	R2	1	1	
INC	R3	1	1	
INC	R4	1	1	
INC	R5	1	1	
INC	R6	1	1	
INC	R7	1	1	
INC	@R0	1	1	
INC	@R1	1	1	
JB	bit,address	3	2	
JBC	bit,address	3	2	
JC	address	2	2	
JMP	@A+DPTR	1	2	
JNB	bit,address	3	2	
JNC	address	2	2	
JNZ	address	2	2	
JZ	address	2	2	
LCALL	address	3	2	
LJMP	address	3	2	
MOV	A,R0	1	1	
MOV	A,R1	1	1	
MOV	A,R2	1	1	
MOV	A,R3	1	1	
MOV	A,R4	1	1	
MOV	A,R5	1	1	
MOV	A,R6	1	1	

(續前表)

指令		指令長度 (byte)	執行時 間(週)	對旗標的影響
MOV	A,R7	1	1	
MOV	A,direct	2	1	
MOV	A,#data	2	1	
MOV	A,@R0	1	1	
MOV	A,@R1	1	1	
MOV	bit,C	2	2	
MOV	C,bit	2	2	C
MOV	direct,A	2	1	
MOV	direct,direct	3	2	
MOV	direct,#data	3	2	
MOV	direct,R0	2	2	
MOV	direct,R1	2	2	
MOV	direct,R2	2	2	
MOV	direct,R3	2	2	
MOV	direct,R4	2	2	
MOV	direct,R5	2	2	
MOV	direct,R6	2	2	
MOV	direct,R7	2	2	
MOV	direct,@R0	2	2	
MOV	direct,@R1	2	2	
MOV	DPTR,#data 16	3	2	
MOV	R0,A	1	1	
MOV	R1,A	1	1	
MOV	R2,A	1	1	

(續前表)

指令		指令長度 (byte)	執行時間(週)	對旗標的影響
MOV	R3,A	1	1	
MOV	R4,A	1	1	
MOV	R5,A	1	1	
MOV	R6,A	1	1	
MOV	R7,A	1	1	
MOV	R0,direct	2	2	
MOV	R1,direct	2	2	
MOV	R2,direct	2	2	
MOV	R3,direct	2	2	
MOV	R4,direct	2	2	
MOV	R5,direct	2	2	
MOV	R6,direct	2	2	
MOV	R7,direct	2	2	
MOV	R0,#data	2	1	
MOV	R1,#data	2	1	
MOV	R2,#data	2	1	
MOV	R3,#data	2	1	
MOV	R4,#data	2	1	
MOV	R5,#data	2	1	
MOV	R6,#data	2	1	
MOV	R7,#data	2	1	
MOV	@R0,direct	2	2	
MOV	@R1,direct	2	2	
MOV	@R0,#data	2	1	
MOV ,	@R1,#data	2	1	
MOVC	A,@A+DPTR	1	2	

(續前表)

指令		指令長度 (byte)	執行時間(週)	對旗標的影響
MOVX	A,@R0	1	2	
MOVX	A,@R1	1	2	
MOVX	A,@DPTR	1	2	
MOVX	@DPTR,A	1	2	
MOVX	@R0,A	1	2	
MOVX	@R1,A	1	2	
MUL	AB	1	4	C=0　OV
NOP		1	1	
ORL	A,R0	1	1	
ORL	A,R1	1	1	
ORL	A,R2	1	1	
ORL	A,R3	1	1	
ORL	A,R4	1	1	
ORL	A,R5	1	1	
ORL	A,R6	1	1	
ORL	A,R7	1	1	
ORL	A,direct	2	1	
ORL	A,#data	2	1	
ORL	A,@R0	1	1	
ORL	A,@R1	1	1	
ORL	C,bit	2	2	C
ORL	C,/bit	2	2	C
ORL	direct,A	2	1	

(續前表)

指令		指令長度 (byte)	執行時間(週)	對旗標的影響		
ORL	direct,#data	3	2			
POP	direct	2	2			
PUSH	direct	2	2			
RET		1	2			
RETI		1	2			
RL	A	1	1			
RLC	A	1	1	C		
RR	A	1	1			
RRC	A	1	1	C		
SETB	bit	2	1			
SETB	C	1	1	C=1		
SJMP	address	2	2			
SUBB	A,R0	1	1	C	OV	AC
SUBB	A,R1	1	1	C	OV	AC
SUBB	A,R2	1	1	C	OV	AC
SUBB	A,R3	1	1	C	OV	AC
SUBB	A,R4	1	1	C	OV	AC
SUBB	A,R5	1	1	C	OV	AC
SUBB	A,R6	1	1	C	OV	AC
SUBB	A,R7	1	1	C	OV	AC
SUBB	A,direct	2	1	C	OV	AC
SUBB	A,#data	2	1	C	OV	AC

(續前表)

指令		指令長度 (byte)	執行時間(週)	對旗標的影響		
SUBB	A,@R0	1	1	C	OV	AC
SUBB	A,@R1	1	1	C	OV	AC
SWAP	A	1	1			
XCH	A,R0	1	1			
XCH	A,R1	1	1			
XCH	A,R2	1	1			
XCH	A,R3	1	1			
XCH	A,R4	1	1			
XCH	A,R5	1	1			
XCH	A,R6	1	1			
XCH	A,R7	1	1			
XCH	A,direct	2	1			
XCH	A,@R0	1	1			
XCH	A,@R1	1	1			
XCHD	A,@R0	1	1			
XCHD	A,@R1	1	1			
XRL	A,R0	1	1			
XRL	A,R1	1	1			
XRL	A,R2	1	1			
XRL	A,R3	1	1			
XRL	A,R4	1	1			
XRL	A,R5	1	1			
XRL	A,R6	1	1			
XRL	A,R7	1	1			
XRL	A,#data	2	1			

(續前表)

指令		指令長度 (byte)	執行時 間(週)	對旗標的影響
XRL	A,direct	2	1	
XRL	A,@R0	1	1	
XRL	A,@R1	1	1	
XRL	direct,A	2	1	
XRL	direct,#data	3	2	

附錄 2　本書附贈之光碟

　　為了節省篇幅，本書把非常豐富的參考資料存放在光碟裡，敬請參考。其內容有：

1.　中文視窗版編譯器 AJON51

　　　　這是中文視窗版的 51 編輯、組譯器。用法請見第六章之說明。

2.　轉換軟體

(1)　HEX2BIN：可把.HEX 檔轉換成.BIN 檔。

(2)　BIN2HEX：可把.BIN 檔轉換成.HEX 檔。

3.　範例程式

　　　　全書的範例程式。例如 E0901.ASM 就是範例 E0901 的原始程式。

4.　各廠牌 51 系列資料手冊

(1)　Intel 資料手冊

(2)　Atmel 資料手冊

(3)　Philips 資料手冊

(4)　Dallas 資料手冊

(5)　Winbond 資料手冊

(6)　HYUNDAI 資料手冊

(7)　SIEMENS 資料手冊

(8)　CYGNAL 資料手冊

(9)　Chipcon 資料手冊

⑽　GOAL 資料手冊

⑾　ISSI 資料手冊

⑿　MAXIM 資料手冊

⒀　MXIC 資料手冊

⒁　MYSON 資料手冊

⒂　SHARP 資料手冊

⒃　SILICONIANS 資料手冊

⒄　SST 資料手冊

⒅　TI 資料手冊

⒆　ANALOG　DEVICES 資料手冊

⒇　CYPRESS 資料手冊

5.　常用零件照片

(1)　單晶片微電腦(AT89C51、AT89C2051)

(2)　積體電路(74244、2803A、2003A 等)

(3)　二極體

(4)　橋式整流器

(5)　發光二極體(LED)

(6)　條狀發光二極體(LED BAR)

(7)　七段 LED 顯示器

(8)　點矩陣 LED 顯示器

(9)　文字型點矩陣 LCD 模組

⑽　石英晶體

⑾　陶瓷電容器

⑿　塑膠薄膜電容器

⒀　電解質電容器

⒁　端子台

　　⒂　電阻器

　　⒃　排阻

　　⒄　可變電阻器

　　⒅　可調電阻器

　　⒆　蜂鳴器

　　⒇　IC 座

　　(21)　電晶體

　　(22)　TO-220 元件(7805、2SD313 等)

　　(23)　小型按鈕

　　(24)　指撥開關(DIP 開關)

　　(25)　矩陣鍵盤

　　(26)　排針

　　(27)　步進馬達

　　(28)　SSR

　　(29)　三相 SSR

　　(30)　電源變壓器

　　(31)　火花消除器

　　(32)　繼電器

　　(33)　萬用電路板

　　(34)　感光電路板

　　(35)　免銲萬用電路板

　　(36)　電腦連接線(RS232 連接線)

　　(37)　D 型轉換接頭。

6.　**常用零件資料手冊**

　　(1)　LCD 模組資料手冊

　　(2)　光耦合器資料手冊

　　(3)　串列埠 IC 資料手冊

　　(4)　ADC 資料手冊

　　(5)　DAC 資料手冊

(6)　穩壓 IC 資料手冊

(7)　驅動 IC 資料手冊

(8)　電話複頻 IC 資料手冊

(9)　溫度感測器資料手冊

(10)　EEPROM 資料手冊

(11)　EPROM 資料手冊

(12)　Flash-Memory

(13)　RAM 資料手冊

(14)　NV-SRAM

(15)　七段 LED 驅動 IC

(16)　矩陣 LED 驅動 IC

(17)　I2C 元件資料手冊

(18)　數位可變電阻器

(19)　遙控編解碼器

(20)　常用 TTL 元件

(21)　常用 CMOS 元件

(22)　鍵盤與顯示 IC

(23)　運算放大器

(24)　聲頻放大器

(25)　PIO 資料手冊

(26)　看門狗

(27)　電晶體資料手冊

(28)　二極體資料

(29)　電阻器

(30)　電容器

(31)　HALL 元件

(32)　溼度感測器

(33)　光感測器

(34)　光遮斷器

 (35) Tone Decoder

 (36) 計時 IC

 (37) PLL 鎖相 IC

 (38) 音樂 IC

 (39) 波形產生器

 (40) 馬達控制 IC

 (41) 中文文字轉語音 IC

 (42) 點矩陣 LED 顯示器

7. 常用工具設備照片

 (1) 三用電表

 (2) 電烙鐵

 (3) 邏輯測試棒

 (4) IC 拔取夾

 (5) 尖嘴鉗

 (6) 斜口鉗

 (7) 起子

 (8) 手電鑽

 (9) 鑽頭

 (10) 免銲萬用電路板

8. MCS-51 應用文件

 (1) I2C 應用

 (2) 布林能力應用

 (3) 直流馬達控制

 (4) 軟體串列埠

 (5) 串列埠應用

9. 取消唯讀屬性的方法

   從光碟上複製的檔案(例如範例程式)會被電腦自動設為唯讀檔,無法修改內容。假如您想修改檔案的內容,請參考這裡告訴您的方法。

10. 注意事項

　　很多廠商的技術文件都用 PDF(Portable Document Format) 來製作，本光碟內有許多廠商提供的技術文件也都是PDF檔，可是想要閱讀PDF文件的話，非得使用特殊的閱讀工具不可。Adobe 公司的 Acrobat Reader 是目前最穩定的選擇，所以請您在個人電腦上安裝 Acrobat Reader。

　　雖然 Adobe Acrobat Reader 是免費軟體(Free)，但是 Adobe 公司卻不允許別人複製到光碟散播，所以本光碟未收錄。Adobe Acrobat Reader 可以解決閱讀與列印PDF文件的困擾，請您趕快到 www.adobe.com 下載 Acrobat Reader 來安裝吧。

附錄 3　本書所需之器材

1. 設備表

名　　稱	規　　格	數量	備　　註
電源供應器	DC5V	1	可用圖 9-1-4 代替
AT89S51 燒錄器 或 AT89C51 燒錄器	可讀取 HEX 檔	1	
三用電表	任何廠牌	1	
免銲萬用電路板	瑋琪 WB-104+J 或 WB-106+J	1	俗稱「麵包板」
邏輯測試棒	可測 Hi、Lo、pulse	1	
斜口鉗	5"	1	
尖嘴鉗	5"	1	
IC 拔取夾	DIP 型拔取用	1	可用小的一字起子代替
電烙鐵	110V 30W	1	附烙鐵架(含海綿)

2. 材料表

名　　稱	規　　格	數量	備　　註
積體電路	AT89S51 或 AT89C51	3	
	ADC0804	1	
	CD4511	2	
	CD40106	1	CD4584 亦可
	74LS164	1	
	74LS244	1	
	FT5754M	1	省略亦可
二極體	1N4005	4	1N4001～1N4007 皆可
LED	3mm，紅	8	
	3mm，黃	1	
	3mm，綠	1	
電晶體	2SA684	1	
	2SA1015	13	2SA684 亦可
	2SC1384	4	
	2SD313	4	TIP31 亦可
七段 LED 顯示器	共陽極	1	
	共陰極	5	
點矩陣 LED 顯示器	5×7 點，共陰極	1	8×8 點亦可
LCD 模組	20 字×2 行	1	16 字×2 行亦可
石英晶體	12MHz	3	

(續前表)

名　　稱	規　　格	數量	備　　註
陶瓷電容器	30pF	6	
	150pF	1	151
	0.1μF	2	104
電解電容器	10μF 25V	3	
	22μF 25V	4	
可變電阻器	10kΩ(B)	1	
電阻器	22Ω　　1/2W	1	紅紅黑金
	120Ω　　1/4W	8	棕紅棕金
	330Ω　　1/4W	14	橙橙棕金
	1kΩ　　1/4W	1	棕黑紅金
	3.3kΩ　　1/4W	8	橙橙紅金
	10kΩ　　1/4W	3	棕黑橙金
	100kΩ　　1/4W	1	棕黑黃金
小按鈕	TACT	11	
DIP 開關	8P	1	
小鍵盤	4 行×4 列	1	用 16 個 TACT 按鈕亦可
小型步進馬達	2 相，DC5V	1	
揚聲器	8Ω 0.5W	1	附喇叭箱更好

(續前表)

名　　　稱	規　　　格	數量	備　　　註
PVC 單心線	0.6mm，鍍錫	若干	
錫絲	1mmφ，含松香心	若干	
排針	2.54mm，40P，單排公座	1	LCD 模組接線用

附錄 4　常用零件的接腳圖

1.　電晶體

2SA1015、2SA684、2SC1384、2SC1815	2SD313、TIP31
E C B	B C E

2.　電晶體陣列 (IC 型包裝)

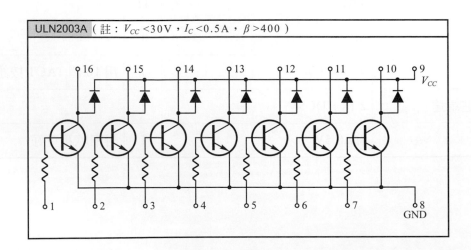

ULN2003A（註：$V_{CC} < 30V$，$I_C < 0.5A$，$\beta > 400$）

ULN2803A（註：$V_{CC}<30V$，$I_C<0.5A$，$\beta>400$）

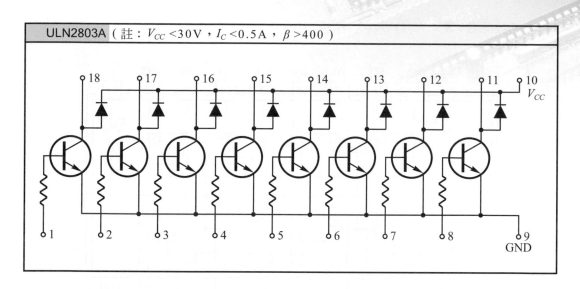

3.　**積體電路**

74LS244　　三態匯流排驅動器 × 8

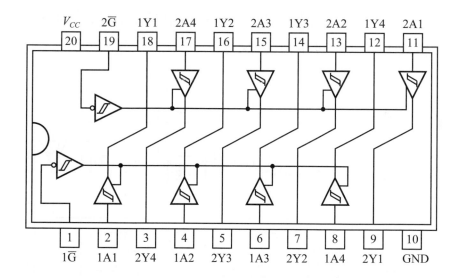

第 1、19 腳接 "1" 時，輸出 Y 為高阻抗狀態；接 "0" 時，輸出
等於輸入，即 Y = A。

74LS373 D 型栓鎖器 × 8

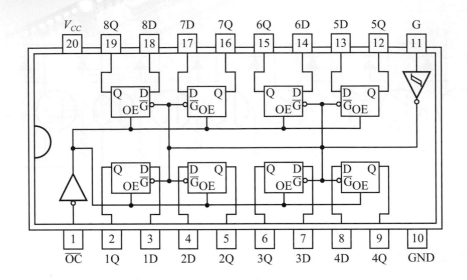

第 11 腳接 "0" 時，輸出資料被保持；接 "1" 時，輸出資料隨輸入資料變化。第 1 腳接 "1" 時，輸出為高阻抗狀態。

74LS374 D 型正反器 × 8

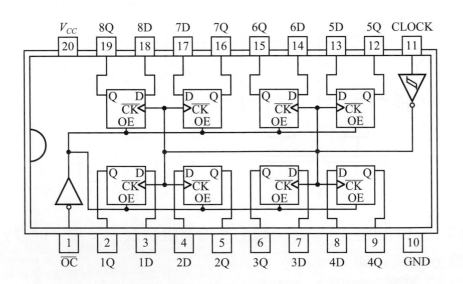

第 11 腳有正緣脈波輸入時(‾‾|__)，輸入狀態被記錄在輸出端。第 1 腳接 "1" 時，輸出為高阻抗狀態。

40106、4584

史密特反相器 × 6

7805　　＋5V 穩壓

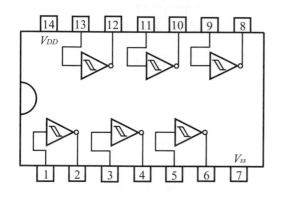

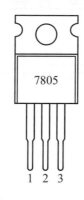

第 1 腳：輸入腳。接+8V~+20V
第 2 腳：接地。
第 3 腳：輸出腳。輸出+5V

光耦合器

內部由發光二極體與光電晶體組成。常用的編號有：

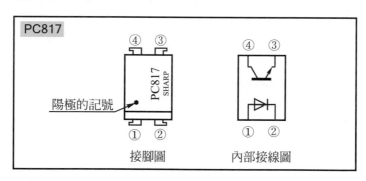

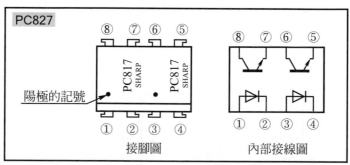

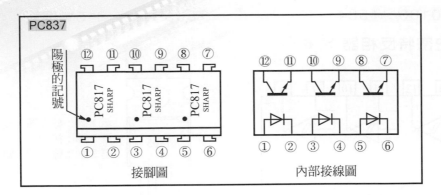

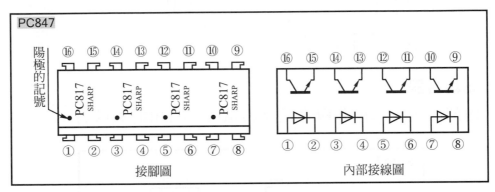

附錄 5 常用記憶體的接腳圖

1. EPROM

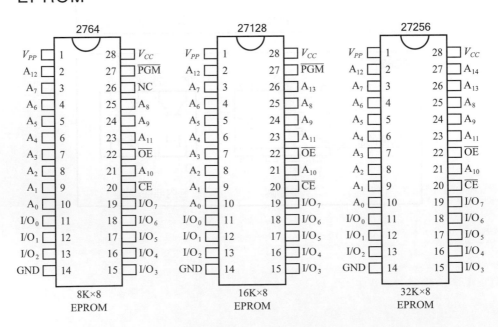

2.　EEPROM

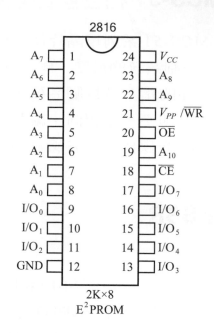

3.　SRAM

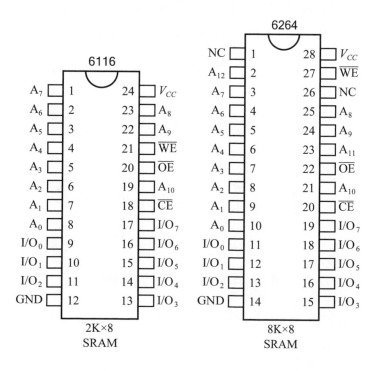

附錄 6　各廠牌 MCS-51 相容產品互換指引

　　由於 Intel 公司的 MCS-51 系列單晶片微電腦，成熟穩定、易學好用，多年來一直是中大型控制系統的最愛，國內外廠商不斷推出MCS-51的相容產品，雖然這些產品的指令及接腳名稱皆相容，但是其內部程式記憶體及資料記憶體的容量卻不一定相同，編號也不一定一樣，所以當您需要代換時，請先查本書光碟內的「各廠牌 51 系列資料手冊」資料夾，驗明正身。

附錄 7　固態電驛 SSR

1.　SSR 的結構

　　配合微電腦使用的固態電驛 SSR(solid state relay)的結構如圖 1 所示。當輸入端(通常標有 INPUT 的字樣)的⊖端與⊕端間被加上 DC3V～32V 的電壓時(正負極性要加正確)，內部的發光二極體 LED 即發光，使光電晶體 PTR 導電，因此觸發電路就觸發 TRIAC 使 TRIAC 導通，而令輸出端(通常標有LOAD或OUTPUT的字樣)導通。若將輸入端的直流電壓移去，則TRIAC恢復截止，輸出端不導通。

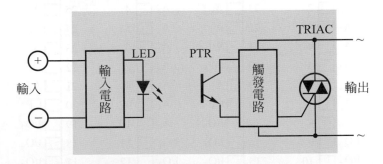

圖 1　固態電驛 SSR 的結構圖

表 1　SSR 選用指引

SSR 規格 \ 最大負載		電磁閥	單相馬達	三相馬達	電熱器	電燈	變壓器
AC120V	1A	1A	0.5A		0.8A	80W	50VA
	2A	1.5A	1A		1.5A	100W	100VA
	3A	2A	1.5A		2.5A	200W	150VA
	5A	3A	1/8HP		3.5A	400W	300VA
	10A	5A	1/4HP		7.5A	700W	500VA
	15A		1/3HP		11A	1kW	750VA
	25A		1/2HP		18A	1.6kW	1kVA
	40A		1HP		30A	2.5kW	2kVA
AC240V	1A	1A	0.5A		0.8A	150W	100VA
	2A	1.5A	1A		1.5A	200W	250VA
	3A	2A	1.5A		2.5A	400W	300VA
	5A	3A	1/4HP	1/2HP	3.5A	800W	600VA
	10A	5A	1/3HP	3/4HP	7.5A	1.4kW	1kVA
	15A		1/2HP	1HP	11A	2kW	1.5KVA
	25A		1HP	2HP	18A	3.2kW	2kVA
	40A		2HP	3HP	30A	5kW	4kVA

　　由於 SSR 的內部完全由電子零件組成，沒有傳統式繼電器 (relay；電驛)的接點，所以稱為「固態」電驛。

2. SSR 的規格

(1)　輸入端之額定電壓：DC3V～32V。

(2)　輸出端之額定電壓：AC120V(可用於 AC24V～140V 之電路)
　　　　　　　　　　　　　AC240V(可用於 AC24V～280V 之電路)

(3)　輸出端之額定電流：1A、2A、3A、5A、10A、15A、25A、40A。

3. SSR 的選用要領

選用 SSR 時,必須考慮負載的暫態電流或啟動電流等因素,表 1 可讓您迅速找到所需的 SSR 規格。

附錄 8 如何提高抗干擾的能力

很多以單晶片微電腦從事工業自動控制的人員,可能都遇過裝置好的電路板在工廠實際使用時,一開機就當掉,或是時好時壞,讓人不知所措的經驗。為什麼在實驗室能正常模擬運轉的控制系統,到了工廠的環境就不能正常運作呢?這是因為工廠裡有強烈雜訊的緣故。由此可見抗干擾的技術是很重要的。要提高控制電路的抗干擾能力,可以從硬體及軟體方面分別著手。現將提高抗干擾能力的方法介紹於下以供參考:

1. 輸入端要採用光耦合器

在實驗室裡,由於按鈕的接線很短,所以常採用圖 1 的接法,但是在工廠裡,按鈕等接點與電路板之間的接線往往很長,所以如圖 2 所示會遭受到外界磁場或電場的感應而造成輸入電壓變化,引起誤動作。最好的解決辦法就是如圖 3 所示使用光耦合器,雜訊無法點亮光耦合器內的 LED,所以不會引起誤動作。

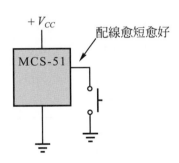

圖 1 接線要盡量短

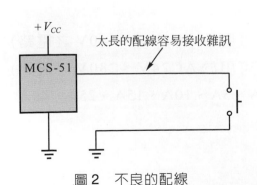

圖 2 不良的配線

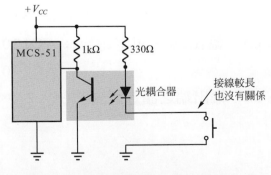

圖 3 採用光耦合器是最佳輸入方式

2.　輸出端要避免產生火花

　　火花是很強的干擾雜訊，為了避免輸出端在做負載的通電或斷電時產生火花，所以最好的方法是如圖 4 所示採用固態電驛(SSR)做輸出元件，假如為了降低成本而採用繼電器做輸出元件，則需如圖 5 所示在電感性負載跨接一個火花消除器(請見 15-8 頁之說明)以消除火花。

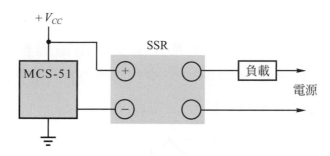

圖 4　SSR 是最佳輸出元件

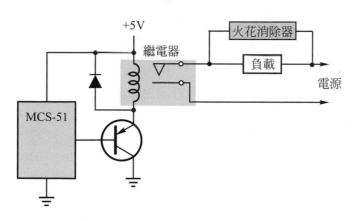

圖 5　電感性負載必須並聯火花消除器

3.　做好反交連

　　當電路在作高態與低態(即 1 與 0)變化時，會產生暫態電流而使電源V_{CC}產生高頻漣波。高頻漣波是一種雜訊，所以必須如圖 6 所示在每一個 IC 的V_{CC}與地之間跨接一個$0.1\mu F$的陶瓷電容器以消除V_{CC}上的高頻漣波。

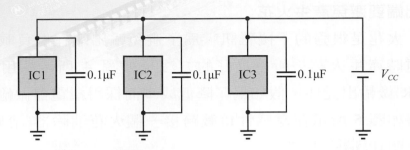

圖6 每個積體電路都要跨接一個 0.1μF 之電容器

4. 消除交流電源的突波

微電腦控制器的 V_{CC} 大都是由交流電源經整流後供應。而交流電源上常有各種突波出現，所以要如圖7所示在電源線並聯一個突波吸收器(TNR)，使整個電路更加完善。

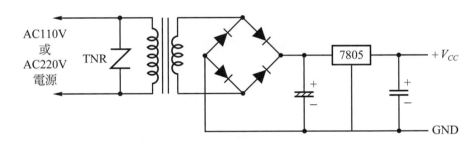

圖7 交流電源最好加上突波吸收器

5. 印刷電路板要舖銅

印刷電路板佈線時，採用舖銅(polygon plane)的技巧，可大量降低雜訊干擾。

6. 在程式中加入引導的指令

當微電腦受到強烈雜訊的干擾時，可能跳去我們無法預期的位址執行指令，使整個動作程序亂掉，這個時候最重要的事情就是把程序導入正軌。

　　大部份的單晶片微電腦控制系統，都不會把程式記憶體用完，這些沒有用到的程式記憶體其內容都是 0FFH，對 MCS-51 來講，機械碼 0FFH 就是指令 MOV　R7,A，所以一旦 CPU 受到干擾而跳到沒有使用的程式記憶體去執行指令，將不斷執行 MOV R7,A 指令，而產生當機的現象，因此我們寫程式的時候最好在未用到的程式記憶體放一些引導指令，強迫程式回到正常的運作程序。圖 8 和圖 9 都是使用引導指令的範例。

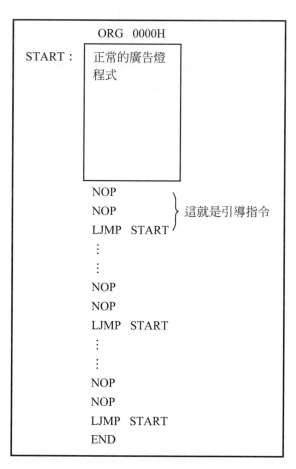

```
                ORG   0000H
START :      正常的廣告燈
             程式




             NOP
             NOP              }  這就是引導指令
             LJMP   START
             ⋮
             ⋮
             NOP
             NOP
             LJMP   START
             ⋮
             ⋮
             NOP
             NOP
             LJMP   START
             END
```

圖 8　在廣告燈控制中使用引導指令

```
                      ORG   0000H
         START :    正常的電梯控
                    制程式



         ERROR :    把電梯停到一
                    樓的程式

                    NOP
                    NOP          }  這就是引導指令
                    LJMP   ERROR
                    ⋮
                    ⋮
                    NOP
                    NOP
                    LJMP   ERROR
                    ⋮
                    ⋮
                    NOP
                    NOP
                    LJMP   ERROR
                    END
```

圖 9　在電梯控制程式中加入引導指令

附錄 9　加強功能型 51 系列產品

　　由於 MCS-51 被廣泛應用在家電用品、事務機器、監控系統、汽車電腦控制……等各方面，為能滿足各種場合的特殊需求，Philips、Dallas、……等世界名廠乃在標準的 MCS-51 基礎上再添加了許多特殊功能，例如：

(1)　Watchdog timer

(2)　PWM output

(3)　32 channel ADC

(4)　2 channel DAC

(5) 雙串列埠

(6) I^{2}C(inter-integrated circuit) serial bus interface

(7) 內含 EEPROM 資料記憶體

(8) ISP 和 IAP(In-System Programming and In-Application Programming)

(9) USB(Universal Serial Bus) device controller

(10) CAN(Controller Area Network)

(11) I/O 腳超過 32 隻腳

等等功能。為節省篇幅,這些加強型 51 系列產品的資料收錄在本書光碟內的「各廠牌 51 系列資料手冊」資料夾內,供有興趣研究的讀者參考。

 # 附錄 10 ASCII 碼

ASCII 是美國資訊交換標準碼 American Standard code for information interchange code 的縮寫。由於 ASCII 被大部份的電腦及終端機所採用,故不同廠牌不同機型的電腦間可很方便的互相傳遞資訊。

十進位碼	十六進位碼	字元名稱	輸入鍵	備　　註
0	00	NULL	ctrl @	Null
1	01	SOH	ctrl A	Start of Heading
2	02	STX	ctrl B	Start of Text
3	03	ETX	ctrl C	End of Text
4	04	ET	ctrl D	End of Transmission
5	05	ENQ	ctrl E	Enquiry
6	06	ACK	ctrl F	Acknowledge
7	07	BEL	ctrl G	Bell
8	08	BS	ctrl H or ←	Backspace
9	09	HT	ctrl I or →|	Horizontal Tabulation
10	0A	LF	ctrl J	Line Feed
11	0B	VT	ctrl K	Vertical Tabulation
12	0C	FF	ctrl L	Form Feed
13	0D	CR	ctrl M or RETURN	Carriage Return

(續前表)

十進位碼	十六進位碼	字元名稱	輸入鍵	備　　註
14	0E	SO	ctrl N	Shift Out
15	0F	SI	ctrl O	Shift in
16	10	DLE	ctrl P	Data Link Escape
17	11	DC1	ctrl Q	Device Control
18	12	DC2	ctrl R	Device Control
19	13	DC3	ctrl S	Device Control
20	14	DC4	ctrl T	Device Control
21	15	NAK	ctrl U or →	Negative Acknowledge
22	16	SYN	ctrl V	Synchronous idle
23	17	ETB	ctrl W	End of Transmission Block
24	18	CAN	ctrl X	Cancel
25	19	EM	ctrl Y	End of Medium
26	1A	SUB	ctrl Z	Substitude
27	1B	ESCAPE	Esc	Escape
28	1C	FS	ctrl [	File Separator
29	1D	GS	ctrl shift-M	Group Separator
30	1E	RS	ctrl	Record Separator
31	1F	US	ctrl _	Unit Separator
32	20	SPACE	space	Space(Blank)
33	21	!	!	

(續前表)

十進位碼	十六進位碼	字元名稱	輸入鍵	備 註
34	22	"	"	
35	23	#	#	
36	24	$	$	
37	25	%	%	
38	26	&	&	
39	27	'	'	
40	28	(	(	
41	29	)	)	
42	2A	*	*	
43	2B	+	+	
44	2C	,	,	
45	2D	-	-	
46	2E	.	.	
47	2F	/	/	
48	30	0	0	
49	31	1	1	
50	32	2	2	
51	33	3	3	
52	34	4	4	
53	35	5	5	

(續前表)

十進位碼	十六進位碼	字元名稱	輸入鍵	備　註
54	36	6	6	
55	37	7	7	
56	38	8	8	
57	39	9	9	
58	3A	:	:	
59	3B	;	;	
60	3C	<	<	
61	3D	=	=	
62	3E	>	>	
63	3F	?	?	
64	40	@	@	
65	41	A	A	
66	42	B	B	
67	43	C	C	
68	44	D	D	
69	45	E	E	
70	46	F	F	
71	47	G	G	
72	48	H	H	
73	49	I	I	

(續前表)

十進位碼	十六進位碼	字元名稱	輸入鍵	備　　註
74	4A	J	J	
75	4B	K	K	
76	4C	L	L	
77	4D	M	M	
78	4E	N	N	
79	4F	O	O	
80	50	P	P	
81	51	Q	Q	
82	52	R	R	
83	53	S	S	
84	54	T	T	
85	55	U	U	
86	56	V	V	
87	57	W	W	
88	58	X	X	
89	59	Y	Y	
90	5A	Z	Z	
91	5B	[	[	
92	5C	\	\	
93	5D	]	]	

(續前表)

十進位碼	十六進位碼	字元名稱	輸入鍵	備　註
94	5E	^	^	
95	5F	_	_	Underline
96	60	`	`	
97	61	a	a	
98	62	b	b	
99	63	c	c	
100	64	d	d	
101	65	e	e	
102	66	f	f	
103	67	g	g	
104	68	h	h	
105	69	i	i	
106	6A	j	j	
107	6B	k	k	
108	6C	l	l	
109	6D	m	m	
110	6E	n	n	
111	6F	o	o	
112	70	p	p	
113	71	q	q	

(續前表)

十進位碼	十六進位碼	字元名稱	輸入鍵	備　　註
114	72	r	r	
115	73	s	s	
116	74	t	t	
117	75	u	u	
118	76	v	v	
119	77	w	w	
120	78	x	x	
121	79	y	y	
122	7A	z	z	
123	7B	{	{	
124	7C	|	|	
125	7D	}	}	
126	7E	～	～	
127	7F	RUBOUT	DEL	Delete

附錄 11　認識 HEX 檔

　　人們所設計的程式，經組譯器組譯後所產生的燒錄檔，最通用的是 Intel 標準格式的 HEX 檔。市售燒錄器與實體模擬器(ICE)也都以能讀取 Intel 標準格式的 HEX 檔為必備功能，因此有必要對 HEX 檔的格式加以說明。

　　Intel 標準格式之 HEX 檔是由許多記錄(Record)組成。每個記錄由**冒號**開頭，由**檢查碼**結尾，其內容為 16 進制(Hexadecimal)，格式為

: LL AAAA TT DDDD……DD SS

總共分成 6 大部份(請一面對照圖 6-5-2)：

1. **冒號**：這是一個記錄的**起始記號**(Record Marker)。
2. **LL**：本記錄內**資料之長度**(Record Length)共有多少 Byte。可以從 00_H 至 FF_H，但通常只用 00_H 至 10_H。
3. **AAAA**：放置本記錄內資料的**起始位址**(Address of first byte)。可以從 0000_H 至 $FFFF_H$。
4. **TT**：本記錄之**型態**(Record Type)。00 表示本記錄內有資料。01 表示本 HEX 檔結束(End of file)。
5. **DD**：這是真正的**資料**(Data Bytes)，就是要燒錄至記憶體之資料。
6. **SS**：**檢查碼**(Checksum)。燒錄器或實體模擬器就是根據檢查碼來判斷所讀取之記錄內容是否正確。

　　檢查碼是把本記錄內除了冒號與檢查碼之外的每 1Byte 之 16 進位值全部加起來，取其最後兩位數，再取 2 的補數。例如圖 6-5-2 中，第一列由冒號起始，由檢查碼 23 結尾，就是一個記錄。其檢查碼的算法為：

(1) 把冒號及檢查碼除外的數值都加起來

和 $= 0F_H + 00_H + 00_H + 00_H + 74_H + 00_H + F5_H + 90_H + 7E_H + 64_H$
$\quad + 7F_H + C8_H + DF_H + FE_H + DE_H + FA_H + F4_H + 01_H + 02_H$
$\quad = 8DD_H$

只取最後兩位數，所以是 DD_H。

註：假如您有興趣算算看，可以把個人電腦開機，然後選開始 → 程式集 → 附屬應用程式 → 小算盤 → 檢視 → 工程型 → 十六進位 → 字元組(Word)，用 Windows 所附之小算盤來計算。

(2)　取 2 的補數。用 100_H 減掉上述和，即可得到 2 的補數。

因為 $100_H - DD_H = 23_H$

所以本記錄之檢查碼為 23_H。

圖 6-5-2 的第二列由冒號開始，由檢查碼FF結尾，所以是另一個記錄。其檢查碼的算法為：

(1)　和 $= 00_H + 00_H + 00_H + 01_H = 01_H$

(2)　取 2 的補數。

因為 $100_H - 01_H = FF_H$

所以檢查碼為 FF_H。

國家圖書館出版品預行編目資料

單晶片微電腦 8051/8951 原理與應用 / 蔡朝洋編
　著. -- 八版. -- 新北市：全華圖書股份有限公
司, 2021.06
　　面；　公分
　ISBN 978-986-503-781-9(平裝附光碟片)
　1.微電腦
471.516　　　　　　　　　　　　110008795

單晶片微電腦 8051/8951 原理與應用(附超值光碟)

作者 / 蔡朝洋

發行人 / 陳本源

執行編輯 / 張繼元

封面設計 / 盧怡瑄

出版者 / 全華圖書股份有限公司

郵政帳號 / 0100836-1 號

印刷者 / 宏懋打字印刷股份有限公司

圖書編號 / 05212077

八版一刷 / 2021 年 07 月

定價 / 新台幣 500 元

ISBN / 978-986-503-781-9

全華圖書 / www.chwa.com.tw

全華網路書店 Open Tech / www.opentech.com.tw

若您對本書有任何問題，歡迎來信指導 book@chwa.com.tw

臺北總公司(北區營業處)
地址：23671 新北市土城區忠義路 21 號
電話：(02) 2262-5666
傳真：(02) 6637-3695、6637-3696

南區營業處
地址：80769 高雄市三民區應安街 12 號
電話：(07) 381-1377
傳真：(07) 862-5562

中區營業處
地址：40256 臺中市南區樹義一巷 26 號
電話：(04) 2261-8485
傳真：(04) 3600-9806(高中職)
　　　(04) 3601-8600(大專)

歡迎加入 全華會員

● 會員獨享

會員享購書折扣、紅利積點、生日禮金、不定期優惠活動…等。

● 如何加入會員

掃 QRcode 或填妥讀者回函卡直接傳真 (02) 2262-0900 或寄回，將由專人協助登入會員資料，待收到 E-MAIL 通知後即可成為會員。

如何購買 全華書籍

1. 網路購書

全華網路書店「http://www.opentech.com.tw」，加入會員購書更便利，並享有紅利積點回饋等各式優惠。

2. 實體門市

歡迎至全華門市（新北市土城區忠義路 21 號）或各大書局選購。

3. 來電訂購

(1) 訂購專線：(02) 2262-5666 轉 321-324
(2) 傳真專線：(02) 6637-3696
(3) 郵局劃撥（帳號：0100836-1　戶名：全華圖書股份有限公司）
※ 購書未滿 990 元者，酌收運費 80 元。

OpenTech.com.tw 全華網路書店

全華網路書店 www.opentech.com.tw
E-mail: service@chwa.com.tw

※ 本會員制如有變更以最新修訂制度為準，造成不便請見諒。

讀者回函卡

（請由此線剪下）

掃 QRcode 線上填寫 ▶▶▶

姓名：　　　　　　　　　　生日：西元　　　年　　　月　　　日　性別：□男 □女

電話：（　　　）　　　　　　　　手機：

e-mail：（必填）

註：數字零，請用 Φ 表示，數字 1 與英文 L 請另註明並書寫端正，謝謝。

通訊處：□□□□□

學歷：□高中・職 □專科 □大學 □碩士 □博士

職業：□工程師 □教師 □學生 □軍・公 □其他

學校／公司：　　　　　　　　　　　　科系／部門：

· 需求書類：

□ A. 電子 □ B. 電機 □ C. 資訊 □ D. 機械 □ E. 汽車 □ F. 工管 □ G. 土木 □ H. 化工 □ I. 設計

□ J. 商管 □ K. 日文 □ L. 美容 □ M. 休閒 □ N. 餐飲 □ O. 其他

· 本次購買圖書為：　　　　　　　　　　　　　　　書號：

· 您對本書的評價：

封面設計：□非常滿意 □滿意 □尚可 □需改善，請說明

內容表達：□非常滿意 □滿意 □尚可 □需改善，請說明

版面編排：□非常滿意 □滿意 □尚可 □需改善，請說明

印刷品質：□非常滿意 □滿意 □尚可 □需改善，請說明

書籍定價：□非常滿意 □滿意 □尚可 □需改善，請說明

整體評價：請說明

· 您在何處購買本書？

□書局 □網路書店 □書展 □團購 □其他

· 您購買本書的原因？（可複選）

□個人需要 □公司採購 □親友推薦 □老師指定用書 □其他

· 您希望全華以何種方式提供出版訊息及特惠活動？

□電子報 □DM □廣告（媒體名稱　　　　　　　　　　　　）

· 您是否上過全華網路書店？（www.opentech.com.tw）

□是 □否 您的建議

· 您希望全華出版哪方面書籍？

· 您希望全華加強哪些服務？

感謝您提供寶貴意見，全華將秉持服務的熱忱，出版更多好書，以饗讀者。

填寫日期：　　　／　　　／

2020.09 修訂

親愛的讀者：

感謝您對全華圖書的支持與愛護，雖然我們很慎重的處理每一本書，但恐仍有疏漏之
處，若您發現本書有任何錯誤，請填寫於勘誤表內寄回，我們將於再版時修正，您的批評
與指教是我們進步的原動力，謝謝！

全華圖書　敬上

勘　誤　表

書　號	頁　數	行　數	書　名	作　者
			錯誤或不當之詞句	建議修改之詞句

我有話要說：（其它之批評與建議，如封面、編排、內容、印刷品質等⋯）